电工技术基础

常 玲 郭莉莉 马丽娜 主 编

魏惠芳 单超颖 王 迪 副主编

清华大学出版社

北 京

内 容 简 介

本书共 8 章，主要内容包括：电路的模型和基本定律、电阻电路的分析方法、正弦交流稳态电路的分析方法、三相电路的分析和计算、电路暂态的分析、建筑供配电中主要的电气设备、安全用电以及电气控制技术与可编程控制器等。每章选用的例题和习题贴近工程实际，注重理论与工程应用相结合，具有实用价值。

本书力求概念准确、内容丰富、突出特色、强化应用、易于理解。本书可作为普通高等学校工科非电类各专业本科教材，也可作为高职高专、继续教育学院等工科相关专业的教材，还可作为工程技术人员的参考用书。

本书配有课件及习题答案，下载地址为：http://www.tupwk.com.cn/downpage。

图书在版编目(CIP)数据

电工技术基础 / 常玲，郭莉莉，马丽娜　主编. —北京：清华大学出版社，2014（2023.9重印）

ISBN 978-7-302-35990-6

Ⅰ. ①电…　Ⅱ. ①常…　②郭…　③马…　Ⅲ. ①电工技术—高等学校—教材　Ⅳ. ①TM

中国版本图书馆 CIP 数据核字(2014)第 066051 号

责任编辑：施　猛　马遥遥
封面设计：牛艳敏
版式设计：方加青
责任校对：曹　阳
责任印制：丛怀宇

出版发行：清华大学出版社
网　　址：http://www.tup.com.cn，http://www.wqbook.com
地　　址：北京清华大学学研大厦 A 座　　邮　　编：100084
社 总 机：010-83470000　　邮　　购：010-62786544
投稿与读者服务：010-62776969，c-service@tup.tsinghua.edu.cn
质 量 反 馈：010-62772015，zhiliang@tup.tsinghua.edu.cn
课 件 下 载：http://www.tup.com.cn，010-62796865
印 装 者：三河市少明印务有限公司
经　　销：全国新华书店
开　　本：185mm×230mm　　印　　张：13.25　　字　　数：250 千字
版　　次：2014 年 4 月第 1 版　　印　　次：2023 年 9 月第 9 次印刷
定　　价：48.00 元

产品编号：054096-03

前言

“电工技术基础”是普通高等工科院校非电类专业的一门公共基础课，考虑到信息技术的迅速发展及其在非电类专业越来越广泛的应用，本书在满足课程教学基本要求的前提下，精选经典内容，适当增加现行工程中广泛采用的新技术、新工艺等内容，尤其强调电气设备和工程安全。

考虑到电工技术在现代工业生产生活中的重要作用，本书力求深入浅出、循序渐进，并给出许多实例，使广大学生及相关科技人员能获取更多、更精确的知识，提高认识、判断和选择的综合能力。

本书参编的作者是来自于本科院校教学一线的教师，他们具有多年从事应用型本科教学的经验，非常熟悉应用型本科教育教学，因此，本书非常适合“应用型本科技术人才”学习使用，具有以下几个特点。

一、强调基础

本书前5章为电路的基本理论和基本分析方法，这一部分体现了“电工学”教材中的传统内容，是全书的基础，学生要牢固掌握，深入理解。

二、突出实例

本书在讲授理论的同时，引入了大量实例，使学生能够通过例题更好地理解理论教学内容。本书尽量选用具有实际工程背景的例子，使理论联系实际。

三、引入新工艺

本书第6章供配电中的主要电气设备和第8章电气控制技术及可编程序控制器，都与工程实例相结合。我们在编写教材的时候，引入了新技术及新工艺，做到了与时俱进。

四、增加用电安全内容

本书第7章为安全用电，通过触电方式、急救措施等方面的介绍，使学生在以后工作中能够避免工程上由于操作不当引起的意外事故，能够保证工程技术人员的安全，具有实用性。

本书由常玲、郭莉莉、马丽娜担任主编，魏惠芳、单超颖、王迪担任副主编。其中，第1章由常玲、郭莉莉编写，第2章由单超颖编写，第3章由常玲编写，第4章由魏惠芳编写，第5章由郭莉莉编写，第6章由王迪编写，第7章由马丽娜编写，第8章由郭莉莉、马丽娜编写。最后由常玲、郭莉莉、王一美统稿。

由于编者水平有限，我们真诚希望使用本教材的师生随时给我们提出宝贵意见。反馈邮箱：wkservice@vip.163.com。

编　者

2014年1月

目录

第 1 章

电 路

随着科技的发展进步，在人们生产与生活的各个领域，都离不开各种各样的电气设备。这些电气设备尽管用途不同，性能各异，但都是由各种基本电路组成的。因此，学习电路的基础知识、分析电路的规律与方法，是学习电工学的重要内容，也为后面学习三相电路、供配电电路、电子电路打下基础。

本章主要讨论电压和电流的参考方向、基尔霍夫定律、电源的工作状态以及电路中电位的概念及计算等，这些都是分析与计算电路的基础。

1.1 电路的基本概念

电路(Electric Circuit)，简单地说，就是电流流通的路径。它是由某些电气设备和电气元件为实现能量的输送和转换，或实现信号的传递和处理而按一定方式组合起来的整体。

1.1.1 电路

图1-1是常见的手电筒电路。把干电池和灯泡经过开关用导线连接起来，就构成了电路。电路中的干电池是提供能量的，称为电源；灯泡是取用电能的，称为负载；而把电源和负载连接起来的开关及导线，是中间环节。

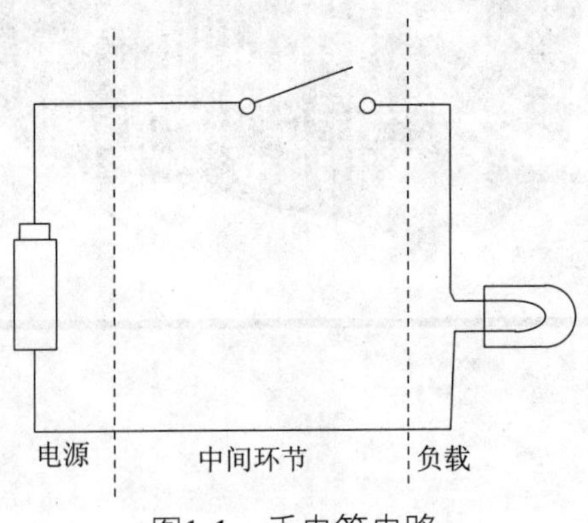

图1-1 手电筒电路

任何一个电路无论其具体用途和复杂程度如何，都可以看成由电源、负载、中间环节这三部分构成的。

1.1.2 电路模型

在设计电路中，通常用电路图来表示电路。在电路图中，各种电器元件都不需要画出原有的形状，而是采用统一规定的图形符号来表示，用理想元件构成的电路常称为实际电路的“电路模型”。图1-2就是图1-1的电路模型。在进行理论分析时所指的电路，都是电路模型。

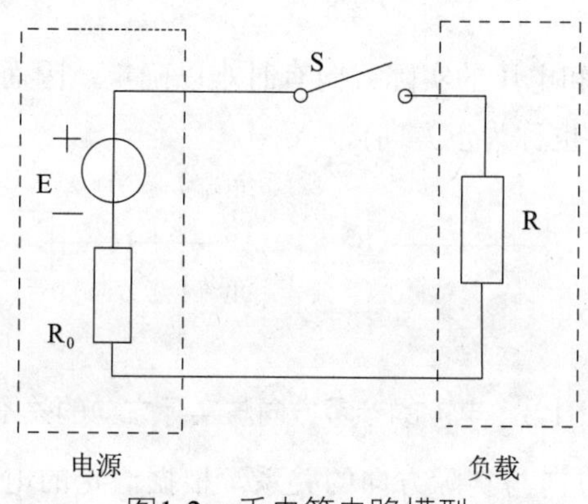

图1-2　手电筒电路模型

1.1.3 实际方向

电路理论中涉及很多物理量，有电流、电压、电荷、电量、磁通、电功率、电能等，其中，用到最多的就是电流和电压。下面主要介绍电流和电压的实际方向和参考方向。

规定电流的实际方向为正电荷运动的方向或负电荷运动的相反方向。电流的值等于单位时间内通过导体横截面的电荷量的大小，用字母i表示，即

$$i=\frac{\mathrm{d}q}{\mathrm{d}t} \tag{1-1}$$

在SI制中，电流i的单位是A(安培)，简称安；电量q的单位是C(库仑)，简称库；时间t的单位是s(秒)。

如果电流的大小和方向都不随时间变化，则称为直流电流(Direct Current，DC)，用大写字母I表示。如果电流的大小和方向都随时间变化，则称为交流电流(Alternating Current，AC)，用小写字母i表示。

电压的实际方向是指电场力把单位正电荷从电路中的一点移到另一点所做的功。即

$$u = \frac{\mathrm{d}w}{\mathrm{d}q} \tag{1-2}$$

在SI制中，电压的单位是V(伏特)，简称伏。功的单位是J(焦耳)。直流电压用大写字母U表示，交流电压用小写字母u表示。

1.1.4 参考方向

在电路分析时，电流和电压的实际方向有时难以确定，因而可以任意选定一个方向作为电流或电压的参考方向(也称为正方向)。

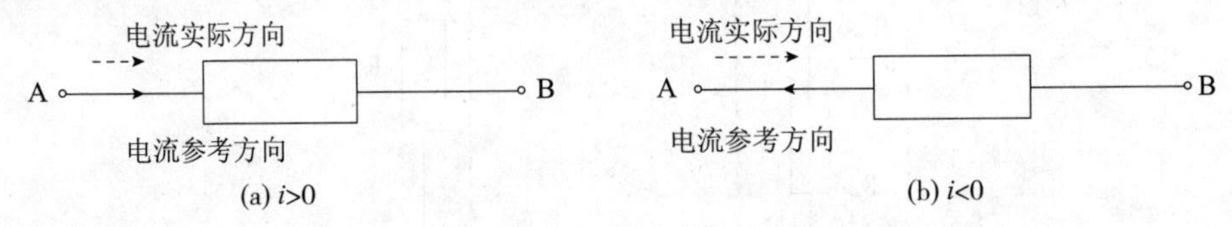

图1-3　电流的参考方向与实际方向的关系

图1-3为电流的参考方向与实际方向的关系。根据假定的电流参考方向列写电路方程进行求解后，如果电流值为正，则表示电流的实际方向和参考方向相同；如果电流值为负，则表示电流的实际方向和参考方向相反。交流电流的实际方向是随时间而变的，因此当电流的参考方向确定后，如果在某一时刻电流值为正，则表示在该时刻电流的实际方向和参考方向相同；如为负值，则相反。

电流的参考方向有两种表示方法。第一种是用箭头表示，如图1-3所示。另一种是用双下标表示，图1-3(a)所示电路中的参考方向，可表示为I_{AB}，表示参考方向由A指向B；图1-3(b)所示电路中的参考方向，可表示为I_{BA}，表示参考方向由B指向A。

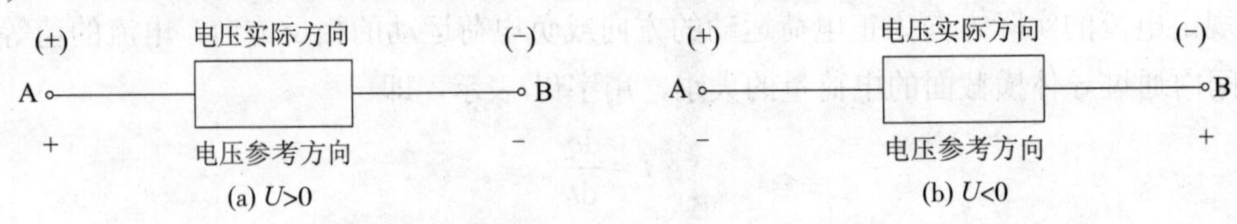

图1-4　电压的参考方向与实际方向的关系

图1-4为电压的参考方向与实际方向的关系。如果电压值为正，则表示电压的实际方向和参考方向相同；如果电压值为负，则表示电压的实际方向和参考方向相反。

电压的参考方向有三种表示方法。第一种是用正负极表示，如图1-4所示。第二种是用双下标表示，图1-4(a)所示电路中的参考方向，可表示为U_{AB}，表示参考方向由A指向

B；图1-4(b)所示电路中的参考方向，可表示为U_{BA}，表示参考方向由B指向A。第三种方法是用箭头表示，与电流参考方向的箭头表示方法类似。

一个元件的电流或电压的参考方向可以独立地任意指定。如果指定流过元件的电流的参考方向是从电压正极性的一端指向负极性的一端，即两者的参考方向一致，如图1-5所示，则把电流和电压的这种参考方向称为关联参考方向；反之，当两者不一致时，称为非关联参考方向。

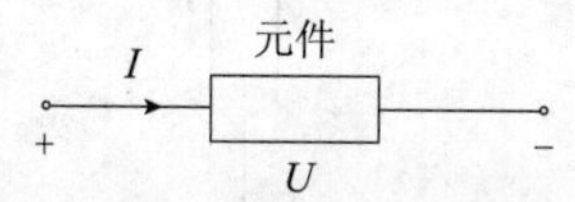

图1-5　电压和电流的关联参考方向

使用参考方向需注意以下几个问题。

(1) 参考方向是规定的电流、电压为正的方向，在分析问题时需要先规定参考方向，然后根据规定的参考方向列写方程。

(2) 参考方向一经规定，在整个分析计算过程中不能变动。

(3) 不标明参考方向而说某电流或电压的值为正或负是没有意义的。

(4) 参考方向可以任意规定，不影响计算结果。因为参考方向相反时，解出的电流、电压也要改变正负号，最后得到的实际结果仍然相同。

(5) 参考方向的正负只是表示参考方向与实际方向是相同或相反，与电流或电压的大小无关。

(6) 在分析计算电路时，无源元件(如电阻)常取关联参考方向；有源元件(如电源)常取非关联参考方向。

1.2 电路基本元件

理想电路元件包括理想无源元件和理想电源元件两类。本节主要介绍理想无源元件，包括：理想电阻元件、理想电容元件和理想电感元件三种。简称电阻、电容和电感。其中，电阻又称耗能元件，电容和电感又称储能元件。

1.2.1 电阻元件

在电场力作用下，电流在导体中流动时，所受到的阻力称为电阻。它等于加在导体两端的电压和通过导体电流的比值。电阻用符号R表示，电路符号如图1-6所示。电阻的国际单位是欧姆，简称欧，用符号Ω表示，常用电阻单位还有千欧(kΩ)和兆欧(MΩ)，$1k\Omega=10^3\Omega$；$1M\Omega=10^6\Omega$。

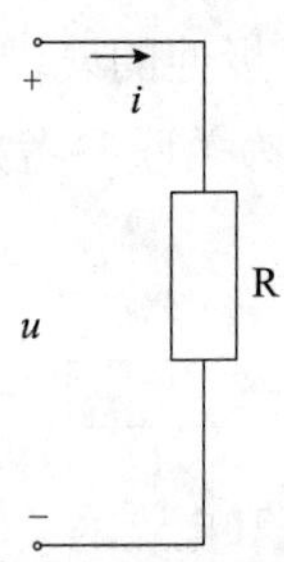

图1-6　电阻的电路符号

导体的电阻是客观存在的，线性电阻(一般导体均可视为线性)不随导体两端电压的大小变化，即没有电压，导体仍然有电阻。实验证明：温度一定时，导体的电阻与导体长度L成正比，与导体的横截面积S成反比，并与导体的材料有关，这个规律叫做电阻定律，用公式表示为

$$R=\rho\frac{L}{S} \tag{1-3}$$

式中，ρ为电阻率，与导体材料性质有关。

线性电阻都满足欧姆定律，这是分析电路的基本定律之一。欧姆定律是指通过电阻的电流和电阻两端的电压成正比。当通过电阻的电流与电阻两端的电压取关联参考方向时，欧姆定律的表达式为

$$R=\frac{U}{I} \tag{1-4}$$

当通过电阻的电流与电阻两端的电压取非关联参考方向时，欧姆定律的表达式前面应加负号。

电阻上吸收(消耗)的功率为

$$p=ui=i^2R=\frac{u^2}{R} \tag{1-5}$$

在t_1～t_2时间内，电阻上吸收(消耗)的电能为

$$W=\int_{t_1}^{t_2}Ri^2\mathrm{d}t \tag{1-6}$$

在电工上为了表征导体导电性能，还会用到电导这个概念。电导即电阻的倒数，用符

号G表示，即

$$G=\frac{1}{R} \tag{1-7}$$

电导描述了导体导电的本领。导体的电导越大其电阻越小，导电性能越好。电导的单位是西门子，简称西，符号是S。

如果电阻不是一个常数，而是随着电压或电流变动，那么，这种电阻就称为非线性电阻。其电路符号如图1-7所示。

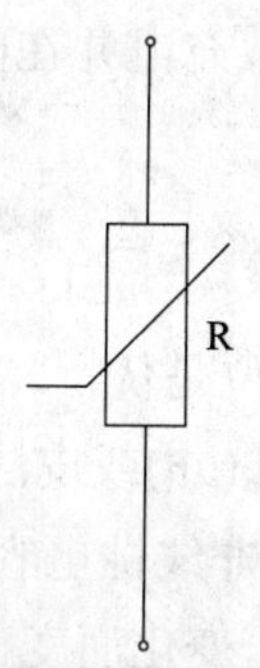

图1-7 非线性电阻的符号

非线性电阻中的电流与其两端电压的关系不再满足欧姆定律，一般不能用数学式表示，而是用电压与电流的关系曲线$U=f(I)$或$I=f(U)$表示。

非线性电阻在实际电路中也有很多应用。图1-8为二极管的伏安特性曲线。

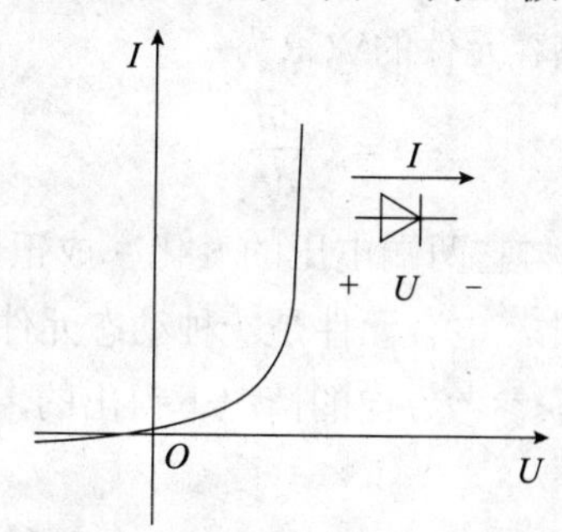

图1-8 二极管的伏安特性曲线

1.2.2 电容元件

图1-9为电容元件的电路符号，其电流、电压的参考方向如图所示。

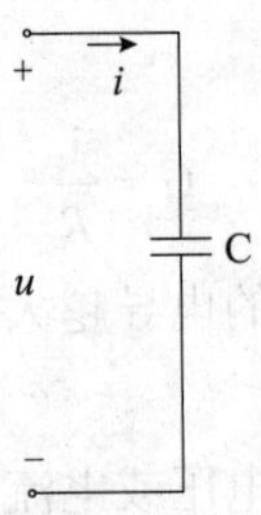

图1-9 电容元件的电路符号

在电容的两端加上电压u，电容即被充电并在两极板之间建立电场，设极板上所带的电荷为q，则电容的定义为

$$C=\frac{q}{u} \tag{1-8}$$

式中，电荷q的单位是库仑，电压u的单位是伏特，电容C的单位是法拉(F)。实际电容的电容量很小，所以电容C的单位通常是微法(μF)或皮法(pF)，$1\mu F=10^{-6}F$；$1pF=10^{-12}F$。

与电阻类似，电容分为线性电容和非线性电容两类，线性电容的C是个常数，不随电压变化，非线性电容的C是变量，随电压变化而变化。本书只讨论线性电容。

当加在电容上的电压u增加时，极板上的电荷q也增加，电容充电；电压u减小时，极板上的电荷q也减少，电容放电。电流的定义为

$$i=\frac{\mathrm{d}q}{\mathrm{d}t} \tag{1-9}$$

将式(1-8)代入式(1-9)，得电容元件的VCR为

$$i=C\frac{\mathrm{d}u}{\mathrm{d}t} \tag{1-10}$$

式(1-10)说明，电容的电流与它两端电压的变化率成正比，只有电压发生变化时，电容元件中才会有电流i通过，因此，电容元件是一种动态元件。

注意式(1-10)是在u和i取关联参考方向的情况下得出的，如果u和i取非关联参考方向，要加负号。

当电压u为恒定值时，电压的变化率$\mathrm{d}u/\mathrm{d}t=0$，因此，电容中始终没有电流，即$i=0$。因此，电容元件具有隔断直流的作用，即电容在直流电路中相当于开路。

将式(1-10)两边乘以u，并积分，得

$$W=\int_0^t ui\mathrm{d}t=\int_0^u Cu\mathrm{d}u=\frac{1}{2}Cu^2 \tag{1-11}$$

式(1-11)表明当电容元件上的电压增加时，电场能量也增加；在此过程中电容元件从电源取用能量(充电)。电容元件中的电场能量为$Cu^2/2$。当电压降低时，电场能量也减少，

即电容元件向电源释放能量(放电)。因此，电容元件不消耗能量，是储能元件。

1.2.3 电感元件

图1-10为电感元件，当有电流i通过线圈时，线圈中就会建立磁场。设通过线圈的磁通为ϕ，线圈匝数为N，则与线圈相交磁链ψ为

$$\psi=N\phi$$

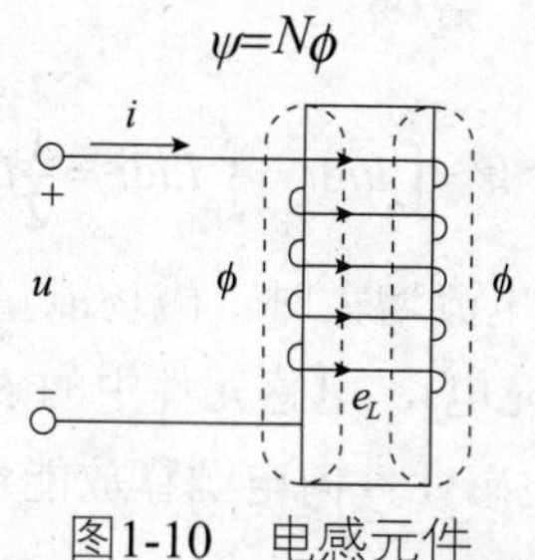

图1-10 电感元件

磁通ϕ与电流i的方向关系由右手定则确定。电感元件的参数定义为

$$L=\frac{\psi}{i}=\frac{N\phi}{i} \tag{1-12}$$

L称为电感或自感。线圈的匝数N越多，其电感越大；线圈中单位电流产生的磁通越大，电感也越大。

电感的单位是亨[利](H)或毫亨(mH)。磁通的单位是韦[伯](Wb)。电感的电路符号如图1-11所示。

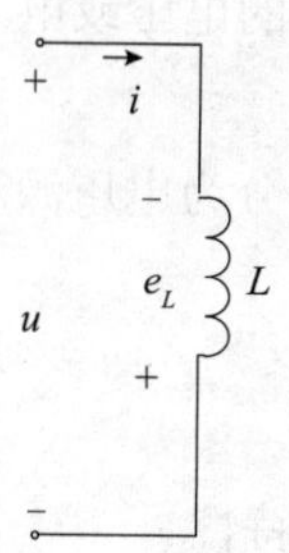

图1-11 电感元件的电路符号

当电感L中的电流i发生变化时，由它建立的磁链ψ也随之变化。根据电磁感应定律，磁链随时间变化就要在电感线圈中引起感应电动势e_L，而且e_L总起着阻碍电流i变化的作用。电磁感应定律的公式为

$$e_L=-\frac{\mathrm{d}\psi}{\mathrm{d}t}=-N\frac{\mathrm{d}\phi}{\mathrm{d}t}=-L\frac{\mathrm{d}i}{\mathrm{d}t}$$

由基尔霍夫电压定律(KVL)，得

$$u+e_L=0$$

或

$$u=-e_L=L\frac{\mathrm{d}i}{\mathrm{d}t} \tag{1-13}$$

当线圈中通过恒定电流时，其上电压u为零，故在直流电路中，电感元件可视作短路。

将式(1-13)两边乘以i，并积分，得

$$W=\int_0^t ui\mathrm{d}t=\int_0^i Li\mathrm{d}i=\frac{1}{2}Li^2 \tag{1-14}$$

式(1-14)表明当电感元件中的电流增大时，磁场能量增大；在此过程中电能转换为磁能，即电感元件从电源取用能量(充电)，电感元件中的磁场能为$Li^2/2$；当电流减小时，磁场能减小，磁能转换为电能，即电感元件向电源释放能量(放电)。因此，电感元件也不消耗能量，是储能元件。

与电阻和电容类似，电感分为线性电感和非线性电感两类，线性电感的L是个常数，不随电流变化，非线性电感的L是变量，随电流变化而变化。本书只讨论线性电感。

1.2.4 电源元件

给电路提供电能的元件称为电源。电源分为独立源和受控源两大类。独立源能够独立给电路提供能量，而受控源给电路提供的电压或电流受其他支路的电压或电流控制。本章中只介绍独立电源。

独立源按照提供能量的性质不同可分为电压源和电流源两种。本节只以理想的电源元件为例介绍两种电源的特点。

1. 电压源

图1-12为电压源的电路符号和伏安特性。

电压源基本性质是：提供恒定的电压值或固定时间函数值；电压源两端的电压由它本身决定，与流过它的电流无关；电压源的电流由它本身和所连接的外电路共同决定。

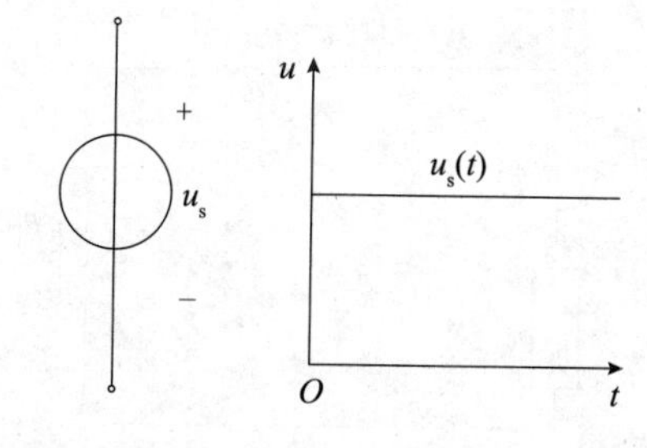

(a) 电路符号　　(b) 伏安特性

图1-12　电压源电路符号和伏安特性

2. 电流源

图1-13为电流源的电路符号和伏安特性。

电流源基本性质是：提供恒定的电流值或固定时间函数值；电流源输出的电流由它本身决定，与它两端电压和外电路无关；电流源的电压由它本身和所连接的外电路共同决定。

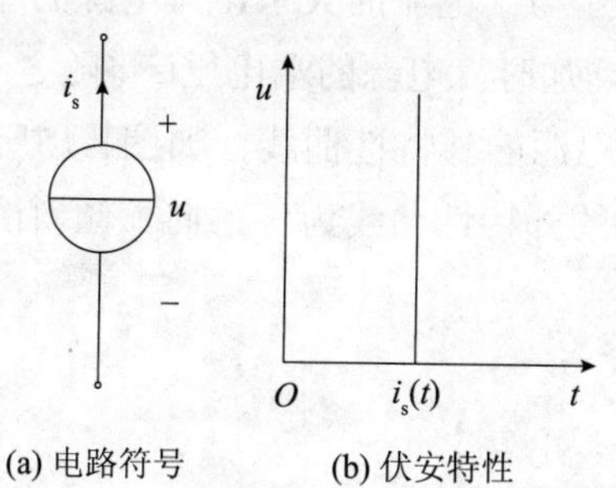

(a) 电路符号　　(b) 伏安特性

图1-13　电流源符号和伏安特性

1.3 电路的工作状态

实际电路有三种基本工作状态，分别是有载、开路和短路。本节以简单直流电路为例介绍这三种基本的工作状态。

1.3.1 有载工作状态

如图1-14所示，电源为电动势E(理想电压源)与内阻R_0串联，负载为电阻R_L。

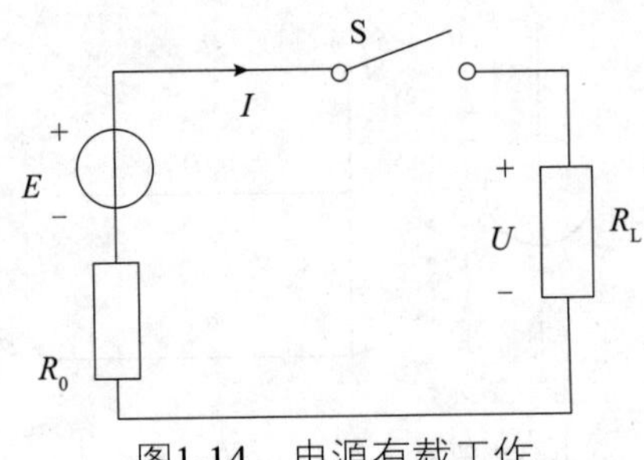

图1-14　电源有载工作

若开关S闭合，就会有电流I通过负载电阻，电路就处于有载工作状态。此时，电路中的电流I为

$$I=\frac{E}{R_0+R_L} \tag{1-15}$$

电源的端电压为

$$U=E-IR_0 \tag{1-16}$$

式(1-16)表明电源的端电压与其电流的关系，即电源的端电压等于电源的电动势与其内阻上电压降之差。当电流I增加时，电源的端电压U将随之下降。表示电源端电压U与其电流I之间关系的曲线，称为电源的外特性曲线，如图1-15所示。显然，当电源的电动势E与其内阻R_0为常数时，电源的外特性曲线为一条向下倾斜的直线，其斜率与电源内阻有关。电源内阻一般很小。

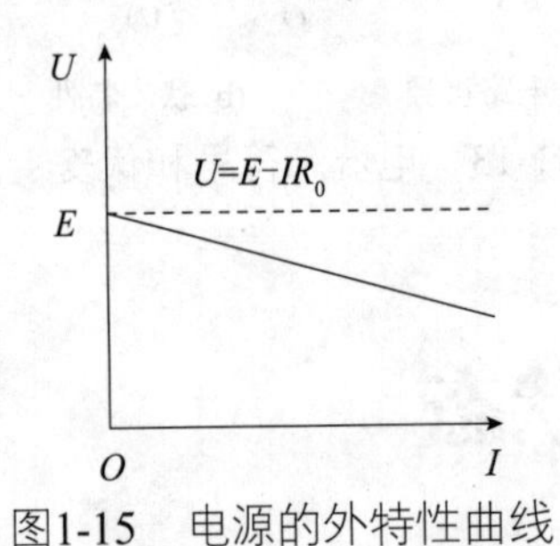

图1-15　电源的外特性曲线

当$R_0 \ll R_L$时，则

$$U \approx E \tag{1-17}$$

式(1-17)表明，当电流I变动时，电源的端电压变动不大，这说明其带负载能力强。

当$R_0=0$时，则$U=E$，即电压源的端电压等于电源的电动势，为一恒定值，这时的电源就是理想电压源，简称电压源。

由式(1-16)得

$$UI=EI-I^2R_0 \tag{1-18}$$

即

$$P=P_E-\Delta P$$

或

$$P_E=P+\Delta P$$

式中，$P_E=EI$为电源产生的功率；$P=UI$为电源提供给负载的功率；$\Delta P=I^2R_0$为内阻上的功率损耗。在SI制中，功率的单位是瓦[特](W)或千瓦(kW)。1s内转换1J的能[量]，则功率为1W。式(1-18)为功率平衡式。此式表明，电源产生的功率一部分输送给负载，另一部分损耗在电源内阻上。

对于一个完整的电路，电源所产生的电功率应该等于电路上各部分消耗的电功率之和。但在分析含有两个或两个以上有源元件电路的电功率平衡时，不是所有有源元件都输出功率，也可能吸收功率，这时需要我们分析哪些元件是电源或起电源的作用，哪些元件是负载或起负载的作用。其判别方法大致有如下两种。

1. 根据实际方向判别

若元件上的电压与电流的实际方向一致，元件吸收功率，是负载；若元件上的电压与电流实际方向相反，元件产生功率，是电源。

2. 根据参考方向判别

取U、I为关联参考方向时，若$P=UI>0$，则元件吸收功率；若$P=UI<0$，则元件发出功率。

取U、I为非关联参考方向时，若$P=UI<0$，则元件吸收功率；若$P=UI>0$，则元件发出功率。

1.3.2 开路工作状态

在图1-14所示的电路中，若开关断开，则电源处于开路状态。开路时电路中的特点是：开路时电流为零，负载的功率为零，相当于电阻无穷大，开路电压为电源的空载电压，等于电源电动势。

$$I=0$$

$$U=U_0=E$$

$$P=0$$

1.3.3 短路工作状态

由于工作不慎或绝缘破损等原因，导致电源的两端被阻值近似为零的导体连接，称为短路状态，如图1-16所示。短路时电路中的特点是：电源的端电压即负载的电压为零，负载的电流与功率也为零；通过电源的电流最大，该电流为短路电流$I_{sc}=\dfrac{E}{R_0}$。

此时，电源产生的功率$P_s=R_0I_s^2$，全部被内阻消耗。因为电源的内阻很小，电流很大，超过电源和导线的额定电流，如不及时切断，将引起剧热而使电源、导线以及仪器、仪表等设备烧坏。为了防止短路所引起的事故，通常在电路中接入熔断器或断路器，一旦发生短路事故，它能迅速自动切断电路。

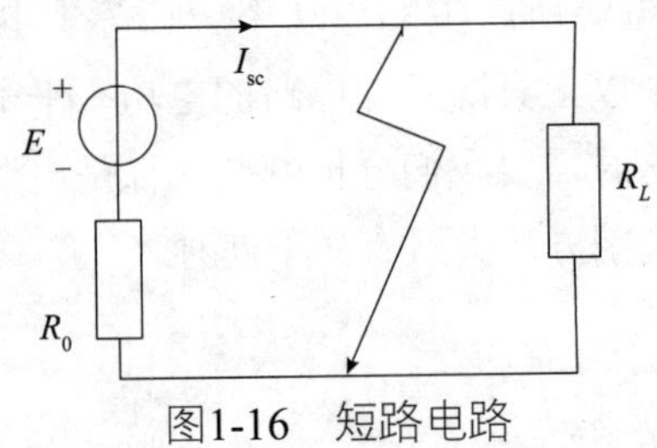

图1-16 短路电路

【例1.3.1】分析图1-17所示的电路，试回答以下问题：(1)开关S闭合前后电路中的电流I_1、I_2、I及电源的端电压U分别是多少？(2)当S闭合时，I_1是否被分去一些？(3)如果电源的内阻R_0不能忽略不计，则闭合S时60W电灯中的电流是否有所变动？

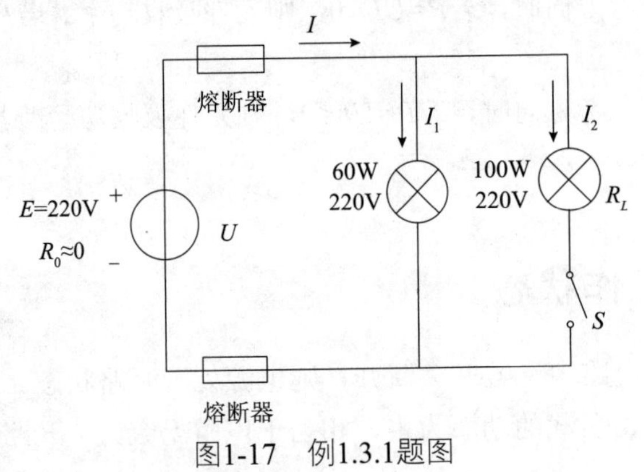

图1-17 例1.3.1题图

解： (1) 由于$R_0\approx0$，所以电源端电压为$U\approx E=220\text{V}$。电灯获得额定电压为220V。

各电灯电阻为$R_{60}=\dfrac{U_N^2}{P_N}=\dfrac{220^2}{60}\approx807(\Omega)$

$$R_{100}=\frac{U_N^2}{P_N}=\frac{220^2}{100}=484(\Omega)$$

开关S闭合前：I_2=0A，$I_1=\frac{E}{R_{60}}=\frac{220}{807}=0.273(\text{A})$

开关S闭合后：R_{60}与R_{100}并联，总电阻

$$R=\frac{R_{60}\cdot R_{100}}{R_{60}+R_{100}}=\frac{1}{\frac{60}{220^2}+\frac{100}{220^2}}=\frac{220^2}{160}(\Omega)$$

$$I=\frac{E}{R}=\frac{220}{220^2}\times 160=0.727(\text{A})$$

$$I_1=\frac{E}{R_{60}}\approx 0.273(\text{A})$$

$$I_2=\frac{E}{R_{100}}=I-I_1\approx 0.454(\text{A})$$

(2) S闭合时，I_1并未被分去一些，因为各灯中电流取决于它们所获得的端电压，端电压不变则电流不变。

(3) 如果电源内阻R_0不能忽略不计，则电源端电压U将低于电动势E，且随电路总电流增大而下降。闭合S接入100W电灯后，总电流增大，电源电压将小于220V，60W灯中电流将减小，但并非被100W灯分去。同样，100W灯中电流将小于上面计算结果。

1.4 基尔霍夫定律

分析和计算直流电阻电路的基本定律，除了以前学过的欧姆定律之外，还有基尔霍夫定律。基尔霍夫定律包含两部分内容：基尔霍夫电流定律(Kirchhoff’s Current Law，KCL)和基尔霍夫电压定律(Kirchhoff’s Voltage Law，KVL)。

1.4.1 相关概念介绍

在介绍基尔霍夫定律之前，首先介绍电路中常见的几个名词。

(1) 支路：电路中的任意一条分支叫做支路。流过支路的电流叫做支路电流。

(2) 节点：三条或三条以上支路的连接点叫做节点。

(3) 回路：电路中任意一闭合的路径叫做回路。

(4) 网孔：内部不包含支路的回路叫做网孔。

如图1-18所示电路图，该电路中支路数为3条，分别是acb，adb和ab。节点数为2个，分别是a和b。回路数是3个，分别为acbda，adba和acba。网孔数为2个，分别是acbda和adba。

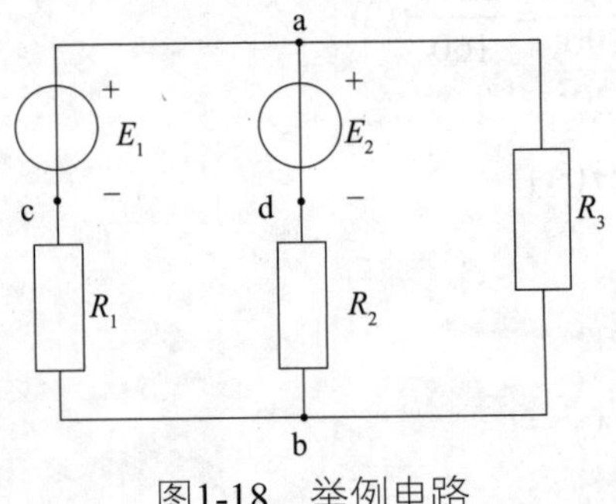

图1-18　举例电路

1.4.2　基尔霍夫电流定律(KCL)

基尔霍夫电流定律也称基尔霍夫第一定律。它是基于电荷守恒原理和电流的连续性，用来确定连接于同一节点的各支路电流之间关系的定律，它只适用于节点。

KCL的具体内容是：任一瞬间，流入任一节点的电流之和等于流出该节点的电流之和。或者说，在任一瞬间，任一节点上的电流的代数和恒等于零。若规定参考方向向着节点的电流取正号，则背着节点的就取负号。

根据计算的结果，有些支路的电流可能是负值，这是由于所选定的电流的参考方向与实际方向相反造成的。

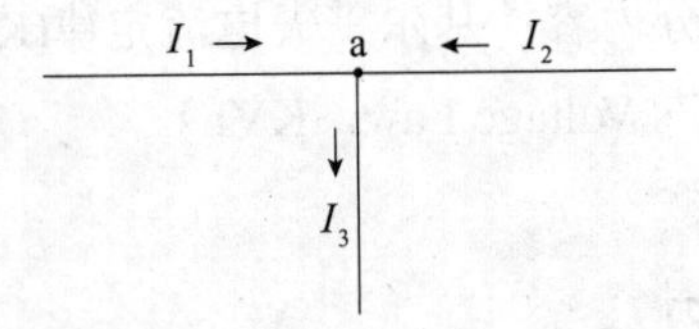

图1-19　节点a上电流关系

在图1-19所示的电路中，对于节点a根据KCL可列方程

$$I_3=I_1+I_2$$

整理成

$$I_1+I_2-I_3=0$$

即 $$\Sigma I=0 \tag{1-19}$$

基尔霍夫电流定律不仅适用于节点，还可以推广应用到电路中任一假定的闭合面。如图1-20所示晶体管中，画虚线的部分看作一个假想的闭合面，根据基尔霍夫电流定律有

$$I_E=I_C+I_B$$

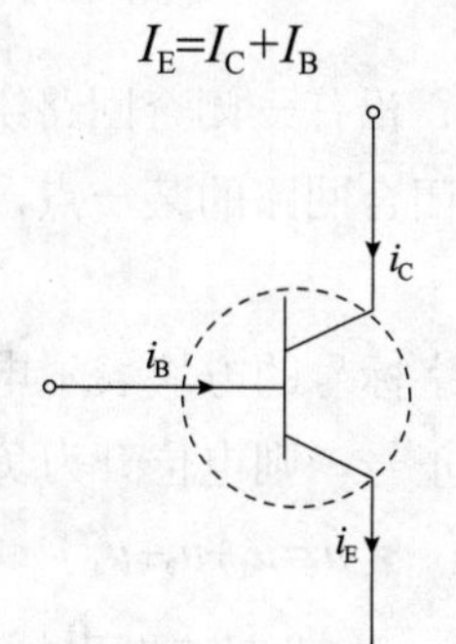

图1-20 KCL的推广应用

【例1.4.1】如图1-19所示电路中，I_1=5A，I_3=3A，求I_2。

解：因为$I_1+I_2-I_3=0$

即$5+I_2-3=0$

则$I_2=-2$A

【例1.4.2】在图1-21所示电路中，已知I_1=3A，I_4=−5A，I_5=8A，试求：I_2、I_3和I_6。

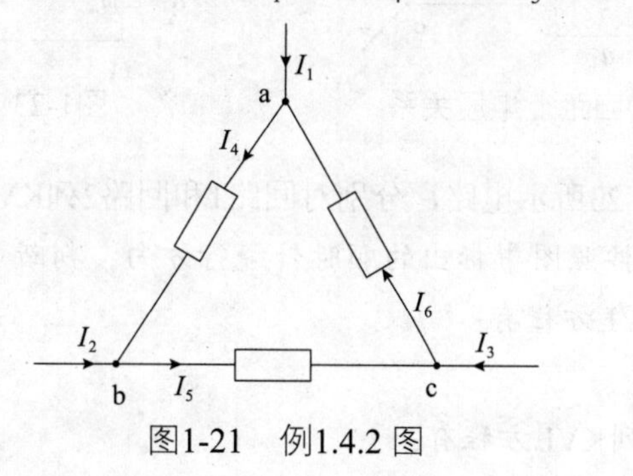

图1-21 例1.4.2 图

解：根据图中标出的电流参考方向，应用基尔霍夫电流定律，分别由节点a、b、c求得：

$I_6=I_4-I_1=-8$A

$I_2=I_5-I_4=13$A

$I_3=I_6-I_5=-16$A

1.4.3 基尔霍夫电压定律(KVL)

基尔霍夫电压定律也称基尔霍夫第二定律。它描述了电路中任一闭合回路中各部分电压间的关系，它只适用于回路。

KVL的具体内容是：任一瞬间，沿任一闭合回路绕行一周，各部分电压的代数和恒等于零。或者说，在任一瞬间，沿着闭合回路的某一点，按照一定的方向绕行一周，各元件上的电位降之和等于电位升之和。

在图1-22所示电路中，带有数字标号的方块表示电路中元件，在回路中，采用顺时针方向绕行一周，如果规定电位降为正号，则电位升为负号。根据KVL可列方程

$$u_3=u_1+u_2+u_4$$

整理得

$$u_1+u_2+u_4-u_3=0$$

即

$$\Sigma U=0$$

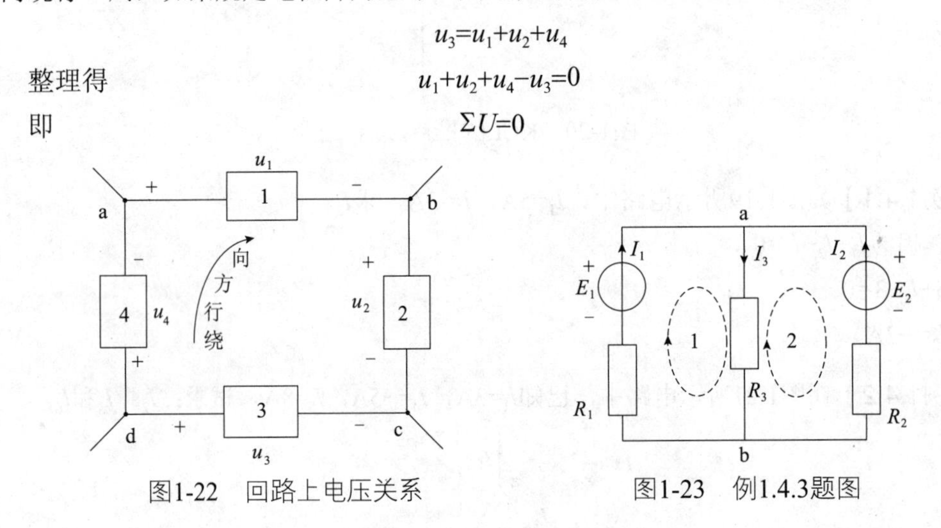

图1-22 回路上电压关系　　图1-23 例1.4.3题图

【例1.4.3】如图1-23所示电路，分别对回路1和回路2列KVL方程。

解：对于回路1，按照图中标出的顺时针绕行方向，判断电位升的元件有E_1，电位降的元件有R_1和R_3，列KVL方程有：

$$E_1=I_1R_1+I_3R_3$$

同理，对于回路2列KVL方程有：

$$E_2=I_2R_2+I_3R_3$$

需要强调的是，在列写方程时，需要标注出电压、电流的参考方向以及回路的绕行方向。因为参考方向选择的不同，直接影响该项的正负号。

基尔霍夫电压定律不仅适用于回路，还可以推广应用到假想回路，或回路的一部分。如图1-24所示部分电路。

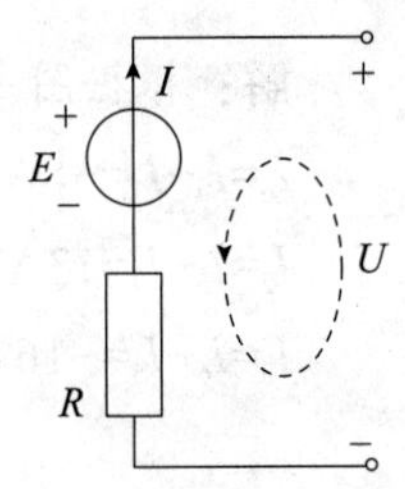

图1-24 部分电路

根据图1-24，可列KVL方程：

$E=IR+U$

1.5 两种电源模型及其等效变换

一个独立电源可以用两种电路模型来表示。一种是电压源模型，用理想的电压源与电阻的串联来表示；一种是电流源模型，用理想的电流源和电阻的并联来表示。

1.5.1 电压源模型

任何电源都含有一定的内阻，用一个理想的电压源和一个电阻的串联形式来表示实际的电压源模型，简称电压源。如图1-25所示，端口处的电压与电流的关系为

$$u=u_s-Ri \tag{1-20}$$

当电压源是直流电压U_s时，可做如图1-26所示的伏安特性曲线。

当电压源开路时，$i=0$，$u=U_s$；

当电压源短路时，$u=0$，$i=\dfrac{U_s}{R}$。内阻越小，则直线越平。

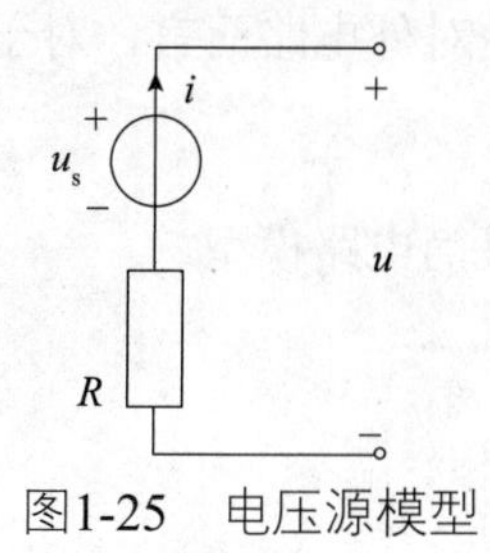

图1-25 电压源模型

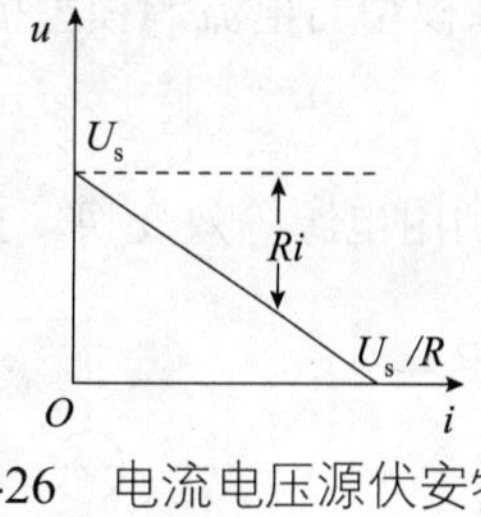

图1-26 电流电压源伏安特性

1.5.2 电流源模型

还可以用一个理想的电流源和一个电阻的并联形式来表示实际的电流源模型，简称电流源。如图1-27所示，端口处的电流与电压的关系为

$$i=i_s-Gu \tag{1-21}$$

当电流源是直流电流I_s时，可做如图1-28所示的伏安特性曲线。

当电流源开路时，i=0，$u=\dfrac{I_s}{G}$；

当电流源短路时，u=0，$i=I_s$。内阻越大，则直线越陡。

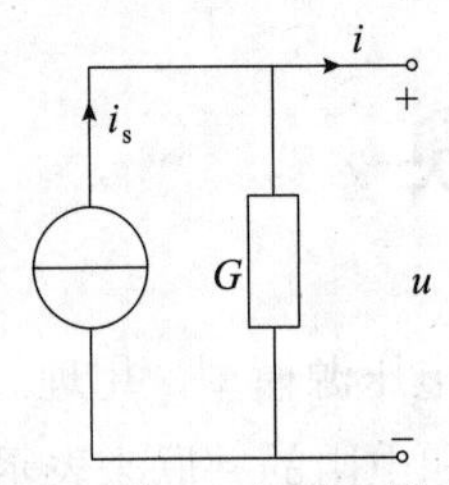

图1-27 实际电流源模型

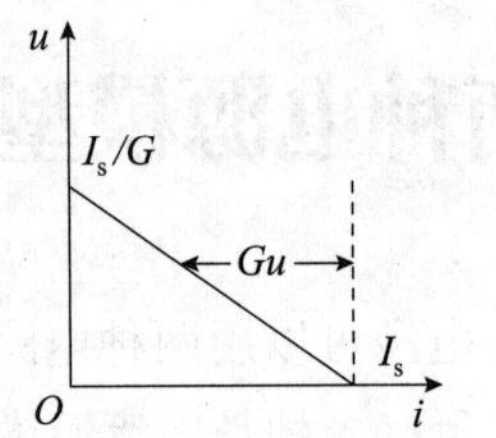

图1-28 直流电流源伏安特性

1.5.3 两种模型的等效变换

实际电压源模型和实际电流源模型外特性是相同的，相互间是等效的，可以等效变换。

如果式(1-20)和式(1-21)满足$G=\dfrac{1}{R}$，$i_s=Gu_s$，则两种模型之间可以相互转换。

也就是说，任何一个理想的电压源与电阻的串联模型都可以用一个理想的电流源与该电阻并联的模型替换。

但是，电压源模型与电流源模型的等效关系只是对外电路而言，对于电源的内部并不等效。

【例1.5.1】利用电源等效变换，把图1-29化成最简电路模型。

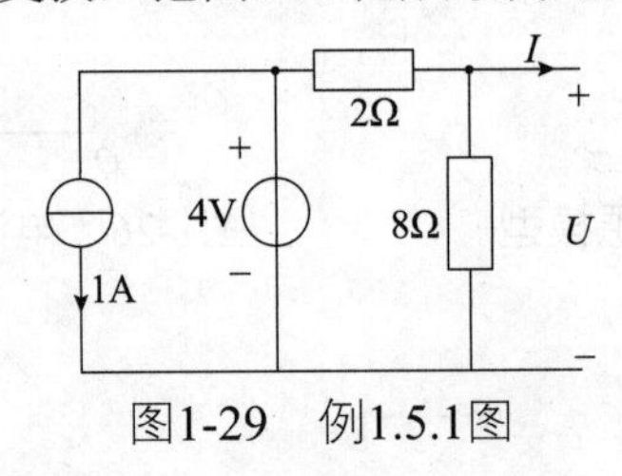

图1-29 例1.5.1图

解：与理想电压源并联的所有元件均可以省略，电路变换前后对外电路等效；与理想电流源串联的所有元件均可以省略，电路变换前后对外电路等效。

因此，图1-29所示电路可以等效为图1-30(a)图。把(a)图中电压源模型变换成电流源模型，得到(b)图。再把两电阻并联得到(c)图。

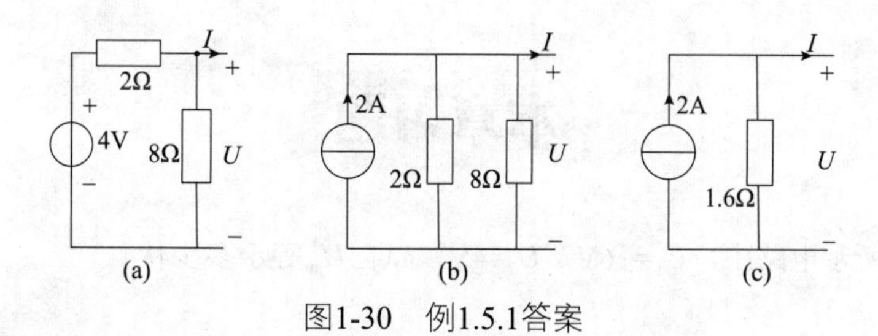

图1-30 例1.5.1答案

1.6 电位概念及其计算

在电路分析中，除了电压还经常用到电位的概念。所谓电位，就是在电路中任选一点作为参考点，其他某一点到参考点的电压降就叫该点的电位。电位用V来表示，a点的电位记作V_a，参考点的电位为零，参考点用接地符号“⊥”表示。

由于电路中的各点电位是相对于参考点而言的，只有当参考点确定之后，电路中的其他各点电位才能确定。当参考点发生变化，各点的电位值也将改变，但任意两点间的电压值是固定不变的。

【例1.6.1】分别以图1-31中a、b点为参考点计算各点电位和电压值。

解： 以a点为参考点

$V_a=0V$；$V_b=-6\times10=-60(V)$

$V_c=4\times20=80(V)$；$V_d=6\times5=30(V)$

$U_{ab}=0-(-60)=60(V)$

$U_{cb}=140V$；$U_{db}=90V$

以b为参考点

$V_b=0V$；$V_a=6\times10=60(V)$

$V_c=140V$；$V_d=90V$

$U_{ab}=60-0=60(V)$

$U_{cb}=140V$；$U_{db}=90V$

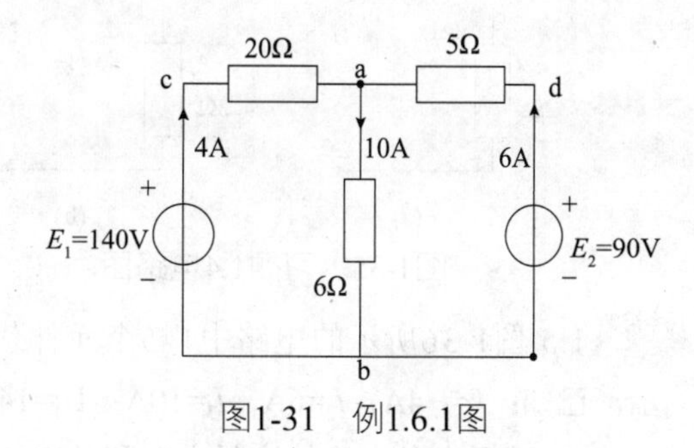

图1-31 例1.6.1图

本章习题

1.1 图1-32所示电路中，U_1=−6V，U_2=4V，试问U_{ab}等于多少伏？

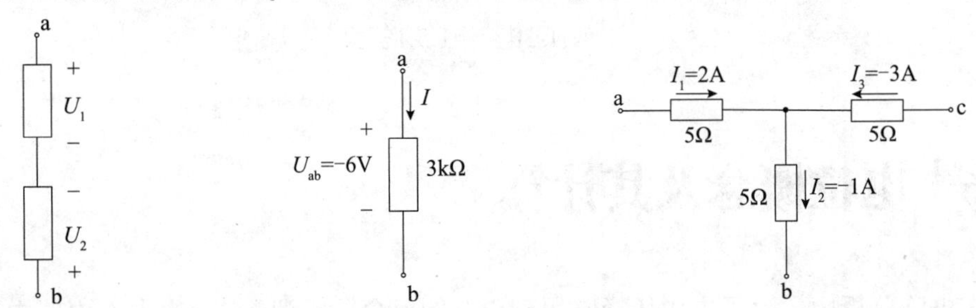

图1-32　习题1.1电路图　　图1-33　习题1.2电路图　　图1-34　习题1.3电路图

1.2 如图1-33所示电路中，求电流I。

1.3 如图1-34所示电路中，求U_{ab}、U_{bc}、U_{ca}。

1.4 图1-35所示是一电池电路，当U=3V，E=5V时，该电池作电源用还是作负载用？(b)图也是一电池电路，当U=5V，E=3V时，则又如何？

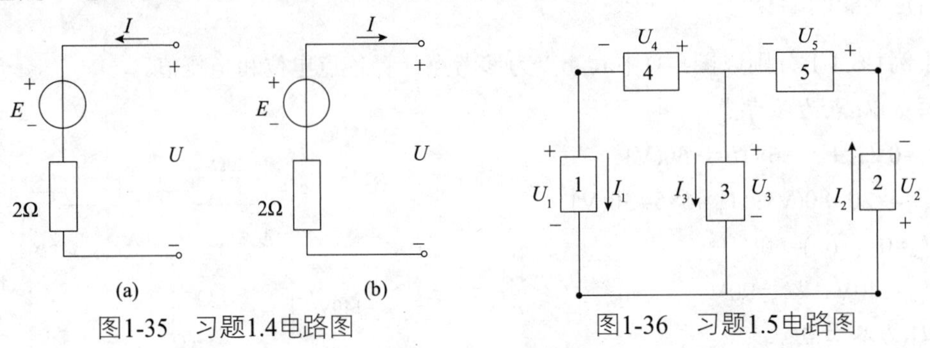

图1-35　习题1.4电路图　　图1-36　习题1.5电路图

1.5 图1-36所示的电路中，5个元件代表电源或负载。电流和电压的参考方向如图所示，已知：I_1=−4A，I_2=6A，I_3=10A；U_1=140A，U_2=−90A，U_3=60A，U_4=−80A，U_5=30A。

(1) 试标出各电流的实际方向和各电压的实际极性(可另画一图)；

(2) 判断哪些元件是电源？哪些是负载？

(3) 计算每个元件的功率，电源发出的功率和负载取用的功率是否平衡？

1.6 化简图1-37所示电路。

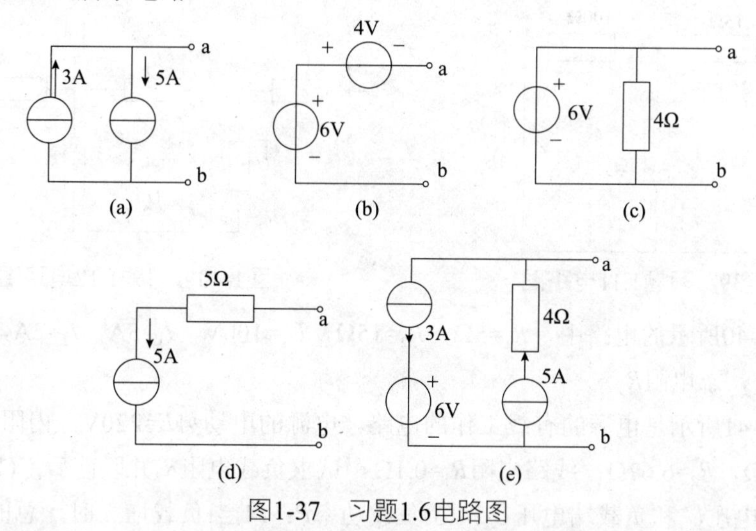

图1-37 习题1.6电路图

1.7 实际电源的伏安特性曲线如图1-38所示，试求其电压源模型，并把它等效成电流源模型。

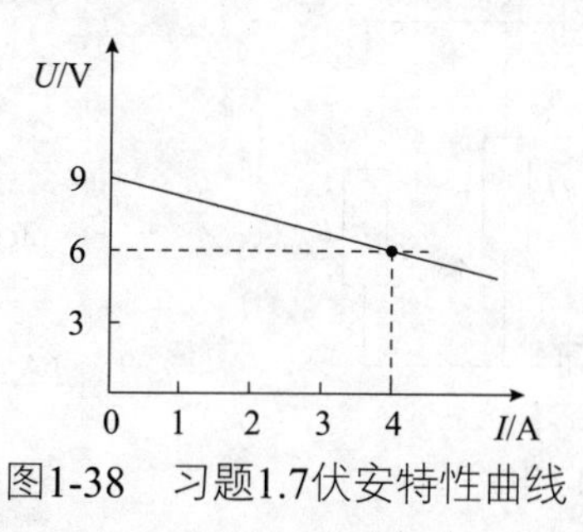

图1-38 习题1.7伏安特性曲线

1.8 有一直流电源，其额定功率P_N=200W，额定电压U_N=50V，内阻R_0=0.5Ω，负载电阻R_L可以调节，其电路如图1-16所示。试求：(1)额定工作状态下的电流及负载电阻；(2)开路状态下的电源端电压；(3)电源短路状态下的电流。

1.9 有人打算将110V、100W和110V、40W的两只白炽灯串接后接在220V的电源上使用，是否可以？为什么？

1.10 一只110V、8W的指示灯，现在要接在380V的电源上，问要串联多大阻值的电阻？

1.11 如图1-39所示，如果让电路中的电流I=0A，则U_s应为多大？

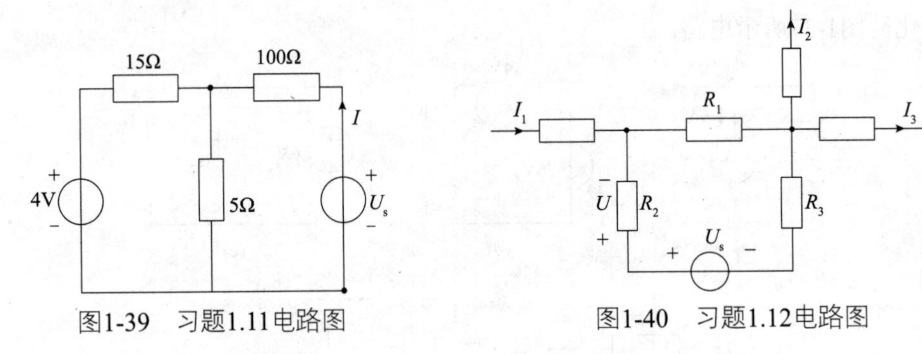

图1-39　习题1.11电路图　　　图1-40　习题1.12电路图

1.12 图1-40所示的电路中，R_1=5Ω，R_2=15Ω，U_s=100V，I_1=5A，I_2=2A，若R_2电阻两端电压U=30V，求电阻R_3。

1.13 图1-41所示是电源的有载工作的电路。电源的电动势E=220V，内阻R_0=0.2Ω；负载电阻R_1=10Ω，R_2=6.67Ω；线路电阻R_1=0.1Ω。试求负载电阻R_2并联前后：(1)电路中电流I；(2)电源端电压U_1和负载端电压U_2；(3)负载功率P；(4)当负载增大时，总的负载电阻、线路中电流、负载功率、电源端和负载端的电压是如何变化的？

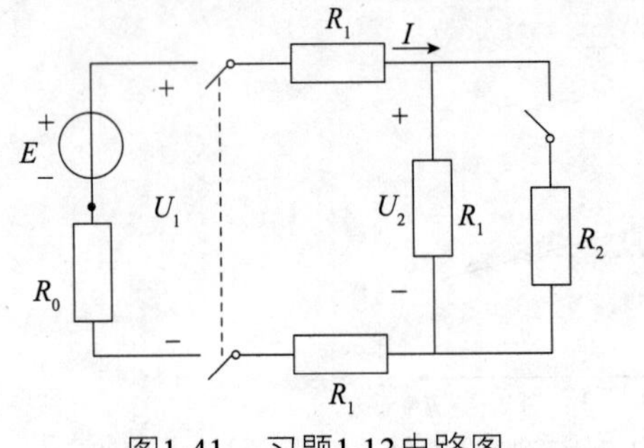

图1-41　习题1.13电路图

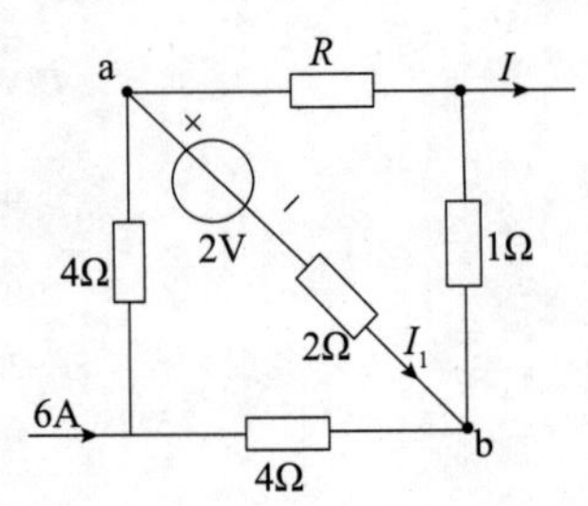

图1-42　习题1.14电路图

1.14 求图1-42所示的电路中的电流I，I_1和电阻R。

1.15 在图1-43中，试求开关S断开和闭合两种情况下A点的电位。

1.16 在图1-44中，求A点电位。

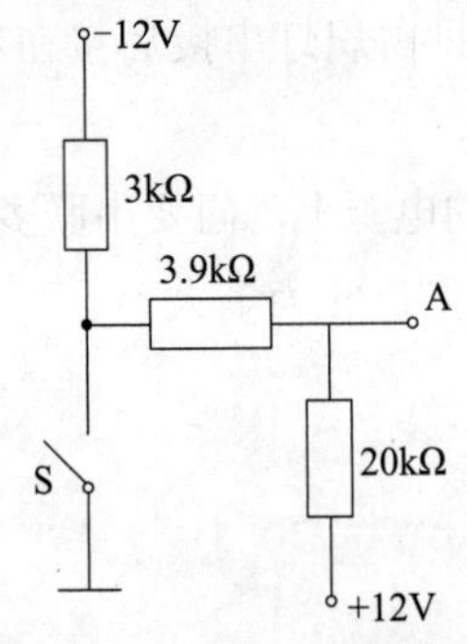

图1-43　习题1.15电路图

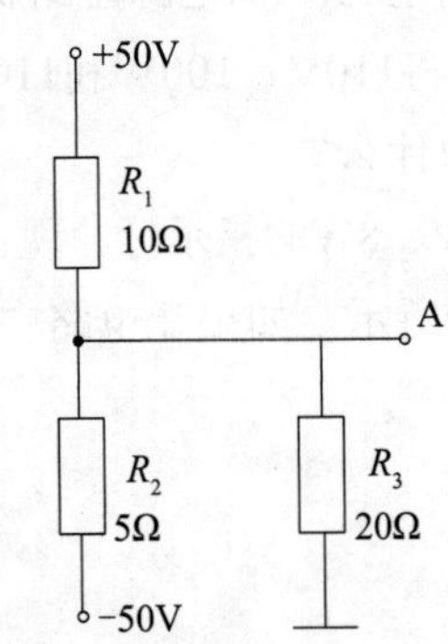

图1-44　习题1.16电路图

第2章

电阻电路的分析方法

由于实际需要不同，电路结构多种多样。对于通过串、并联方法能化简为单回路的简单电路，只需要欧姆定律和基尔霍夫定律就能求解。对于不能用串联、并联化简为简单电路的复杂电路(含多个电源的电路)的分析计算极为繁琐。需要根据电路结构特点，找出求解电路的简便方法。

本章以电阻电路为例讨论几种电路的分析方法。首先介绍电路等效变换的概念，电阻的串联和并联；然后讨论几种常用的电路分析方法，包括支路电流法、节点电压法、利用戴维南定理进行电路分析的方法等，这些都是分析电路的基本方法。

2.1 电阻元件的连接

2.1.1 电阻的串联

在电路中，把多个电阻一个接一个地首尾连接起来，并且这些电阻通过同一电流，电路的这种连接方式就称为电阻的串联。如图2-1(a)所示。

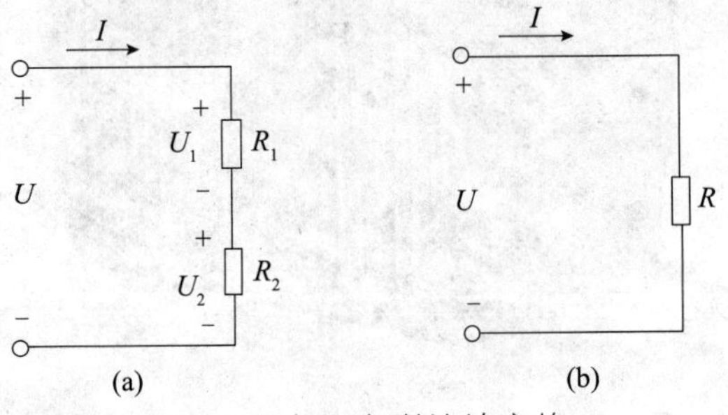

图2-1　电阻串联等效变换

由基尔霍夫电压定律可知，电阻串联电路的端口电压U等于各电阻电压之和，即

$$U=U_1+U_2=IR_1+IR_2 \tag{2-1}$$

两个串联电阻R_1和R_2，可用一个等效电阻R替代，电路的端口电压U保持不变，如图2-1(b)所示。这时

$$R=R_1+R_2 \tag{2-2}$$

将(2-2)的结果代入到(2-1)的式子中，得

$$U=IR \tag{2-3}$$

等效变换后的两个电阻上的电压分别为

$$\left.\begin{aligned} U_1 = R_1 I = \frac{R_1}{R_1 + R_2} U \\ U_2 = R_2 I = \frac{R_2}{R_1 + R_2} U \end{aligned}\right\} \tag{2-4}$$

式(2-4)为电阻串联电路的分压公式。必须注意，公式中总电压与分电压的参考方向相同，若两者的参考方向不同，则分压公式应加上负号。

可见各个电阻上的电压与电阻成正比，当其中某个电阻比其他电阻小很多时，在它两端的电压也比其他电阻上的电压小很多，因此，这个电阻的分压作用常可忽略不计。

2.1.2 电阻的并联

在电路中，把两个或两个以上的电阻连接在两个公共的节点之间，并且各个电阻上所受的电压是同一电压，电路的这种连接方式就称为电阻的并联。如图2-2(a)所示。

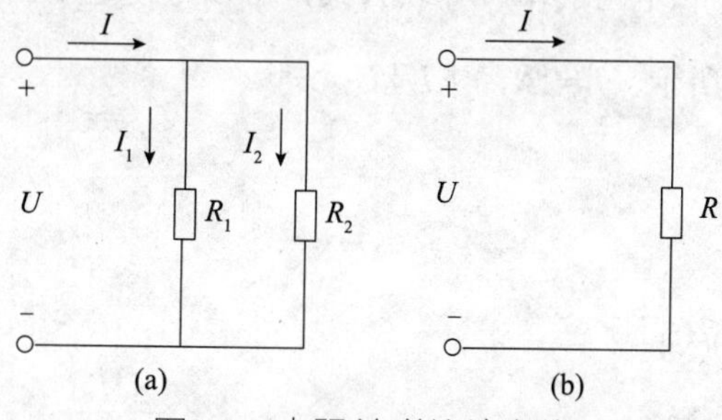

图2-2　电阻并联等效变换

由基尔霍夫电流定律可知，电阻并联电路的总电流I等于各支路电流之和，即

$$I = I_1 + I_2 = \frac{U}{R_1} + \frac{U}{R_2} \tag{2-5}$$

两个并联电阻R_1和R_2，可用一个等效电阻R替代，电路的总电流I保持不变，如图2-2(b)所示。这时

$$\frac{1}{R} = \frac{1}{R_1} + \frac{1}{R_2} \tag{2-6}$$

电阻的倒数称为电导，因此该式也可写成

$$G = G_1 + G_2 \tag{2-7}$$

然后将(2-6)的结果代入到(2-5)的式子中，得

$$I=\frac{U}{R} \tag{2-8}$$

等效变换后的两个电阻上的电流分别为

$$\left.\begin{aligned}I_1=\frac{U}{R_1}=\frac{RI}{R_1}=\frac{R_2}{R_1+R_2}I\\I_2=\frac{U}{R_2}=\frac{RI}{R_2}=\frac{R_1}{R_1+R_2}I\end{aligned}\right\} \tag{2-9}$$

式(2-9)为电阻并联电路的分流公式。同分压公式类似，分流公式中总电流与分电流的参考方向相同，若两者的参考方向不同，则分流公式应加上负号。

可见各个电阻上的电流与电阻成反比，当其中某个电阻比其他电阻大很多时，通过它的电流也比其他电阻上的电流小很多，因此，这个电阻的分流作用常可忽略不计。

一般负载都是并联运用的。负载并联运用时，它们处于同一电压之下，任何一个负载的工作情况基本上不受其他负载的影响。并联的负载电阻越多(负载增加)，则总电阻越小，电路中总电流和总功率也就越大。但是每个负载的电流和功率却没有变动。

运用等效电阻的概念和电阻的串、并联公式，可以方便地求出电路的总电阻。

【例2.1.1】如图2-3所示，I_1=2A，求I及U。

解：由图示电路得

$U_{ab}=1\times8=8(\text{V})$

$I=1+I_1=1+2=3(\text{A})$

$U=4I+U_{ab}=4\times3+8=20(\text{V})$

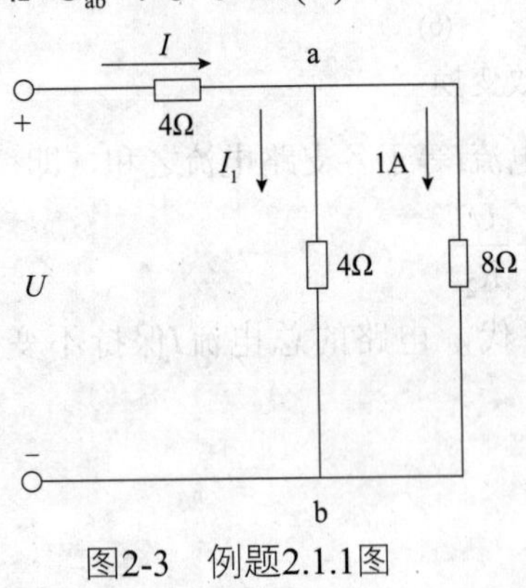

图2-3　例题2.1.1图

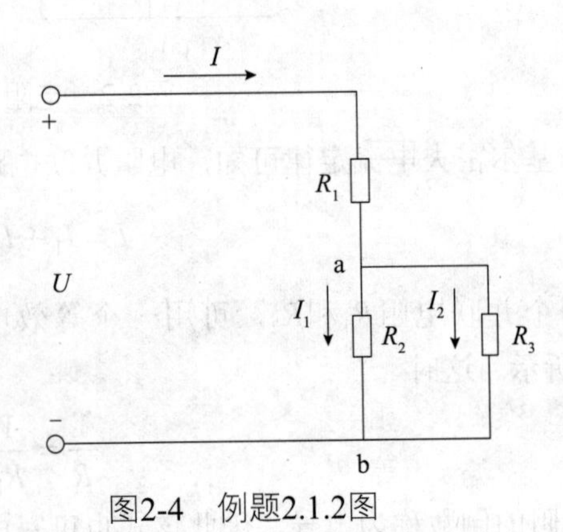

图2-4　例题2.1.2图

【例2.1.2】如图2-4所示，已知U=220V，R_1=25Ω，R_2=75Ω，R_3=50Ω，求I，I_1，I_2及R_3两端的电压。

解：

$$R=\frac{R_2R_3}{R_2+R_3}+R_1=\frac{75\times50}{75+50}+25=55(\Omega)$$

$$I=\frac{U}{R}=\frac{220}{55}=4(\text{A})$$

$$I_1=\frac{R_3}{R_2+R_3}I=\frac{50}{75+50}\times4=1.6(\text{A})$$

$$I_2=\frac{R_2}{R_2+R_3}I=\frac{75}{75+50}\times4=2.4(\text{A})$$

$$U_3=I_2R_3=50\times2.4=120(\text{V})$$

2.1.3　电阻的星形连接与三角形连接

图2-5所示的三端电阻网络分别称为星形(Y形)电阻网络(图2-5(a)所示)和三角形(△形)电阻网络(图2-5(b)所示)。这两种三端电阻网络在三相电路中是最常见的，但其应用范围却不限于三相电路。

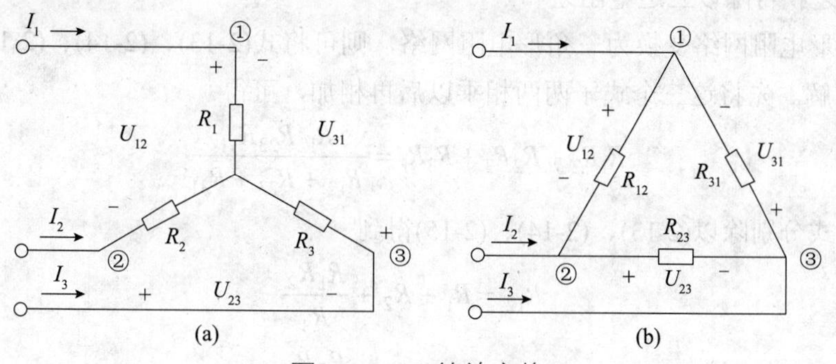

图2-5　Y-△等效变换

星形电阻网络与三角形电阻网络可以根据需要进行等效变换。星形电阻网络与三角形电阻网络等效变换的条件是：在两个网络中，当任一个端口开路时，其余的端口之间的端口等效电阻必须相等。也可以理解为任一个端口流入或流出的电流一一相等，则端口之间的电压也一一相等。

在星形网络中，设某一端口(如③端)开路，那么①、②端口之间的等效电阻就是由R_1与R_2串联组成；在三角形网络中，①、②端口之间的等效电阻就是由R_{23}与R_{31}串联后再与R_{12}并联组成。令这两种等效电阻相等，得到

③端开路
$$R_1+R_2=\frac{R_{12}(R_{23}+R_{31})}{R_{12}+R_{23}+R_{31}} \tag{2-10}$$

同理

①端开路
$$R_2+R_3=\frac{R_{23}(R_{31}+R_{12})}{R_{23}+R_{31}+R_{12}} \tag{2-11}$$

②端开路
$$R_3+R_1=\frac{R_{31}(R_{12}+R_{23})}{R_{31}+R_{12}+R_{23}} \tag{2-12}$$

由式(2-10)加上(2-12)减去(2-11)，得

$$R_1=\frac{R_{12}R_{31}}{R_{12}+R_{23}+R_{31}} \tag{2-13}$$

$$R_2=\frac{R_{23}R_{12}}{R_{12}+R_{23}+R_{31}} \tag{2-14}$$

$$R_3=\frac{R_{31}R_{23}}{R_{12}+R_{23}+R_{31}} \tag{2-15}$$

以上三个式子可以应用于已知三角形电阻网络要求变换到星形电阻网络并求解星形网络电阻。该公式可归纳为：星形网络中的一个电阻，等于三角形网络中连接到对应端点的两邻边电阻之积再除以三边电阻之和。

要由星形电阻网络变换为三角形电阻网络，则可将式(2-13)、(2-14)、(2-15)对R_{12}、R_{23}和R_{31}联立求解。先将这三个式子两两相乘以后再相加，可得

$$R_1R_2+R_2R_3+R_3R_1=\frac{R_{12}R_{23}R_{31}}{R_{12}+R_{23}+R_{31}} \tag{2-16}$$

再将此式分别除以(2-13)、(2-14)、(2-15)得到

$$R_{12}=R_1+R_2+\frac{R_1R_2}{R_3} \tag{2-17}$$

$$R_{23}=R_2+R_3+\frac{R_2R_3}{R_1} \tag{2-18}$$

$$R_{31}=R_3+R_1+\frac{R_3R_1}{R_2} \tag{2-19}$$

以上三个式子可以应用于已知星形电阻网络要求变换到三角形电阻网络并求解三角形网络电阻。该公式可归纳为：三角形网络中的一个电阻，等于星形网络中连接到对应端点的电阻之和再加上这两个电阻之积除以另一个电阻。

三个电阻相等的三端网络称为三端电阻网络。对称的三端电阻网络的等效变换就会简

单一些。例如

$$R_{12}=R_{23}=R_{31}=R_{\triangle} \tag{2-20}$$

由式(2-13)、(2-14)、(2-15)可得

$$R_1=R_2=R_3=R_Y=\frac{1}{3}R_{\triangle} \tag{2-21}$$

相反的变换是

$$R_{\triangle}=3R_Y \tag{2-22}$$

也就是说：对称三角形电阻网络变换为等效星形电阻网络时，这个等效星形电阻网络也是对称的，其中每个电阻等于原对称三角形网络每边电阻的1/3。对称星形电阻网络变换为等效三角形电阻网络时，这个等效三角形电阻网络也是对称的，其中每边的电阻等于原对称星形网络每个电阻的3倍。

【例2.1.3】已知R_1=3Ω、R_2=1Ω、R_3=3Ω、R_4=6Ω、R_5=3Ω，计算图2-6所示电路中的电流I。

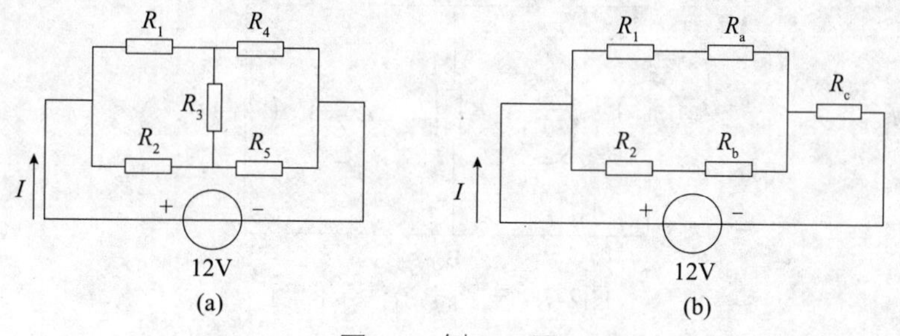

图2-6　例2.1.3图

解：本题是将长方形网络中的三角形电阻网络转换成星形网络后求其等效电阻。

$$R_a=\frac{R_3\times R_4}{R_3+R_4+R_5}=\frac{3\times 6}{3+6+3}\Omega=\frac{18}{12}\Omega=1.5\Omega$$

$$R_b=\frac{R_3\times R_5}{R_3+R_4+R_5}=\frac{3\times 3}{3+6+3}\Omega=\frac{9}{12}\Omega=0.75\Omega$$

$$R_c=\frac{R_4\times R_5}{R_3+R_4+R_5}=\frac{6\times 3}{3+6+3}\Omega=\frac{18}{12}\Omega=1.5\Omega$$

图2-6(a)转换成图2-6(b)后

$$I=\frac{12}{\dfrac{(3+1.5)\times(1+0.75)}{(3+1.5)+(1+0.75)}+1.5}\text{A}=4.35\text{A}$$

2.2 支路电流法

不能用电阻串、并联等效变换化简的电路称为复杂电路。分析复杂电路的方法有很多种，其中有一类方法叫做电路方程法，即根据基尔霍夫定律和线性元件的性质建立方程和解方程的方法。在电路方程法中，支路电流法是最基本的方法。这种方法以支路电流为待求量，利用基尔霍夫电流定律和基尔霍夫电压定律，列出电路的方程式组，从而解出各支路电流。需要注意的是在列方程时，必须先在电路图上选定未知支路电流以及电压或电动势的参考方向。

下面通过一个具体电路说明支路电流法的求解规律。在图2-7所示的电路中有3条支路，2个节点，3个回路，各支路电流的参考方向如图所示。为了求解3条支路中的电流，就必须列出3个独立方程式。

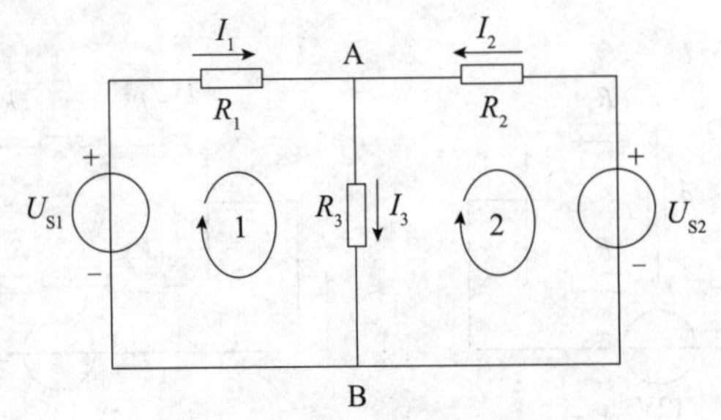

图2-7 支路电流法示例图

利用基尔霍夫电流定律，对节点列出电流方程式。图中有两个节点A和B，只能列出一个独立方程式。假定流入节点的电流为正，流出节点的电流为负，则对于节点A有

$$I_1+I_2-I_3=0 \tag{2-23}$$

对于具有n个节点的电路，利用基尔霍夫电流定律只可以列出$(n-1)$个独立的电流方程式。

对剩下的两个方程式均利用基尔霍夫电压定律，对回路列出独立电压方程。列电压方程式时通常选择最简单的回路——网孔。设回路绕行方向为顺时针方向，则对于回路1有

$$I_1R_1+I_3R_3-U_{S1}=0 \tag{2-24}$$

对于回路2有

$$-I_2R_2-I_3R_3+U_{S2}=0 \tag{2-25}$$

将方程式(2-23)、式(2-24)、式(2-25)联立，解方程组可得3个支路电流I_1、I_2、I_3。

从上面的讨论中可以看出，若电路中有b条支路，则需要列出b个独立方程，才能解出

b个支路电流；而若其中有n个节点，则可列出$(n-1)$个节点方程，剩下的$[b-(n-1)]$个方程式则由回路列出电压方程。

根据以上分析，可以总结出支路电流法的求解步骤：

(1) 确定电路的支路数b，节点数n，选定各支路的参考方向，并标在电路图上。

(2) 利用基尔霍夫电流定律对节点列$(n-1)$个独立的节点电流方程。

(3) 确定余下所需的方程数，选定回路的绕行方向，利用基尔霍夫电压定律列出$[b-(n-1)]$个独立的回路电压方程式。为了使所列出的每一个方程都是独立的，应该使新选的回路中至少有一条支路是已选过的回路中未曾选过的新支路，网孔一定是独立的。

(4) 求解b个联立的方程，求出各支路电流。

【例2.2.1】如图2-7所示，已知$U_{s1}=54\text{V}$、$U_{s2}=9\text{V}$，$R_1=6\Omega$、$R_2=3\Omega$、$R_3=6\Omega$，试用支路电流法求各支路电流。

解：首先，要在电路图上标出各支路的参考方向，如图2-7所示，选取绕行方向。应用基尔霍夫电流定律和基尔霍夫电压定律列方程如下

$$I_1+I_2-I_3=0$$
$$I_1R_1+I_3R_3=U_{S1}$$
$$I_2R_2+I_3R_3=U_{S2}$$

代入已知数据得

$$I_1+I_2-I_3=0$$
$$6I_1+6I_3=54$$
$$3I_2+6I_3=9$$

解方程可得

$$I_1=6\text{A}，I_2=-3\text{A}，I_3=3\text{A}$$

I_2是负值，说明电阻R_2上的电流的实际方向与选取的参考方向相反。

【例2.2.2】在图2-8所示的电桥电路中，已知$U_s=6\text{V}$，$R_1=30\Omega$，$R_2=10\Omega$，$R_3=20\Omega$，$R_4=40\Omega$，$R_G=50\Omega$，试求通过R_G的电流I_G。

解：本题电路中共有6条支路，4个节点，假定各支路电流的参考方向如图中所示。应用基尔霍夫电流定律可列出4−1=3个独立的电流方程。若选取节点A、B、C，则

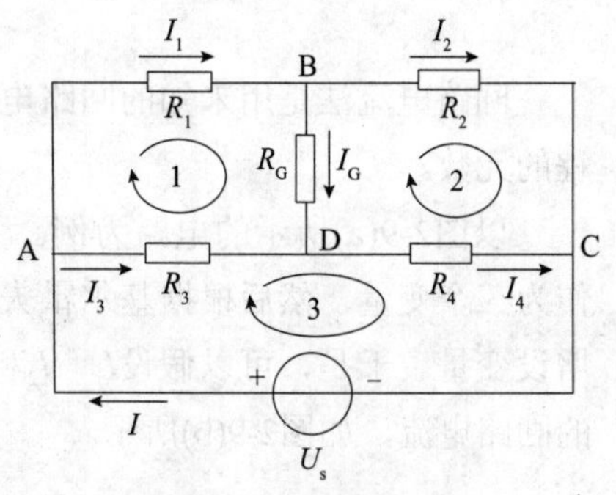

图2-8　例题2.2.2图

对节点A有

$$I_1+I_3-I=0$$

对节点B有

$$I_1-I_2-I_G=0$$

对节点C有

$$I-I_2-I_4=0$$

该电路有6条支路，需要6个独立方程才能求解6个未知电流，现已列出3个节点的电流方程，所以尚需列出3个独立的回路电压方程。选取网孔，并指定绕行方向，则

对回路1有

$$I_1R_1+I_GR_G-I_3R_3=0$$

对回路2有

$$I_2R_2-I_4R_4-I_GR_G=0$$

对回路3有

$$I_3R_3+I_4R_4-U_s=0$$

将6个方程联立求解，得

$$I_G=\frac{U_S(R_2R_3-R_1R_4)}{R_G(R_1+R_2)(R_3+R_4)+R_1R_2(R_3+R_4)+R_3R_4(R_1+R_2)}$$

将已知数值代入得

$$I_G=-35.3\text{mA}$$

负号表示电流的实际方向与参考方向相反。

2.3 回路电流法

回路电流法是用未知的回路电流代替未知的支路电流来建立电路方程，以减少联立方程的元数。

以图2-9(a)所示的电路为例。为了减少未知电流的个数，可以选定支路电流I_1、I_2和I_3作为三个变量，然后根据基尔霍夫电流定律，以I_1、I_2和I_3表示其余三个支路电流，而不再增设变量。于是，可以假设I_1、I_2和I_3是分别在它们所属的独立回路中流动的电流，即所谓的回路电流，如图2-9(b)所示。

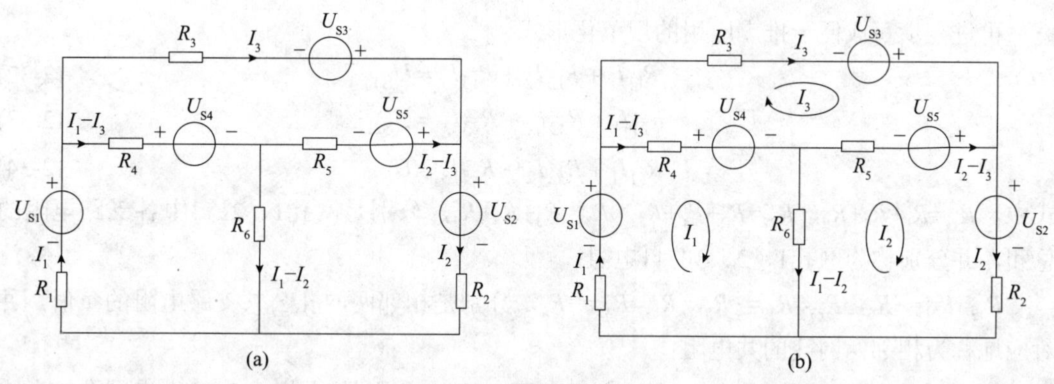

图2-9　回路电流法

在给定电路中，求出一组独立的回路电流后，各支路电流即可完全确定下来。对于只隶属于一个回路的支路，其电流即等于该支路所属回路的回路电流；对于两个(或两个以上)回路的公共支路，其电流可按基尔霍夫电流定律求解。因此，在建立电路方程时，自然可用回路电流代替支路电流作为变量，以减少联立方程的元数。

值得注意的是，由于用回路电流代替支路电流作为电路方程中的变量，是以基尔霍夫电流定律为依据的，回路电流变量当然能自动满足基尔霍夫电流定律(即用回路电流表示支路电流后，计算自一个节点流出的各支路电流的代数和必等于零)，所以按回路电流法建立起来的电路方程中不存在节点方程，而只是联合应用基尔霍夫电压定律和元件方程列出的回路方程。这是与支路电流法不同的。

对于平面电路，可以按网孔取独立回路。以网孔电流为变量，按照基尔霍夫电压定律和元件方程列出网孔电压方程。这种方法称为网孔分析法。

为了建立网孔方程，应先在每一个网孔中选定网孔电流的参考方向，并以此作为建立网孔方程时计算电压代数和及电位升代数和的参考方向，然后应用基尔霍夫电压定律列出网孔方程。

按照上述方法，图2-9(b)中各网孔方程依次为

$$R_1I_1+R_4(I_1-I_3)+R_6(I_1-I_2)=U_{S1}-U_{S4} \tag{2-26}$$

$$R_2I_2-R_6(I_1-I_2)+R_5(I_2-I_3)=U_{S5}-U_{S2} \tag{2-27}$$

$$R_3I_3-R_5(I_2-I_3)-R_4(I_1-I_3)=U_{S3}-U_{S5}+U_{S4} \tag{2-28}$$

经整理得

$$(R_1+R_4+R_6)I_1-R_6I_2-R_4I_3=U_{S1}-U_{S4} \tag{2-29}$$

$$-R_6I_1+(R_2+R_6+R_5)I_2-R_5I_3=U_{S5}-U_{S2} \tag{2-30}$$

$$-R_4I_1-R_5I_2+(R_3+R_5+R_4)I_3=U_{S3}-U_{S5}+U_{S4} \tag{2-31}$$

再进一步写成便于推广应用的规范化形式

$$R_{11}I_1 + R_{12}I_2 + R_{13}I_3 = U_{S11} \tag{2-32}$$

$$R_{21}I_1 + R_{22}I_2 + R_{23}I_3 = U_{S22} \tag{2-33}$$

$$R_{31}I_1 + R_{32}I_2 + R_{33}I_3 = U_{S33} \tag{2-34}$$

式中，$R_{11}=R_1+R_4+R_6$，$R_{22}=R_2+R_6+R_5$，$R_{33}=R_3+R_5+R_4$，分别是网孔1、2、3中各支路电阻的总和，并分别称为网孔1、2、3的自电阻；

$R_{12}=R_{21}=-R_6$，$R_{23}=R_{32}=-R_5$，$R_{13}=R_{31}=-R_4$，分别是相邻两网孔公共支路电阻的负值，并对应地称为相邻两网孔的共电阻；

$U_{S11}=U_{S1}-U_{S4}$，$U_{S22}=U_{S5}-U_{S2}$，$U_{S33}=U_{S3}-U_{S5}+U_{S4}$，分别是网孔1、2、3中沿网孔参考方向各电压源电位升的代数和。

网孔的自电阻恒为正值。这是因为建立网孔方程时，该网孔电流所引起的电阻压降，全是顺着网孔参考方向的电阻压降。这些电阻压降的总和，即自电阻压降，其中电流变量的系数自应恒为正值。

两网孔的共电阻则可以为正，也可以为负，视相邻两网孔电流通过公共支路时其参考方向相同或相反而定。这是因为建立网孔方程时，顺着该网孔的参考方向来计算，邻近网孔电流在公共支路上所引起的电阻压降，即共电阻压降，其中电流变量的系数可以为正，也可以为负。当相邻两网孔电流以同一参考方向通过公共支路时，共电阻压降中电流变量的系数为正；反之，当相邻两网孔电流以相反的参考方向通过公共支路时，共电阻压降中电流变量的系数为负。将网孔方程写成规范化形式时，我们把共电阻压降中电流变量的系数的正负号纳入共电阻中，因而共电阻可以为正，也可以为负。如果选定各网孔电流的参考方向均为顺时针方向，或均为逆时针方向，则共电阻全为负值。

计算一个网孔中电压源电位升的代数和时，凡电压源电位升的参考方向与网孔的参考方向一致者，在它的前面取“+”号；反之，取“-”号。

通常用回路电流法求解方程组时，可以先算出各回路(或各网孔)的自电阻、相关回路(或网孔)的共电阻和每一回路(或网孔)中电压源电位升的代数和，然后再写出方程组。

【例2.3.1】 如图2-9(a)所示平面电路，若已知：U_{S1}=21V，U_{S2}=14V，U_{S3}=6V，U_{S4}=2V，U_{S5}=2V，R_1=3Ω，R_2=2Ω，R_3=3Ω，R_4=6Ω，R_5=2Ω，R_6=1Ω，求各支路电流。

解：

$$R_{11}=(3+6+1)\Omega=10\Omega$$

$$R_{22}=(2+1+2)\Omega=5\Omega$$

$$R_{33}=(3+2+6)\Omega=11\Omega$$

$$R_{12}=R_{21}=-1\Omega$$

$$R_{23}=R_{32}=-2\Omega$$

$$R_{13}=R_{31}=-6\Omega$$

$$U_{S11}=(21-2)V=19V$$

$$U_{S22}=(2-14)V=-12V$$

$$U_{S33}=(6-2+2)V=6V$$

解网孔方程组

$$10I_1-I_2-6I_3=19$$

$$-I_1+5I_2-2I_3=-12$$

$$-6I_1-2I_2+11I_3=6$$

求出各网孔电流分别为

$$I_1=3A \quad I_2=-1A \qquad I_3=2A$$

最后，按已知网孔电流求出各支路电流

$$I_4=I_1-I_3=(3-2)A=1A$$

$$I_5=I_2-I_3=(-1-2)A=-3A$$

$$I_6=I_1-I_2=[3-(-1)A=4A$$

【例2.3.2】求图2-10所示电路中的各支路电流。

解：这个电路各网孔是独立电路，可以将电流源支路划为一个回路独占的支路(即不把它作为两回路的公共回路)，以这个电流源的电流(2A)作为一个回路电流。这样，未知的回路电流就只有两个了。

另一种方法，是将原电路中的电流源和并联在它旁边的电阻(2Ω)的位置互换，使电流源支路变成一个网孔独占的支路，并取电流源电流作为它所属网孔的网孔电流，使未知的网孔电流变成两个。这样，用网孔分析法立方程求解就没有困难了。

选择回路电流的参考方向如图2-10所示。

回路1和回路2的回路电流即为支路电流I_1和I_2，回路3的回路电流I_3等于电流源的电流(2A)，因而只建立两个回路方程就行了。各回路的自电阻、各相关回路的共电阻和每一回路中各电压源电位升的代数和分别为

$$R_{11}=(3+1)\Omega=4\Omega$$

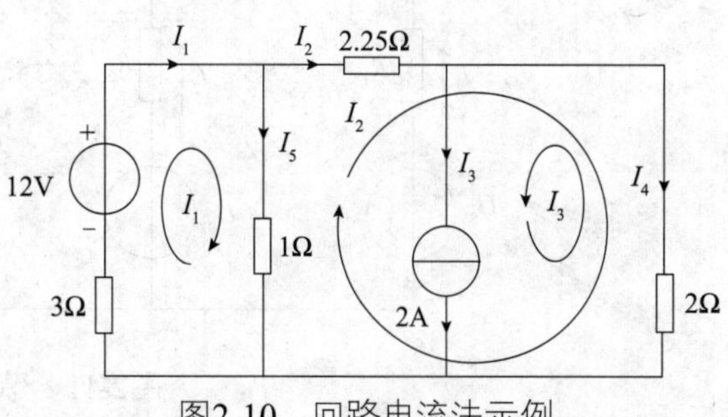

图2-10　回路电流法示例

$$R_{22}=(1+2.25+2)\Omega=5.25\Omega$$

$$R_{12}=R_{21}=-1\Omega$$

$$R_{23}=-2\Omega$$

$$U_{S11}=12V$$

$$U_{S22}=0V$$

于是，1、2两回路的回路方程为

$$R_{11}I_1+R_{12}I_2=U_{S11}$$

$$R_{21}I_1+R_{22}I_2+R_{23}I_3=U_{S22}$$

即

$$4I_1-1I_2=12$$

$$-1I_1+5.25I_2-2I_3=0$$

因为

$$I_3=2A$$

因此解出两回路电流

$$I_1=3.35A \quad I_2=1.4A$$

最后，按照图中各支路电流的参考方向，并求出各支路电流如下

$$I_4=I_2-I_3=(1.4-2)A=-0.6A$$

$$I_5=I_1-I_2=(3.35-1.4)A=1.95A$$

2.4 节点电压法

对于图2-11所示的电路，有两个节点A和B，选择B点作为参考节点，剩余节点A为独立节点。因而只有一个节点电压U_{AB}，即节点电压数等于独立节点数。根据KVL，各支路电流与节点电压的关系如下：

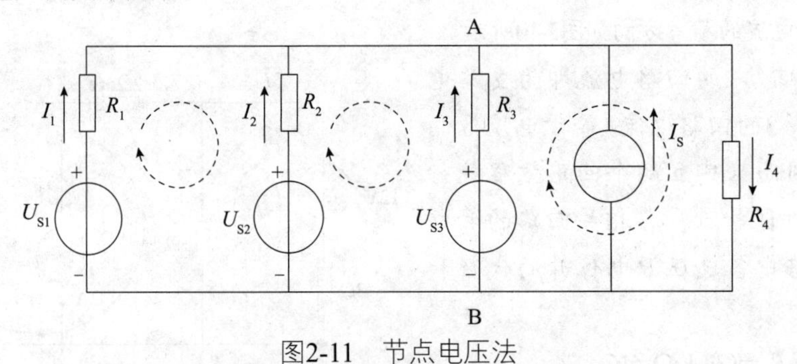

图2-11　节点电压法

$$\left.\begin{aligned} U_{AB}&=U_{S1}-I_1R_1 & I_1&=\frac{U_{S1}-U_{AB}}{R_1} \\ U_{AB}&=U_{S2}-I_2R_2 & I_2&=\frac{U_{S2}-U_{AB}}{R_2} \\ U_{AB}&=U_{S3}-I_3R_3 & I_3&=\frac{U_{S3}-U_{AB}}{R_3} \\ U_{AB}&=I_4R_4 & I_4&=\frac{U_{AB}}{R_4} \end{aligned}\right\} \tag{2-35}$$

由式(2-35)可见，在已知电源电压和电阻的情况下，只要先求出节点电压U_{AB}，就可计算各支路电流。

对节点A列基尔霍夫电流定律方程

$$I_1+I_2+I_3+I_S-I_4=0 \tag{2-36}$$

将式(2-35)代入式(2-36)，则得到节点电压方程

$$\frac{U_{S1}-U_{AB}}{R_1}+\frac{U_{S2}-U_{AB}}{R_2}+\frac{U_{S3}-U_{AB}}{R_3}+I_S-\frac{U_{AB}}{R_4}=0 \tag{2-37}$$

经整理后即得出一个节点的节点电压公式

$$U_{AB}=\frac{\dfrac{U_{S1}}{R_1}+\dfrac{U_{S2}}{R_2}+\dfrac{U_{S3}}{R_3}+I_S}{\dfrac{1}{R_1}+\dfrac{1}{R_2}+\dfrac{1}{R_3}+\dfrac{1}{R_4}} \tag{2-38}$$

式(2-38)中，分母各项均为正值，分子各项的符号由各支路中理想电源的方向决定，当理想电压源的电压方向与节点U_{AB}正方向相同时取正号，相反时取负号；当理想电流源的电流流入独立节点A取正号，反之时取负号。式(2-38)还可以写成式(2-39)的形式，即

$$U_{AB}=\frac{\Sigma I_i}{\Sigma G_i} \tag{2-39}$$

式中，ΣI_i是将各电压源等效变换成电流源后流入节点A的定值电流的代数和，当电流源的定值电流流入独立节点A时取正，流出独立节点A时取负。ΣG_i是与独立节点A相连的各支路电导之和，均为正值。值得注意的是：与理想电流源串联的电阻(或电导)不参加计算。

求出节点电压U_{AB}后，由式(2-35)即可计算出各支路电流。

【例2.4.1】如图2-7的电路，已知U_{S1}=110V，U_{S2}=90V，R_1=1Ω，R_2=0.6Ω，R_3=24Ω，用节点电压法计算各支路的电流。

解：利用节点电压公式可直接求出节点电压U_{AB}

$$U_{AB}=\frac{\frac{U_{S1}}{R_1}+\frac{U_{S2}}{R_2}}{\frac{1}{R_1}+\frac{1}{R_2}+\frac{1}{R_3}}=\frac{\frac{110}{1}+\frac{90}{0.6}}{\frac{1}{1}+\frac{1}{0.6}+\frac{1}{24}}=96(\text{V})$$

各支路电流分别为

$$I_1=\frac{U_{S1}-U_{AB}}{R_1}=\frac{110-96}{1}=14(\text{A})$$

$$I_2=-\frac{U_{AB}-U_{S2}}{R_2}=-\frac{96-90}{0.6}=-10(\text{A})$$

$$I_3=\frac{U_{AB}}{R_3}=\frac{96}{24}=4(\text{A})$$

对于只有两个节点而由多条支路并联组成的电路，在求各支路的响应时，可以先求出这两个节点之间的电压，而后再求出各支路电流。

如图2-12(a)所示的电路为两节点的电路，可利用电源等效变换法将原电路变换成图2-12(b)所示的形式。U_{ab}为节点电压，其参考方向由a指向b。

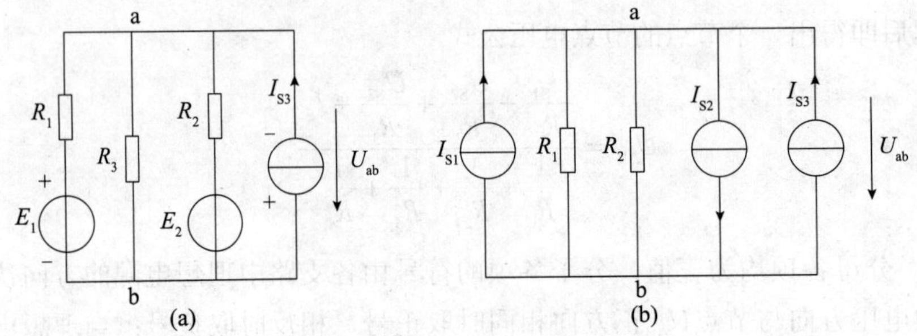

图2-12 节点电压法举例

由KCL方程得

$$\left(\frac{1}{R_1}+\frac{1}{R_2}+\frac{1}{R_3}\right)U_{ab}=I_{S1}-I_{S2}+I_{S3} \tag{2-40}$$

则

$$U_{ab}=\frac{I_{S1}-I_{S2}+I_{S3}}{\frac{1}{R_1}+\frac{1}{R_2}+\frac{1}{R_3}}=\frac{\frac{E_1}{R_1}-\frac{E_2}{R_2}+I_{S3}}{\frac{1}{R_1}+\frac{1}{R_2}+\frac{1}{R_3}}=\frac{\sum\frac{E}{R}+\sum I_S}{\sum\frac{1}{R}} \tag{2-41}$$

式中分母的各项总为正，分子的各项可以为正，也可以为负，当电动势的方向或电流的方向与节点电压的参考方向相反时，取“+”号，相同时取“−”号。

【例2.4.2】如图2-13的电路中，求电流I。

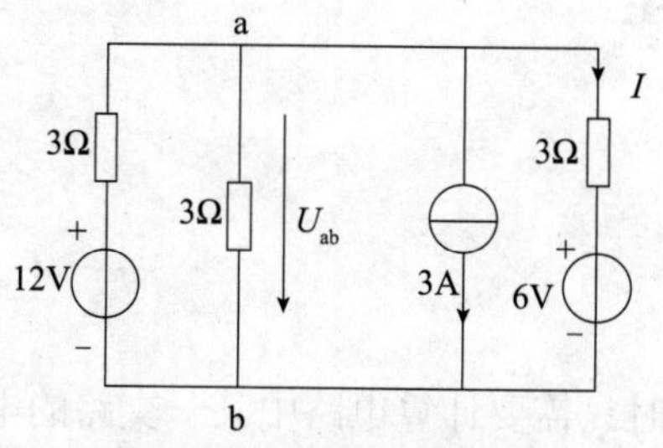

图2-13　例题2.4.2的图

解：由于电路中只有两个节点，故可以直接用节点电压法求解

$$U_{ab}=\frac{\frac{12}{3}+\frac{6}{3}-3}{\frac{1}{3}+\frac{1}{3}+\frac{1}{3}}=3(\mathrm{V})$$

所求支路电流为

$$I=\frac{U_{ab}-6}{3}=-1(\mathrm{A})$$

【例2.4.3】试求图2-14所示的电路中的U_{A0}和I_{A0}。

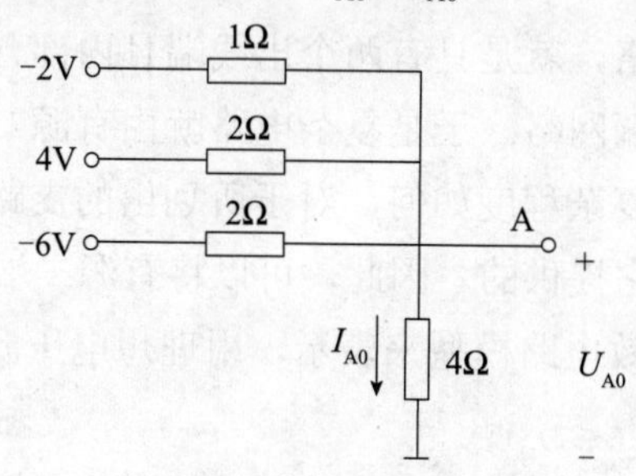

图2-14　例题2.4.3的图

解：图2-14的电路也只有两个节点：A和参考点0。U_{A0}即为节点电压或A点的电位V_A。

$$U_{A0}=\frac{-\frac{2}{1}+\frac{4}{2}-\frac{6}{2}}{\frac{1}{1}+\frac{1}{2}+\frac{1}{2}}=-1.5(\mathrm{V})$$

$$I_{A0}=-\frac{1.5}{4}=-0.375(\mathrm{A})$$

2.5 戴维南定理

2.5.1 二端网络

在复杂电路分析中，有时只需要计算电路中某一支路的电流或电压，如果用前面几节所讲述的方法来计算，必然会引出一些不必要的电流或电压的计算。为了简化计算，常应用等效电源的方法，将需要计算的支路单独划出，而把电路的其余部分看作一个有源二端网络。例如在图2-15所示的电路中，把电阻R_L所在的支路划出，而其余(方框)部分就是一个有源二端网络。

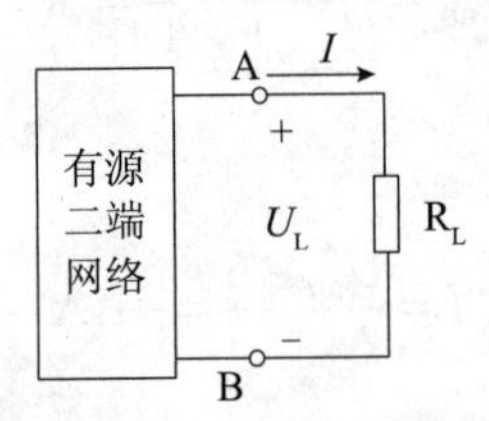

图2-15　有源二端网络

这里所谓的有源二端网络，就是具有两个出线端且内部含有电源的部分电路；若内部不含有电源，则称为无源二端网络。于是复杂电路就由有源二端网络和待求支路组成。这个有源二端网络，不论它的复杂程度如何，对于所划出的支路来说，仅相当于一个电源，因为这条支路的电能都是由它提供的。因此，可以将有源二端网络化简为一个等效电源。

由于一个电源可以用等效电路模型来表示，用理想电压源U_S和内阻R_0串联的电路，就得到电压源的等效电源定理。

2.5.2 戴维南定理及其应用

戴维南定理指出：任何一个线性有源二端网络都可以用一个与它等效的理想电压源U_0与电阻R_0串联的电源来代替，见图2-16(a)。理想电压源的电压值等于该有源二端网络的开路电压，见图2-16(b)，用U_{AB}表示；其内阻等于该有源二端网络中所有电源均除去(将理想电压源短路，即其电压为零；将理想电流源开路，即其电流为零)后得到的无源网络A、B两端之间的等效电阻。见图2-16(c)。

应用戴维南定理进行计算时，要注意等效电压源的极性，如果有源二端网络开路电压的极性：A为“+”，B为“−”，则等效电压源的“+”极性端靠近A，“−”极性端靠近B。

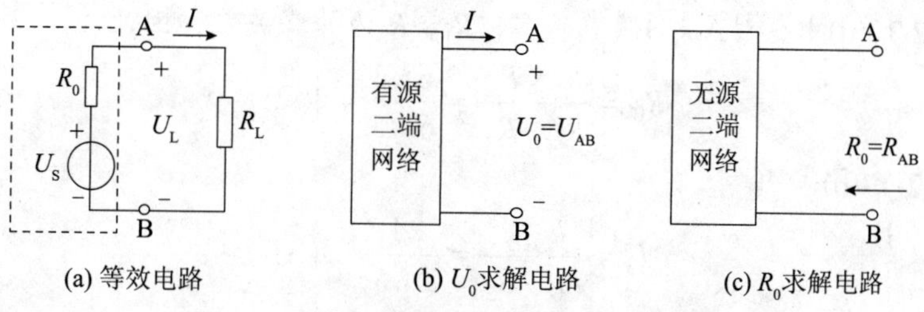

图2-16 应用戴维南定理等效化简电路

【例2.5.1】用戴维南定理计算图2-7中的电流I_3。已知U_{S1}=60V、U_{S2}=6V、R_1=6Ω、R_2=3Ω、R_3=6Ω。

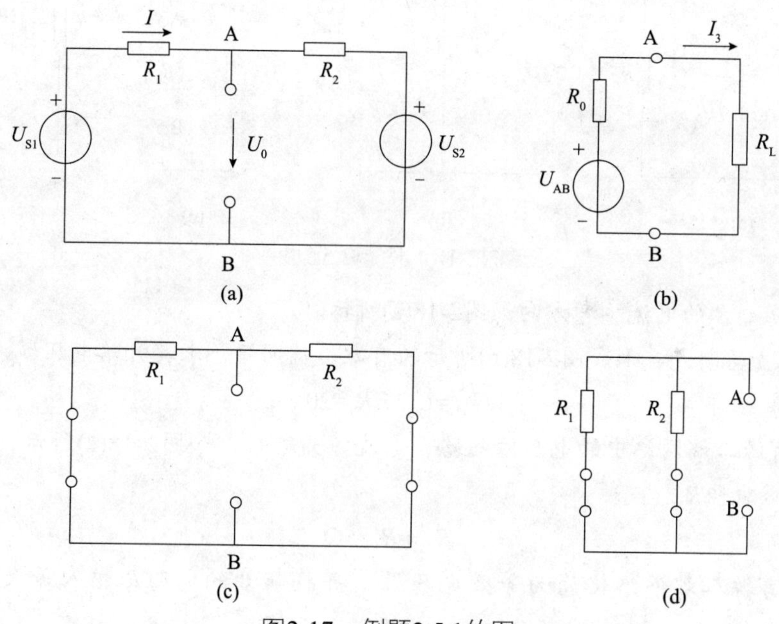

图2-17 例题2.5.1的图

解：把所求支路R_3从电路中断开，剩余部分即为一个有源二端网络，如图2-17(a)所示。根据戴维南定理，该有源二端网络可用一个电压源来等效代替，再接上所求支路，如图2-17(b)所示。如图2-17(a)所示等效电源的电动势等于开路电压U_{AB}，如图2-17(a)有

$$I=\frac{U_{S1}-U_{S2}}{R_1+R_2}=\frac{60-6}{6+3}=6(A)$$

于是

$$U_{AB}=U_{S1}-IR_1=60-6\times6=24(V)$$

等效电源的内阻R_0，可由图2-17(c)求得。为了方便求解，可用图2-17(d)来代替图2-17(c)。在图2-17(d)中，对A、B两端而言，R_1和R_2为并联关系，因此

$$R_0=\frac{R_1\times R_2}{R_1+R_2}=\frac{6\times 3}{6+3}=2(\Omega)$$

最后由图2-17(b)求出

$$I_3=\frac{U_{AB}}{R_0+R_3}=\frac{24}{2+6}=3(A)$$

【例2.5.2】在图2-18(a)所示电路中，已知U_S=10V、R_1=5Ω、I_S=2A、R_2=15Ω。试求流过电阻R_2的电流I。

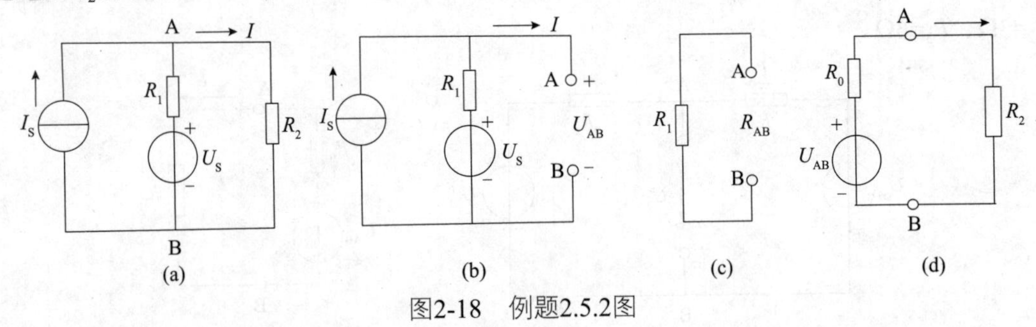

图2-18 例题2.5.2图

解：设流过R_2的电流参考方向如图2-18(a)所示。

(1) 把R_2支路断开，形成图2-18(b)所示的有源二端网络，求其开路电压U_{AB}为

$$U_{AB}=U_S+I_SR_1=20V$$

(2) 将有源二端网络中的电压源短路、电流源开路后，如图2-18(c)所示，求得无源二端网络的等效电阻R_{AB}为

$$R_{AB}=R_1=5\Omega$$

(3) 将有源二端网络化简为等效电压源，并将断开的电阻R_2接入等效电路，如图2-18(d)所示，得

$$I=\frac{U_{AB}}{R_{AB}+R_2}=\frac{20}{5+15}\text{ A}=1\text{ A}$$

【例2.5.3】用戴维南定理求解图2-19(a)电路中的电流I。已知E_1=6V，R_1=30Ω，R_2=10Ω，R_3=20Ω，R_4=40Ω，R_5=50Ω。

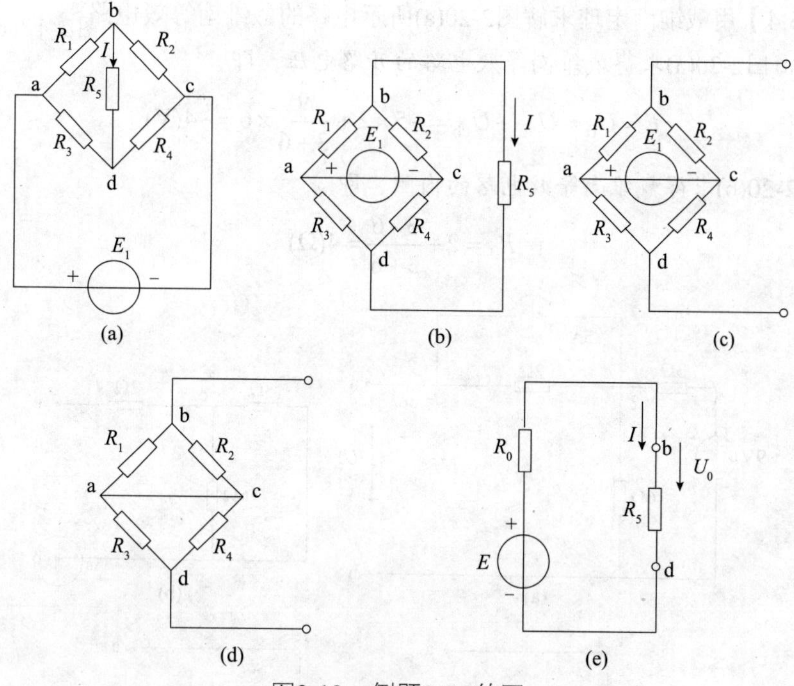

图2-19 例题2.5.3的图

解： 为了求解电路方便起见，将图2-19(a)改画为图2-19(b)，将待求支路从电路中断开，剩下的有源二端网络如图2-19(c)所示，其开路电压U_0为

$$U_0=\frac{E_1}{R_1+R_2}\times R_2-\frac{E_1}{R_3+R_4}\times R_4$$

$$=\frac{6}{30+10}\times 10-\frac{6}{20+40}\times 40=-2.5(\text{V})$$

如图2-19(d)所示，等效电阻R_0为

$$R_0=\frac{R_1R_2}{R_1+R_2}+\frac{R_3R_4}{R_3+R_4}=\frac{30\times 10}{30+10}+\frac{20\times 40}{20+40}=20.8(\Omega)$$

最后由2-19(e)求出电流I为

$$I=\frac{E}{R_0+R_5}=\frac{-2.5}{20.8+50}=-0.035(\text{A})=-35(\text{mA})$$

若要通过电桥对角线支路的电流为零(I=0)，则需U_0=0，即

$$U_0=\frac{E_1}{R_1+R_2}\times R_2-\frac{E_1}{R_3+R_4}\times R_4=0$$

于是有

$$R_2R_3=R_1R_4$$

【例2.5.4】用戴维南定理求解图2-20(a)所示电路的戴维南等效电路。

解：先由图2-20(a)求得戴维南等效电路的开路电压，即

$$E = U_0 = U_{ac} + U_{cb} = -5 \times 2 + \frac{9}{3+6} \times 6 = -4(\text{V})$$

再由图2-20(b)求得戴维南等效电路的内阻，即

$$R_0 = 2 + \frac{3 \times 6}{3+6} = 4(\Omega)$$

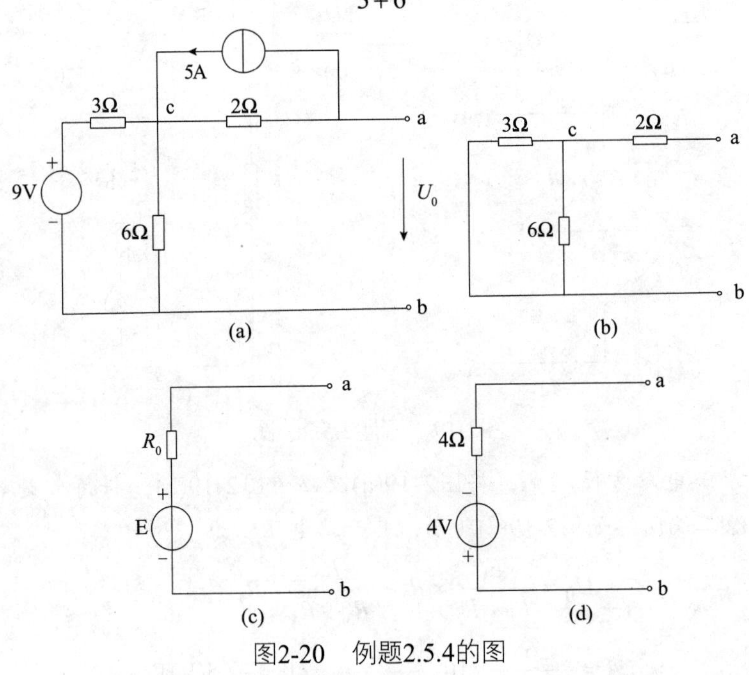

图2-20　例题2.5.4的图

本章习题

2.1 在图2-21的电路中，E=6V，R_1=6Ω，R_2=3Ω，R_3=4Ω，R_4=3Ω，R_5=1Ω，试求I_3和I_4。

2.2 在图2-22中，R_1=R_2=R_3=R_4=300Ω，R_5=600Ω，试求开关S断开和闭合时a和b之间的等效电阻。

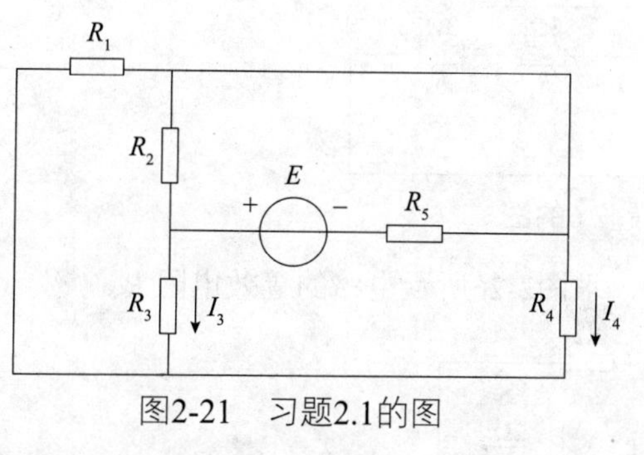

图2-21　习题2.1的图

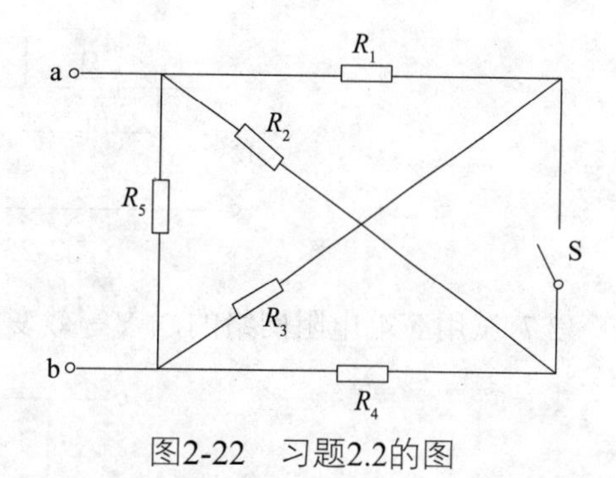

图2-22　习题2.2的图

2.3 试估算图2-23所示两个电路中的电流I。

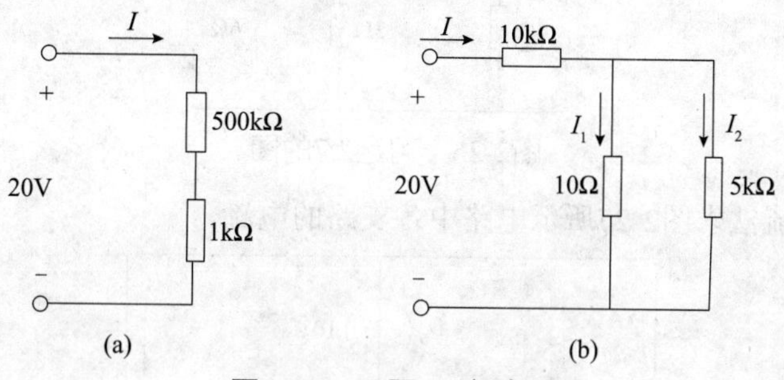

图2-23　习题2.3电路图

2.4 通常电灯开得越多，总负载电阻越大还是越小？

2.5 计算图2-24所示两电路中a、b间的等效电阻R_{ab}。

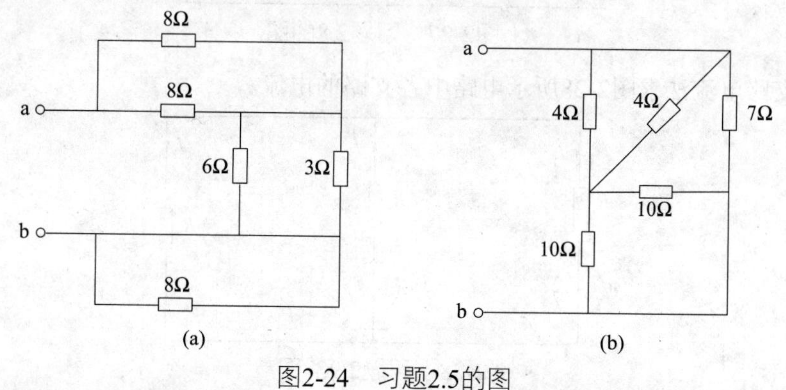

图2-24　习题2.5的图

2.6 在图2-25所示电路中，试标出各个电阻上的电流数值和方向。

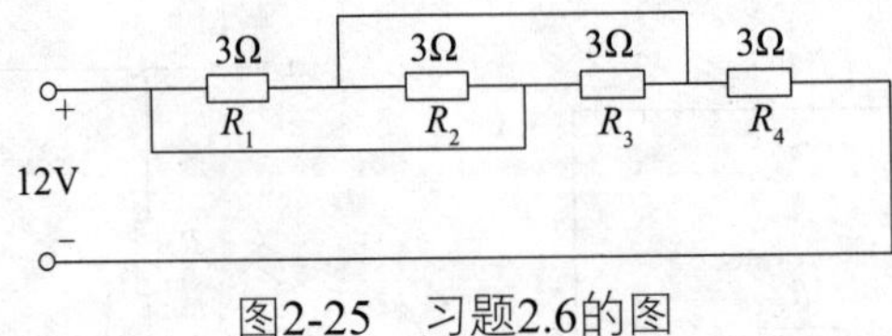

图2-25　习题2.6的图

2.7 试用三端电阻网络的△-Y等效变换法，求图2-26所示电路的等效电阻 R 。

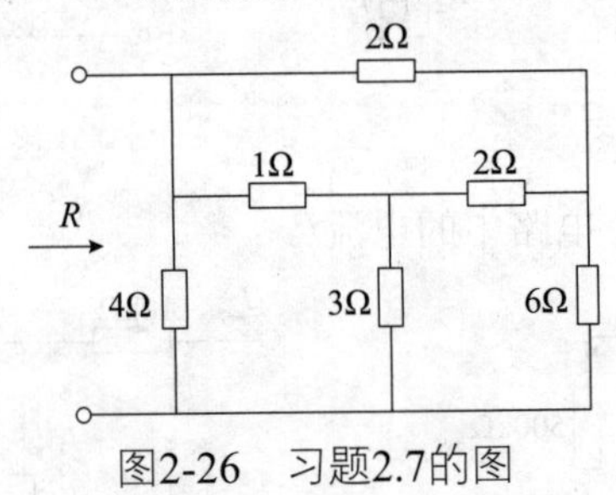

图2-26　习题2.7的图

2.8 用支路电流法求图2-27所示电路中各支路的电流。

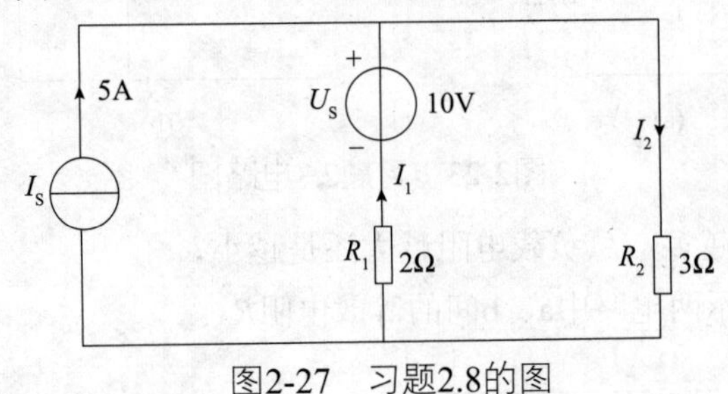

图2-27　习题2.8的图

2.9 用支路电流法求图2-28所示电路中各支路的电流。

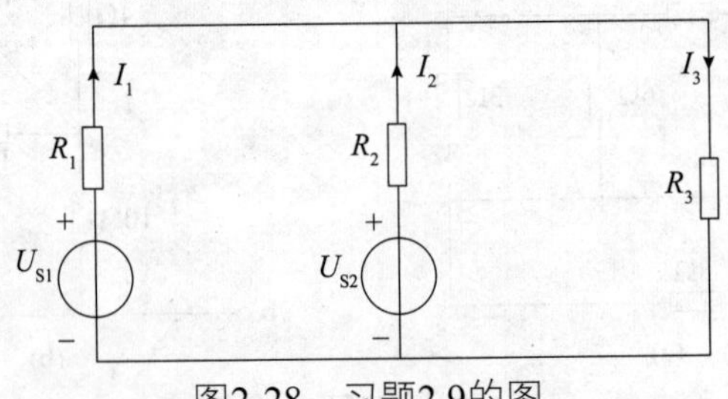

图2-28　习题2.9的图

2.10 用支路电流法分析电路时，可供列写KCL的独立结点数是多少？独立结点的选择是任意的吗？试以图2-29所示电路为例，列出全部独立结点的KCL方程。

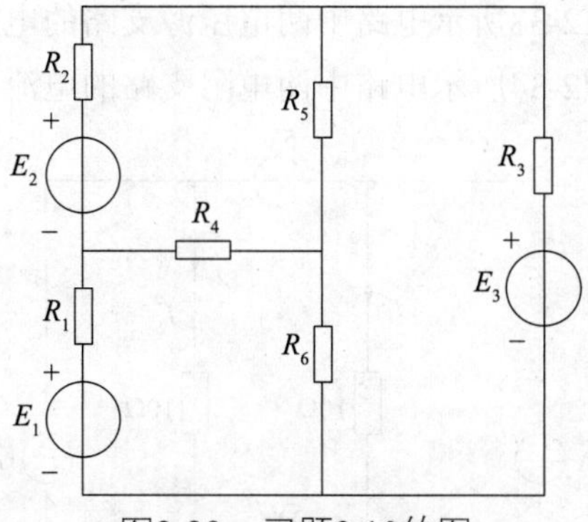

图2-29　习题2.10的图

2.11 网孔与回路有什么不同？如何选取回路才能保证所列写的KVL方程是独立的？试列出图2-10所示电路所有网孔的KVL方程。

2.12 在列写KVL方程时，如果电路中含有理想电流源应如何处理？

2.13 已知R_1=4Ω，R_2=3Ω，R_3=5Ω，R_4=3Ω，R_5=8Ω，R_6=2Ω，R_7=6Ω，U_{S1}=32V，U_{S2}=48V，U_{S3}=16V，用回路分析法求图2-30中R_4中的电流I。

2.14 用回路分析法求图2-31所示电路中U_0的电压。

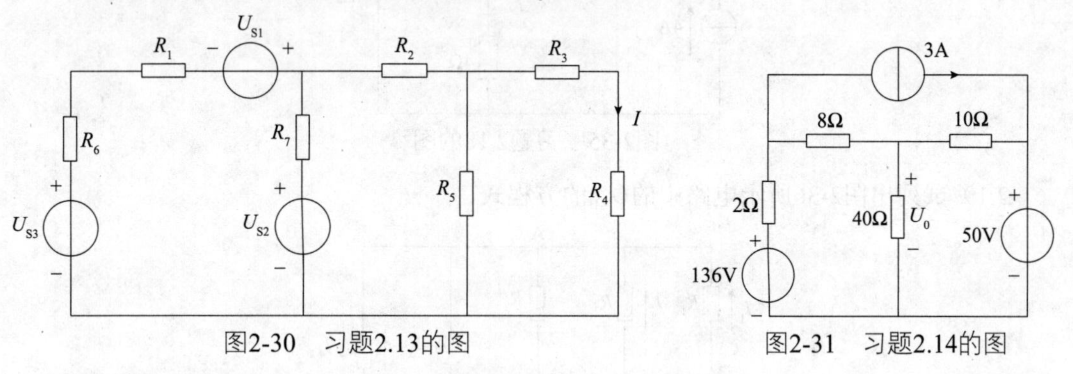

图2-30　习题2.13的图　　图2-31　习题2.14的图

2.15 用回路分析法求图2-32所示电路中各电阻支路的电流。

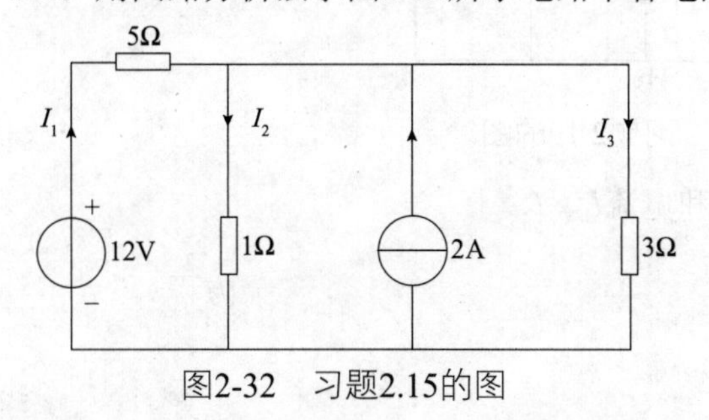

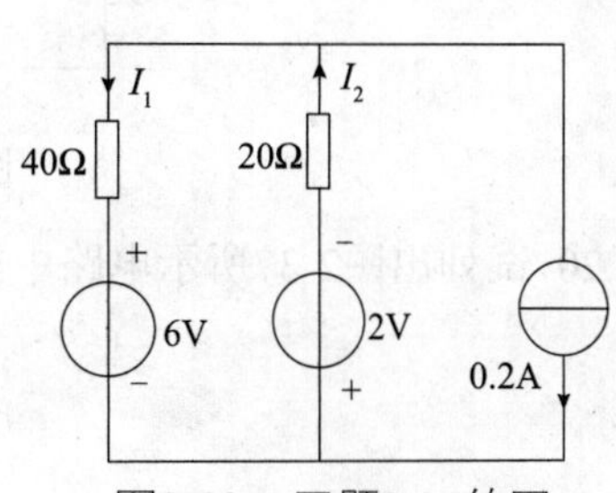

图2-32　习题2.15的图　　图2-33　习题2.16的图

2.16 用回路分析法求图2-33所示电路中两电压源支路的电流I_1和I_2。

2.17 用回路分析法求图2-34所示电路中两电阻支路的电流I_1和I_2。

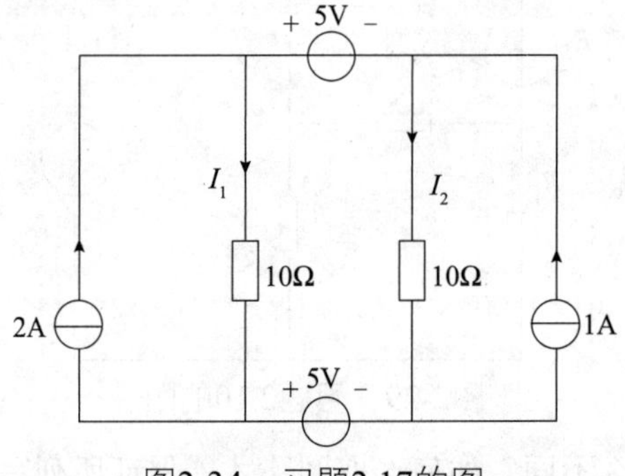

图2-34　习题2.17的图

2.18 用节点电压法求图2-35所示电路中U的电压。

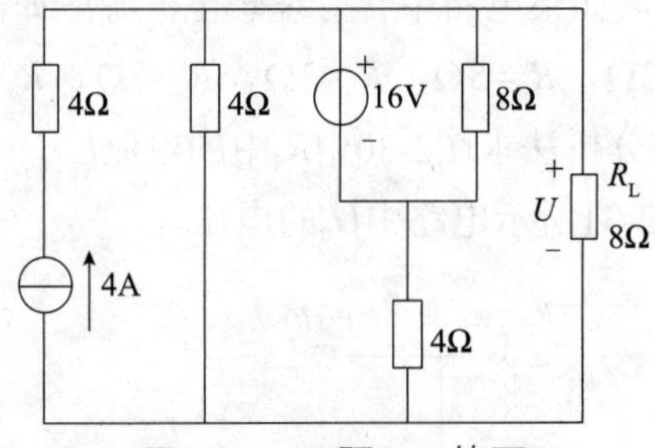

图2-35　习题2.18的图

2.19 试列出图2-36所示电路中的U_{AB}的方程式。

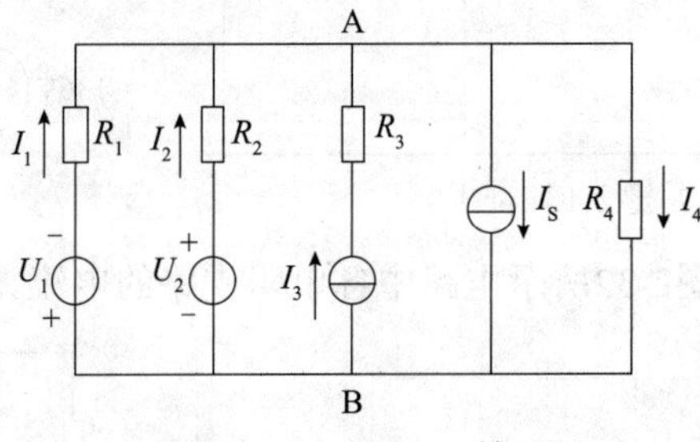

图2-36　习题2.19的图

2.20 试列出图2-37所示电路中的U_{AB}和电流I_1、I_2。

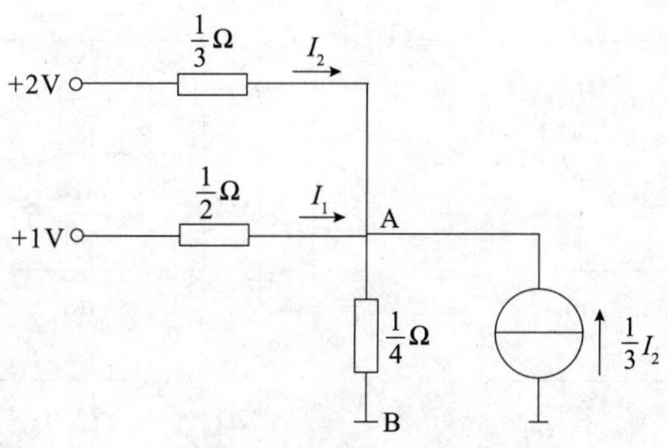

图2-37　习题2.20的图

2.21 用节点分析法求图2-38所示两电路中的电压U_{ab}。

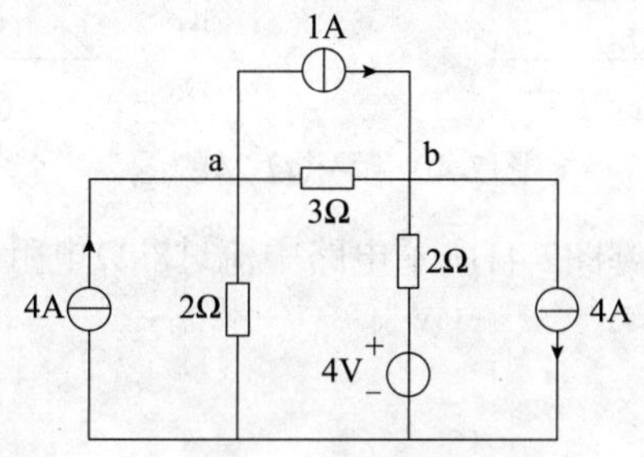

图2-38　习题2.21的图

2.22 用节点分析法求图2-39所示两电路中的电压U_{ab}。

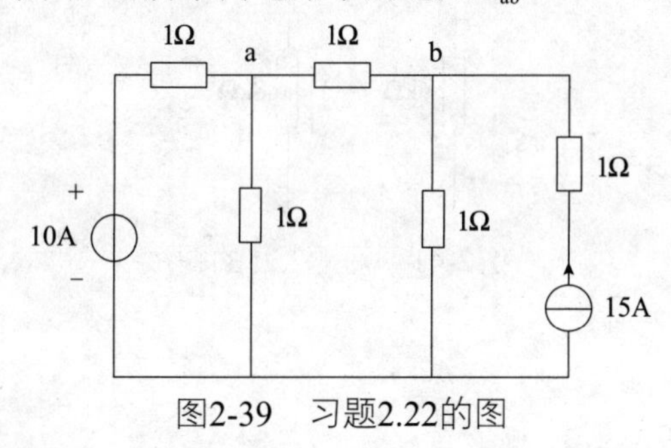

图2-39　习题2.22的图

2.23 用戴维南定理求图2-28所示电路中的电流I_3。

2.24 用戴维南定理将图2-40所示的各电路化为等效电压源。

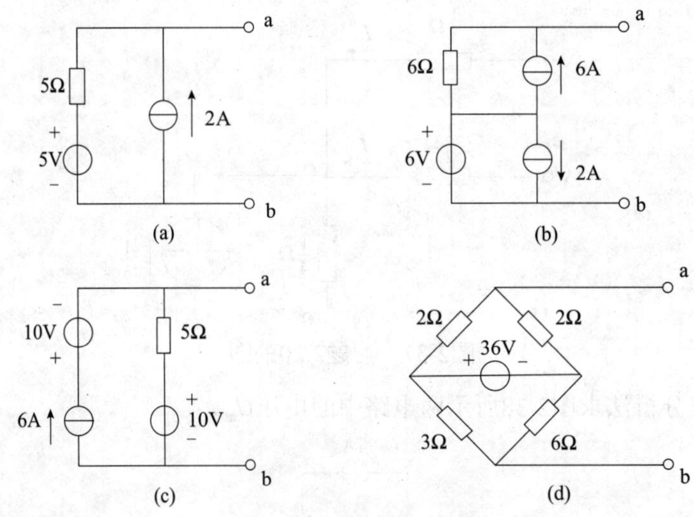

图2-40　习题2.24的图

2.25 应用戴维南定理计算图2-41所示电路中流过8kΩ电阻的电流。

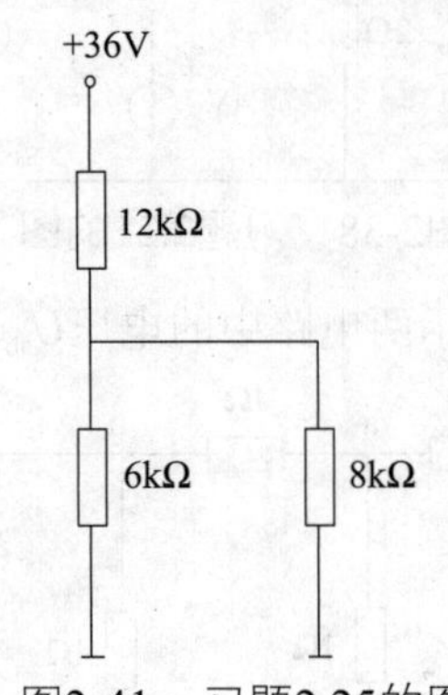

图2-41　习题2.25的图

第3章

单相正弦交流电路

所谓正弦交流电路是指激励与响应的电压、电流都是随时间按正弦规律周期变化的线性电路。正弦交流电也简称交流电，是目前工农业生产、交通运输及日常生活用电的主要形式。因此，研究正弦交流电路具有重要的现实意义。

由于交流电的电压和电流都是随时间近似按正弦规律变化的，所以研究交流电要比直流电复杂得多。本章主要介绍正弦交流电路的基本概念和相量表示方法，讨论各元件电压、电流和功率的基本关系以及简单正弦交流电路的分析方法。

3.1 正弦交流电三要素

在直流电阻电路中，电流和电压除了在换路瞬间有突变之外，其大小和方向是不随时间变化的。

在正弦交流电路中，电压和电流是随时间按照正弦规律做周期性变化的，其波形如图3-1所示。以正弦电流为例，其表达式为

$$i(t)=I_m\sin(\omega t+\psi) \tag{3-1}$$

式中，小写字母$i(t)$表示t时刻的电流瞬时值；大写字母I_m表示电流的最大值或幅值；$\omega t+\psi$表示电流的相位或相角。

正弦量的特征主要表现在随时间变化的快慢、大小及初始时刻的值三方面，而它们分别由频率(或周期)、幅值(或有效值)和初相位来确定，所以频率(角频率)、幅值和初相位是正弦量的三要素。

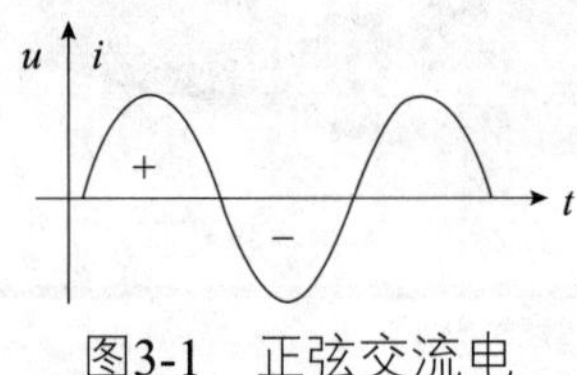

图3-1　正弦交流电

3.1.1 频率与周期

周期是指正弦量变化一周所需的时间，用T表示，单位是秒(s)。

频率是指正弦量每秒钟变化的次数，用f表示，单位是赫兹(Hz)，周期和频率互为倒数，即

$$T=\frac{1}{f} \tag{3-2}$$

我国和俄罗斯等多数国家采用的电力标准频率为50Hz，也称为工业频率，简称工频。美国和日本等国家的工业频率为60Hz。

正弦量变化的快慢除了用频率和周期表示之外，还可以用角频率ω来表示。(3-1)式中的ω表示单位时间内正弦量变化的角度，单位是弧度/秒(rad/s)。因为正弦量在一周期之内经历了2π弧度，所以角频率有如下公式

$$\omega=\frac{2\pi}{T}=2\pi f \tag{3-3}$$

所以，T、f、ω三者之间有一定联系，都是反映正弦量变化快慢的物理量。

【例3.1.1】已知T=0.02s，求f和ω。

解：$f=\frac{1}{T}=\frac{1}{0.02}=50(\text{Hz})$

$\omega=2\pi f=2\times3.14\times50=314(\text{rad/s})$

3.1.2 幅值与有效值

正弦量在任一瞬间的值称为瞬时值，用小写字母来表示，如：$i(t)$、$u(t)$、$e(t)$(以后简写成i、u、e)分别表示电流、电压、电动势的瞬时值。

幅值又叫最大值，是瞬时值中最大的值，它反映正弦量变化幅度的大小，用大写字母带下角标m来表示，如：I_m、U_m和E_m分别表示电流、电压和电动势的幅值。

有效值是从周期量电流与直流量电流的热效应相等的观点定义的。即在一个周期T时间内，在同一电阻中，与流过的周期电流i产生的热效应相等的直流电流I的值。数学表达式为

$$I^2RT=\int_0^T i^2R\text{d}t$$

由此式可得到周期电流的有效值

$$I=\sqrt{\frac{1}{T}\int_0^T i^2\text{d}t} \tag{3-4}$$

当周期电流为正弦量时，如：$i=I_\text{m}\sin\omega t$，那么

$$I=\sqrt{\frac{1}{T}\int_0^T I_\text{m}^2\sin^2\omega t\,\text{d}t}$$

因为

$$\int_0^T\sin^2\omega t\text{d}t=\int_0^T\frac{1-\cos2\omega t}{2}\text{d}t=\frac{1}{2}\int_0^T\text{d}t-\frac{1}{2}\int_0^T\cos2\omega t\text{d}t=\frac{T}{2}-0=\frac{T}{2}$$

所以

$$I=\sqrt{\frac{1}{T}I_{\mathrm{m}}^{2}\frac{T}{2}}=\frac{I_{\mathrm{m}}}{\sqrt{2}} \tag{3-5}$$

同理，有

$$U=\frac{U_{\mathrm{m}}}{\sqrt{2}} \qquad E=\frac{E_{\mathrm{m}}}{\sqrt{2}} \tag{3-6}$$

在电工技术中，有效值均用大写字母表示，电流、电压、电动势的有效值分别用I、U、E来表示。

日常生活中所说的220V交流电压，指的就是有效值。交流电压、电流表测量数据和交流设备名牌标注的电压、电流均为有效值。

3.1.3 初相位与相位差

正弦量是随时间按周期变化的，想要计算正弦量到达某一特定值的时间，除了与正弦量频率有关，还取决于正弦量的计时起点。

在正弦量表达式中，$(\omega t+\psi)$称为正弦量的相位角，简称相位，反映正弦量变化的进程。如图3-2所示，当t=0时的相位ψ称为初相位或初相角。所以，初相角选取不同，正弦量的初始值就不同。

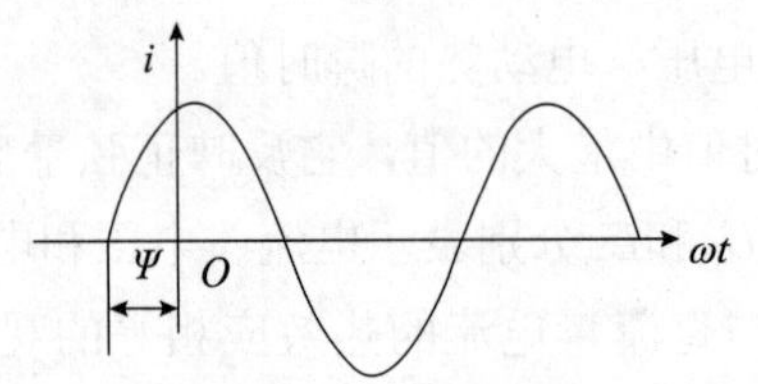

图3-2 初相位不为零的正弦波形

相位差为两个同频率的正弦量的相位之差，用φ来表示。在一个正弦电路中，电压u和电流i的频率相同，但是初相位不一定相同，例如图3-3所示。电压u和电流i的表达式分别为

$$u=U_{\mathrm{m}}\sin(\omega t+\psi_1) \tag{3-7}$$
$$i=I_{\mathrm{m}}\sin(\omega t+\psi_2)$$

电压与电流的相位差为

$$\varphi=(\omega t+\psi_1)-(\omega t+\psi_2)=\psi_1-\psi_2 \tag{3-8}$$

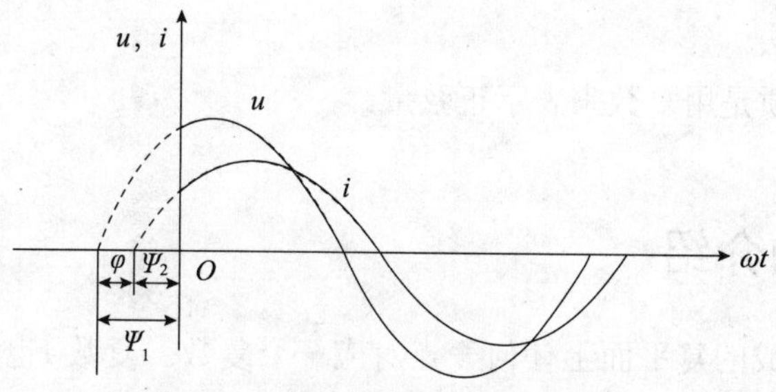

图3-3　初相位不同的u和i

可见，两个同频率正弦量的相位差值就是其初相位的差，与时间t无关。

相位差可以用来描述两个同频率正弦量的超前、滞后关系。一般选取$|\varphi|\leqslant\pi$，若：

(1) $\varphi=\psi_1-\psi_2>0$，称电压u比电流i超前φ角，或称电流i比电压u滞后φ角。如图3-4(a)所示。

(2) $\varphi=\psi_1-\psi_2=0$，称电压u和电流i同相位，简称同相。如图3-4(b)所示。

(3) $\varphi=\psi_1-\psi_2=180°$，称电压$u$和电流$i$反相位，简称反相。如图3-4(c)所示。

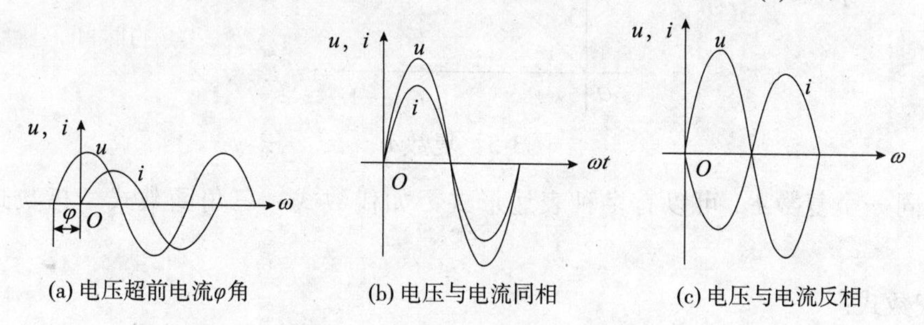

图3-4　同频率正弦量的相位差

【例3.1.2】已知$f=50\text{Hz}$，试求T和ω。

解：$T=\dfrac{1}{f}=\dfrac{1}{50}=0.02\,\text{s}$

$\omega=2\pi f=2\times3.14\times50=314(\text{rad/s})$

3.2　正弦交流电的相量表示法

如前所述，通过正弦量三要素的确定，可以用瞬时值表达式或波形图来描述这个正弦量，这两种表示方法比较形象、直观。但是，当遇到正弦量的加、减、乘、除等运算时，这两种表示方法计算起来很繁琐。为了寻求一种比较简便的计算方法，可以用相量来表示正弦量，即相量表示法。

相量表示法的实质是用复数来表示正弦量。

3.2.1 复数的介绍

以实轴和虚轴构成的复平面上任何一点对应一个复数。复数A也可以用复平面上的一个有向线段来表示，如图3-5所示。它的长度r称为复数的模，与实轴的夹角ψ称为辐角。复数A在实轴和虚轴上的投影分别为a、b。

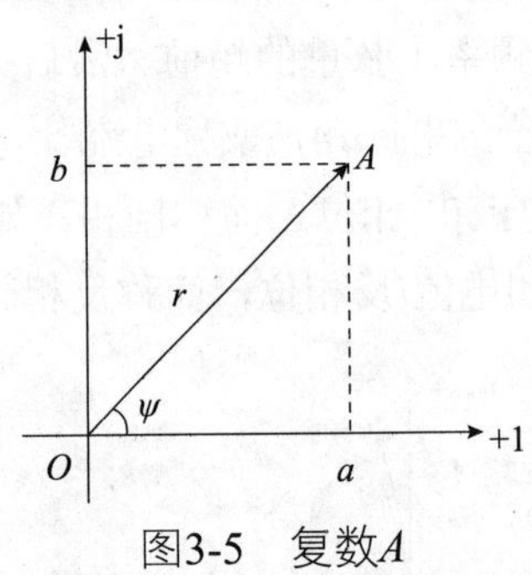

图3-5 复数A

对于同一个复数A，可以有多种表达形式，如代数式、三角函数式、指数式、极坐标式。

(1) 代数式：

$$A=a+\mathrm{j}b \tag{3-9}$$

式中，j是复数的虚数单位(数学中通常用i来表示，但是电工学中i用来表示电流，因此用j来表示虚数单位)，$\mathrm{j}=\sqrt{-1}$，并且$\mathrm{j}^2=-1$，$\frac{1}{\mathrm{j}}=-\mathrm{j}$。

根据图3-5可以得到，

$$\begin{cases} a=r\cos\psi \\ b=r\sin\psi \end{cases} \quad 和 \quad \begin{cases} r=\sqrt{a^2+b^2} \\ \psi=\arctan\dfrac{b}{a} \end{cases}$$

所以，复数A有三角函数表达式。

(2) 三角函数式：

$$A=r\cos\psi+\mathrm{j}\,r\sin\psi=r(\cos\psi+\mathrm{j}\sin\psi) \tag{3-10}$$

又由欧拉公式

$$\cos\psi=\frac{\mathrm{e}^{\mathrm{j}\psi\psi}+\mathrm{e}^{-\mathrm{j}}}{2}，\ \sin\psi=\frac{\mathrm{e}^{\mathrm{j}\psi\psi}-\mathrm{e}^{-\mathrm{j}}}{2\mathrm{j}}$$

得

$$e^{j\psi}=\cos\psi+j\sin\psi$$

所以复数有指数表达式。

(3) 指数式：

$$A=r\,e^{j\psi} \tag{3-11}$$

为了简便，工程上又常写为极坐标式表达式。

(4) 极坐标式：

$$A=r\underline{/\psi} \tag{3-12}$$

当进行复数的四则运算时，加、减法运算一般采用复数的代数式，让实部与实部相加、减，虚部与虚部相加、减。

乘、除法运算一般采用极坐标式或指数式，若两个复数相乘，模跟模相乘作为积的模，辐角跟辐角相加作为积的辐角；若两个复数相除，模跟模相除作为商的模，辐角跟辐角相减作为商的辐角。

对于模为1的复数$e^{j\psi}$称为旋转因子，当ψ为特殊角度的时候，如

$\psi=90°$时，$e^{j90°}=1\underline{/90°}=j$；

$\psi=-90°$时，$e^{j-90°}=1\underline{/(-90°)}=\frac{1}{j}=-j$；

$\psi=\pm180°$时，$e^{j\pm180°}=1\underline{/(\pm180°)}=-j$。

因此得出结论，一个复数乘以j时，其模不变，辐角增加90°；当一个复数乘以−j或是除以j时，其模不变，辐角减少90°；一个复数的相反数等于它的模不变，辐角增加或减少180°。所以，+j、−j和−1都可以看成特殊的旋转因子。

3.2.2 正弦量的相量表示法

在线性正弦交流电路中，因为响应的频率与激励的频率相同，那么只需根据有效值(或幅值)和初相位就可以确定一个正弦量。所以，可以用前面提到的复数来表示一个正弦量，其中，复数的模表示正弦量的有效值(或幅值)；复数的辐角表示正弦量的初相位。那么，这个用来表示正弦量的复数就叫做相量。

为了与一般的复数相区别，相量用大写字母头上加“·”来表示。同一个正弦量可以用两种相量形式来表示，例如，正弦量$u=U_m\sin(\omega t+\psi)$用相量可以表示成$\dot{U}_m=U_m\underline{/\psi}$或$\dot{U}=U\underline{/\psi}$。其中，$\dot{U}_m$叫做电压的最大值(或幅值)相量；$\dot{U}$叫做电压的有效值相量。需要明确

的是，相量是复数，是复平面上的一条有向线段，而正弦量是时域上按正弦规律周期变化的量，所以相量和正弦量并不相等，相量只是用来表示正弦量的一种手段，目的是简化正弦量的计算。因此

$$u=U_{\mathrm{m}}\sin(\omega t+\psi)\neq\dot{U}=U\underline{/\psi}$$

在复平面上，用向量来表示相量的图形称为相量图。画相量图时，可以省去实轴和虚轴，只是表示出正弦量的大小和相互之间的相位关系。例如，电压u和电流i两个正弦量表达式分别为

$$u=\sqrt{2}U\sin(\omega t+60^{\circ})$$
$$i=\sqrt{2}I\sin(\omega t+30^{\circ})$$

相量式分别为

$$\dot{U}=U\underline{/60^{\circ}}$$
$$\dot{I}=I\underline{/30^{\circ}}$$

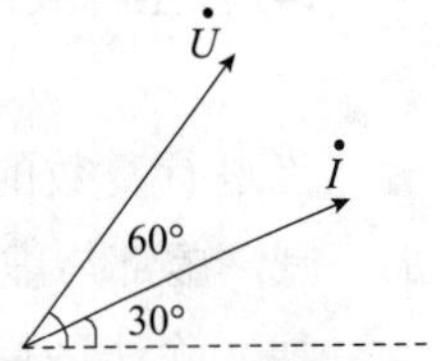

图3-6 相量图

其相量图如图3-6所示。电压相量要比电流相量超前30°，即相同频率下，正弦电压比正弦电流超前30°。

对于两个同频率正弦量的加、减运算，除了可以用复数的代数形式来计算外，还可以利用相量图根据平行四边形法则来计算两个相量的和与差。需要指出的是，只有同频率的正弦量才能在同一个相量图上计算，频率不同没有比较的意义。

【例3.2.1】已知$\dot{I}=50\underline{/15^{\circ}}$A，$f$=50Hz，试写出电流的瞬时值表达式。

解： $\omega=2\pi f=2\times3.14\times50=314(\mathrm{rad/s})$

$i=50\sqrt{2}\cos(314t+15^{\circ})$ A

【例3.2.2】已知：$\begin{cases}u_1(t)=6\sqrt{2}\cos(314t+30^{\circ})\ \mathrm{V}\\u_2(t)=4\sqrt{2}\cos(314t+60^{\circ})\ \mathrm{V}\end{cases}$，求两个正弦量的和$u(t)$。

解：(方法一)把两个正弦量用相量表示

$\dot{U}_1=6\underline{/30^{\circ}}$V

$\dot{U}_2=4\underline{/60^{\circ}}$V

$\dot{U}=\dot{U}_1+\dot{U}_2=6\underline{/30^{\circ}}+4\underline{/60^{\circ}}$

$=5.19+\mathrm{j}3+2+\mathrm{j}3.46$

$=9.64\underline{/41.9^{\circ}}$V

$\therefore u(t)=u_1(t)+u_2(t)=9.64\sqrt{2}\cos(314t+41.9^{\circ})$V

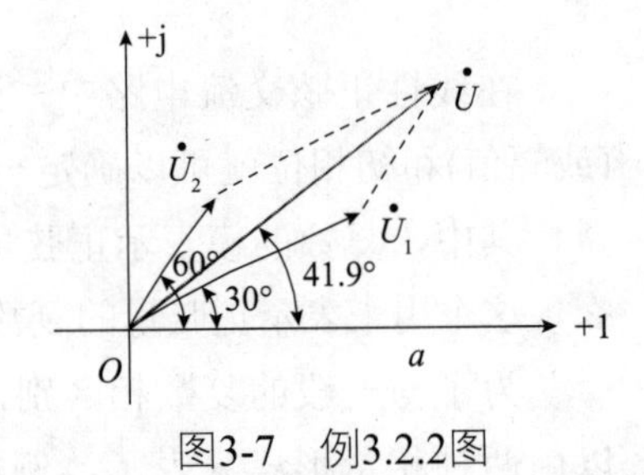

图3-7 例3.2.2图

(方法二)借助相量图计算

解法如图3-7所示。

$\dot{U}_1=6\angle 30°\text{V}$

$\dot{U}_2=4\angle 60°\text{V}$

3.3 单一参数的交流电路

电路参数是指能够体现元件主要的电气性质的物理量。就本书而言，单一参数的电路是指只含有同一种元件(如电阻、电感、电容)的电路。只有掌握了单一参数电路的特点，才能更好地分析复杂电路。

3.3.1 电阻元件的交流电路

电阻元件是体现电能转化为其他形式能量的元件。以下主要从电压和电流的关系、元件上产生的功率等方面介绍电阻元件电路的特点。

1. 电压和电流的关系

1) 瞬时值关系

如图3-8(a)所示电阻所在的部分电路，设电流i为参考正弦量，即

$$i=\sqrt{2}I\sin\omega t \tag{3-13}$$

根据电阻元件的电压电流关系$u=iR$，得

$$u=\sqrt{2}IR\sin\omega t=\sqrt{2}U\sin\omega t \tag{3-14}$$

因此，单一电阻元件的电压与电流为同频率的正弦量。

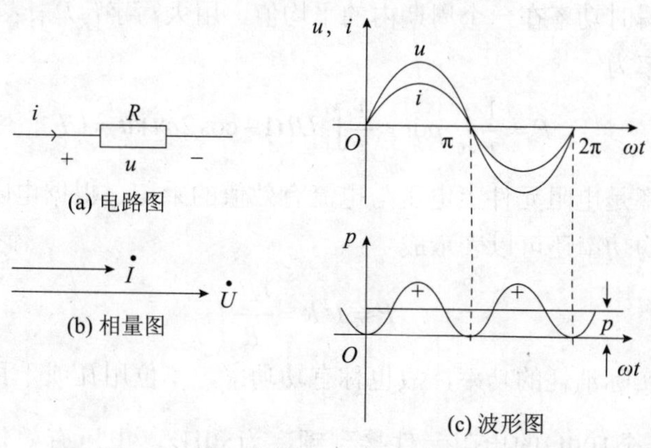

图3-8　单一电阻元件的正弦交流电路

2) 有效值关系

$$U=IR \qquad U_m=I_mR \tag{3-15}$$

对于单一电阻的正弦交流电路，电压的幅值(或有效值)在电阻R一定的条件下与电流的幅值(或有效值)成正比，即满足欧姆定律。

3) 相量关系

单一电阻元件电压与电流的相量图如图3-8(b)所示

$$\dot{I}=I\underline{/0^\circ} \qquad \dot{U}_R=RI\underline{/0^\circ} \tag{3-16}$$

所以，相量关系式为

$$\dot{U}_R=R\dot{I}$$

电阻元件电压与电流的相量关系也满足欧姆定律，且电压与电流相位相同。

2. 功率

1) 瞬时功率

瞬时功率用小写字母p来表示，它等于瞬时电压与瞬时电流的乘积。

$$\begin{aligned} p_R &= u_R i = \sqrt{2}U_R\sqrt{2}I\sin^2\omega t \\ &= U_R I(1-\cos 2\omega t) \end{aligned} \tag{3-17}$$

如此可见，电阻的瞬时功率p由两部分组成：一部分是恒定部分UI；另一部分是时间t的正弦函数，其角频率是2ω。由于余弦值不大于1，所以p永远不能为负。这说明电阻在正弦交流电路中总是消耗电能的。电阻的瞬时功率p随时间t变化的曲线如图3-8(c)所示。

2) 平均功率

瞬时功率是随时间变化的，故其实用价值不大，因此，在工程计算和测量中常用到平均功率概念。

平均功率是指瞬时功率在一个周期内的平均值，用大写字母P来表示。

电阻的平均功率为

$$P=\frac{1}{T}\int_0^T p\mathrm{d}t=\frac{1}{T}\int_0^T UI(1-\cos 2\omega t)\mathrm{d}t=UI \tag{3-18}$$

电阻的平均功率是电阻元件上电压与电流有效值的乘积，根据电阻元件上电压与电流有效值的关系，平均功率还可以表示成

$$P=I^2R=\frac{U^2}{R} \tag{3-19}$$

平均功率表示实际消耗的功率，故也称有功功率，单位用瓦或千瓦(kW)表示。

【例3.3.1】一个100Ω的电阻元件接到频率为50Hz、电压有效值为10V的正弦电源

上，问电流有效值是多少？如保持电压值不变，而电源频率改为5000Hz，这时电流有效值又为多少？

解： 电阻的有效值与电源的频率无关，只与电源电压有效值有关，当电压有效值保持不变时，电流有效值不变，即

$$I=\frac{U}{R}=\frac{10}{100}=0.1=100(\mathrm{mA})$$

3.3.2 电感元件的交流电路

1. 电压和电流的关系

1) 瞬时值关系

在交流电路中，电压和电流都是时间的函数。为了方便起见，在图3-9(a)所示的电感元件交流电路中，设

$$i(t)=I_\mathrm{m}\sin\omega t$$

根据电感元件上的电压电流关系 $u_L(t)=L\frac{\mathrm{d}i(t)}{\mathrm{d}t}$

得

$$u_L(t)=L\frac{\mathrm{d}(I_\mathrm{m}\sin\omega t)}{\mathrm{d}t}=\omega L I_\mathrm{m}\cos\omega t$$

$$=\omega L I_\mathrm{m}\sin(\omega t+\frac{\pi}{2}) \tag{3-20}$$

即

$$u_L(t)=U_\mathrm{m}\sin(\omega t+90^\circ) \tag{3-21}$$

因此，单一电感元件的电压与电流为同频率的正弦量。

2) 有效值关系

由式(3-20)不难看出

$$U_\mathrm{m}=\omega LI_\mathrm{m}\text{或}U=\omega LI \tag{3-22}$$

电感的正弦交流电路中，电压的幅值(或有效值)在电源频率f与电感L一定的条件下与电流的幅值(或有效值)成正比，比值为ωL。

令

$$X_L=\omega L=2\pi fL \tag{3-23}$$

式中，X_L称为感抗，与频率成正比，单位为欧姆(Ω)或千欧(kΩ)。它具有限制电流的能力，频率越高，感抗越大；频率越低，感抗越小。因此，电感元件具有阻高频、通低频的作用。在直流电路中，f=0Hz，X_L=0Ω，即电感在直流电路中可看作短路。

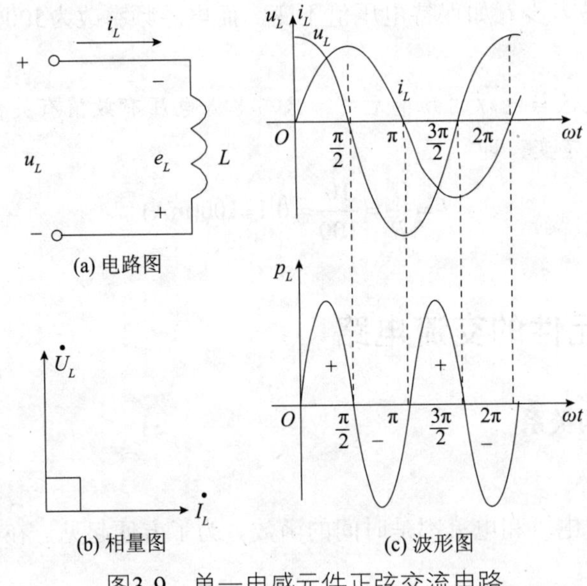

图3-9 单一电感元件正弦交流电路

3) 相量关系

单一电感元件电压与电流的相量图如图3-9(b)所示，因为

$$\dot{I}=I\underline{/0^\circ}$$

$$\dot{U}=U\underline{/90^\circ}$$

所以，相量关系式为

$$\dot{U}_L=\mathrm{j}X_L\dot{I}=\mathrm{j}\omega L\dot{I} \tag{3-24}$$

式(3-24)也亦称为电感元件伏安关系的相量形式，由式(3-24)可以得出，电感元件电压的相位超前电流相位90°。

2. 功率

1) 瞬时功率

电感元件瞬时功率为

$$p_L=u_Li=U_{Lm}I_m\sin(\omega t+90^\circ)\sin\omega t$$

$$=U_{Lm}I_m\frac{\sin 2\omega t}{2}$$

即

$$p=U_LI\sin 2\omega t \tag{3-25}$$

式(3-25)表明，电感的瞬时功率p随时间t按正弦规律变化，其角频率是2ω。p可为正，亦可为负。当$p>0$，电能由电源供给电感元件，电感将电能转化成磁场能储存其中；当$p<0$，电感将所储存的磁场能量释放出来又返还电源。可见电感元件不消耗能量，是储能元件。

电感元件在正弦交流电路中不断进行能量的吞吐，这也是储能元件与耗能元件的重要区别。瞬时功率p随时间t变化的曲线如图3-9(c)所示。

2) 平均功率

电感的平均功率为

$$P=\frac{1}{T}\int_0^T UI\sin 2\omega t\,\mathrm{d}t=0 \tag{3-26}$$

即电感元件的有功功率为零。这说明，理想电感元件在正弦交流电路中并不消耗能量，只与电源之间不断地进行能量交换。

3) 无功功率

为了衡量电感元件与电源之间进行能量交换的规模，将上述瞬时功率的最大值叫做无功功率，用字母Q表示，为了与平均功率有别，无功功率的单位用乏(Var)或千乏(kVar)表示。电感元件的无功功率为

$$Q_L=UI=X_L I^2=\frac{U^2}{X_L} \tag{3-27}$$

【例3.3.2】在图3-9所示的电路中，L=100mH，f=50Hz，(1)已知$i=7\sqrt{2}\sin\omega t$A，求电压u；(2)已知$\dot{U}=127\angle{-30^\circ}$V，求$\dot{I}$。

解：(1) 当$i=7\sqrt{2}\sin\omega t$A时，

$$\begin{aligned}u\ (t)&=L\frac{\mathrm{d}i(t)}{\mathrm{d}t}=\omega LI_\mathrm{m}\sin(\omega t+90^\circ)\\&=2\pi fLI_\mathrm{m}\sin(\omega t+90^\circ)\\&=2\pi\times50\times100\times10^{-3}\times7\sqrt{2}\sin(\omega t+90^\circ)\\&=220\sqrt{2}\sin(\omega t+90^\circ)\mathrm{V}\end{aligned}$$

(2) 当$\dot{U}=127\angle{-30^\circ}$V时，

$$X_L=2\pi fL=2\pi\times50\times100\times10^{-3}\approx31.4\Omega$$

$$\dot{I}=\frac{\dot{U}}{\mathrm{j}X_L}=\frac{127\angle{-30^\circ}}{\mathrm{j}31.4}\approx4.04\angle{-120^\circ}\ \mathrm{A}$$

3.3.3 电容元件的交流电路

1. 电压和电流的关系

1) 瞬时值关系

在交流电路中，电压和电流都是时间的函数。为了方便起见，在图3-10(a)所示的电容

元件交流电路中，设

$$u_{\mathrm{C}}(t)=U_{\mathrm{m}}\sin\omega t$$

根据电容元件上的电压电流关系 $i_C(t)=C\dfrac{\mathrm{d}u_{\mathrm{C}}(t)}{\mathrm{d}t}$

得

$$\begin{aligned} i_C(t) &= C\frac{\mathrm{d}(U_{\mathrm{m}}\sin\omega t)}{\mathrm{d}t}=\omega C U_{\mathrm{m}}\cos\omega t \\ &= \omega\, C U_{\mathrm{m}}\sin(\omega t+\frac{\pi}{2}) \end{aligned} \tag{3-28}$$

即

$$i_C(t)=\omega C U_{\mathrm{m}}\sin(\omega t+90^{\circ})=I_{\mathrm{m}}\sin(\omega t+90^{\circ}) \tag{3-29}$$

因此，单一电容元件的电压与电流为同频率的正弦量。

2) 有效值关系

由式(3-29)不难看出

$$I_{\mathrm{m}}=\omega C U_{\mathrm{m}}或I=\omega CU \tag{3-30}$$

电容的正弦交流电路中，电流的幅值(或有效值)在电源频率f与电容C一定的条件下与电压的幅值(或有效值)成正比，比值为ωC。

$$X_C=\frac{1}{\omega C}=\frac{1}{2\pi fC} \tag{3-31}$$

式中，X_C称为容抗，与频率的倒数成正比，单位为欧姆(Ω)或千欧(kΩ)。它具有限制电流的能力，频率越高，容抗越小；频率越低，容抗越大。因此，电容元件具有通高频，阻低频的作用。在直流电路中，f=0Hz，X_L=∞，即电容在直流电路中可看作开路。

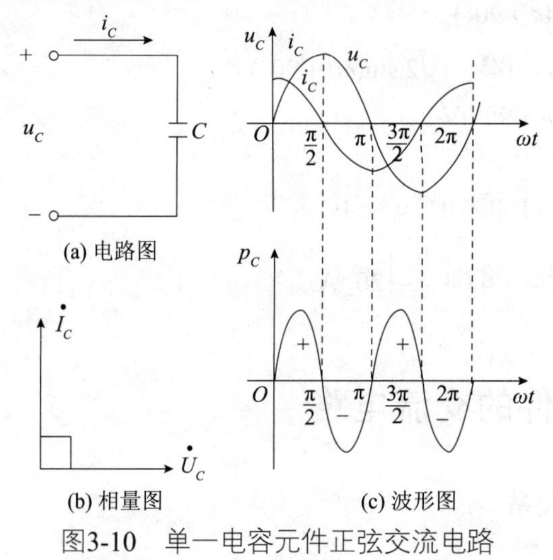

图3-10　单一电容元件正弦交流电路

3) 相量关系

单一电容元件电压与电流的相量图如图3-10(b)所示。

因为

$$\dot{U}_C = U\underline{/0^\circ}$$

$$\dot{I}_C = I\underline{/90^\circ}$$

所以，相量关系式为

$$\dot{I}_C = \mathrm{j}\omega C\dot{U} \tag{3-32}$$

或

$$\dot{U}_C = \frac{1}{\mathrm{j}\omega C}\dot{I} = -\mathrm{j}X_C\dot{I} \tag{3-33}$$

由式(3-33)可以得出，电容元件电压的相位落后电流相位90°。

2. 功率

1) 瞬时功率

电容元件瞬时功率为

$$\begin{aligned} p_C = u_C i &= U_{Cm} I_m \sin(\omega t + 90^\circ)\sin\omega t \\ &= U_{Cm} I_m \frac{\sin 2\omega t}{2} \end{aligned}$$

即

$$p = U_C I \sin 2\omega t \tag{3-34}$$

式(3-34)表明，电容的瞬时功率p随时间t按正弦规律变化，其角频率是2ω。p可为正，亦可为负。当$p>0$，电能由电源供给电容元件，电容将电能转化成电场能储存起来；当$p<0$，电容将所储存的电场能量释放出来又返还给电源。可见电容元件不消耗能量，是储能元件。

电容元件的瞬时功率p随时间t变化的曲线如图3-10(c)所示。

2) 平均功率

电容的平均功率为

$$P = \frac{1}{T}\int_0^T UI\sin 2\omega t\,\mathrm{d}t = 0 \tag{3-35}$$

即电容元件的有功功率为零。这说明，理想电容元件在正弦交流电路中并不消耗能量，只与电源之间不断地进行能量交换。

3) 无功功率

为了衡量电容元件与电源之间进行能量交换的规模，将上述瞬时功率的最大值叫做无功功率，用字母Q表示，为了与平均功率有别，无功功率的单位用乏(Var)或千乏(kVar)表示。电容元件的无功功率为

$$Q_C = -UI = -X_C I^2 = -\frac{U^2}{X_C} \tag{3-36}$$

【例3.3.3】在图3-10(a)所示的电路中，C=40μF，f=50Hz，(1)已知$u=220\sqrt{2}\sin\omega t$V，求电流$i$；(2)已知$\dot{I}=0.1\angle{-60^\circ}$A，求$\dot{U}$。

解：(1) 当$u=220\sqrt{2}\sin\omega t$V时

$$i\ (t)=C\frac{\mathrm{d}u\ (t)}{\mathrm{d}t}=\omega CU_{\mathrm{m}}\sin(\omega t+90^\circ)=2\pi fCU_{\mathrm{m}}\sin(\omega t+90^\circ)$$

$$=2\pi\times50\times40\times10^{-6}\times220\sqrt{2}\sin(\omega t+90^\circ)$$

$$\approx0.276\sqrt{2}\sin(\omega t+90^\circ)\mathrm{A}$$

(2) 当$\dot{I}=0.1\angle{-60^\circ}$A时

$$X_C=\frac{1}{\omega C}=\frac{1}{2\pi fC}=\frac{1}{2\pi\times50\times40\times10^{-6}}=796\,\Omega$$

$$-\mathrm{j}Z_C=Z_C\angle{-90^\circ}$$

于是

$$\dot{U}_C=-\mathrm{j}X_C\dot{I}=-\mathrm{j}796\times0.1\angle{-60^\circ}=79.6\angle{-150^\circ}\mathrm{V}$$

3.4 RLC串联的交流电路

上节讨论了单一元件在正弦交流电路中电流、电压以及功率的关系。本节将以上述分析为基础，分析图3-11所示RLC串联的交流电路中电压、电流和功率之间的关系。

3.4.1 电压与电流之间的关系

同分析直流电路一样，基尔霍夫定律依然是分析交流电路的基本依据。

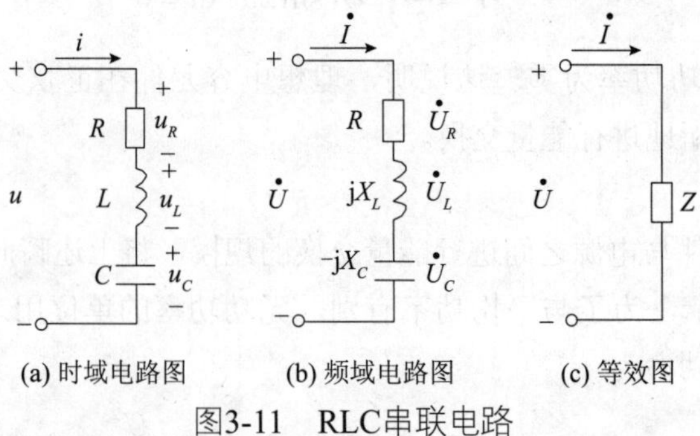

图3-11 RLC串联电路

在图3-11(a)所示的时域电路图中，因为是串联电路，在外加电压u的作用下，电路中各元件的电流同为i，R、L、C元件上的电压分别为u_R、u_L、u_C。根据KVL 可得

$$u=u_R+u_L+u_C \tag{3-37}$$

正弦量的计算难度较大，因此用相量来代替正弦量进行计算，画出该串联电路的频域电路图如图3-11(b)所示。

其相量形式KVL方程为

$$\dot{U}=\dot{U}_R+\dot{U}_L+\dot{U}_C \tag{3-38}$$

把式(3-16)、(3-24)、(3-33)代入式(3-38)中得

$$\begin{aligned}\dot{U}&=R\dot{I}+\mathrm{j}X_L\dot{I}-\mathrm{j}X_C\dot{I}\\&=[R+\mathrm{j}(X_L-X_C)]\dot{I}\end{aligned} \tag{3-39}$$

令

$$Z=R+\mathrm{j}(X_L-X_C) \tag{3-40}$$

式(3-40)中，Z称为阻抗(复[数]阻抗)，单位是欧[姆](Ω)。它是一个复数，但不表示正弦量，故在Z上不加小点。

阻抗Z也可表示成

$$Z=\frac{\dot{U}}{\dot{I}}=R+\mathrm{j}\omega L-\mathrm{j}\frac{1}{\omega C}=R+\mathrm{j}X \tag{3-41}$$

若设$\dot{U}=U\underline{/\varphi_u}$，$\dot{I}=I\underline{/\varphi_i}$则

$$\begin{aligned}Z&=\frac{\dot{U}}{\dot{I}}=\frac{U\underline{/\varphi_u}}{I\underline{/\varphi_i}}\\&=\frac{U}{I}\underline{/(\varphi_u-\varphi_i)}=|Z|\underline{/\varphi_z}\end{aligned} \tag{3-42}$$

式中：$|Z|$ —复阻抗的模；

φ_z —阻抗角，也是总电压和电流的相位差；

R —电阻(阻抗的实部)；

X—电抗(阻抗的虚部)，$X=X_L-X_C=\omega L-\dfrac{1}{\omega C}$。

根据式(3-41)和式(3-42)可知

$$|Z|=\sqrt{R^2+X^2}=\sqrt{R^2+(X_L-X_C)^2} \tag{3-43}$$

$$\varphi_z=\arctan\frac{X}{R}=\arctan\frac{X_L-X_C}{R} \tag{3-44}$$

根据式(3-42)可见，电压与电流的有效值之比等于阻抗模，电压与电流之间的相位差等于阻抗角。为了便于记忆，用一直角三角形表示以上各量之间的关系，该直角三角形称为阻抗三角形，如图3-12所示。图3-13为电压三角形，相似于阻抗三角形。

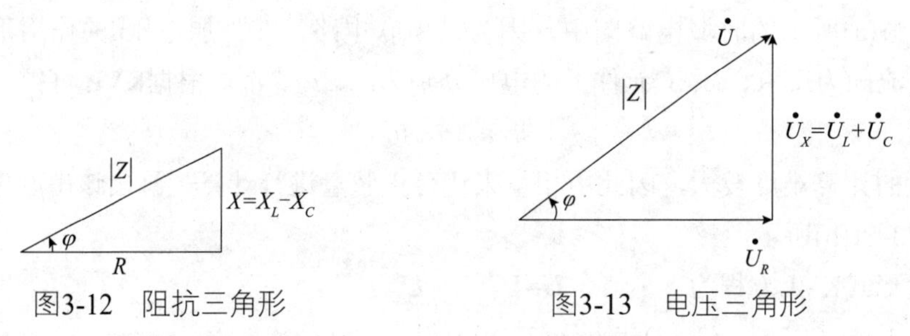

图3-12　阻抗三角形　　　　图3-13　电压三角形

当$X_L>X_C$时，$\varphi_z>0$，电路呈电感性，相量图如图3-14(a)所示；

当$X_L<X_C$时，$\varphi_z<0$，电路呈电容性，相量图如图3-14(b)所示；

当$X_L=X_C$时，$\varphi_z=0$，电路呈电阻性，相量图如图3-14(c)所示；

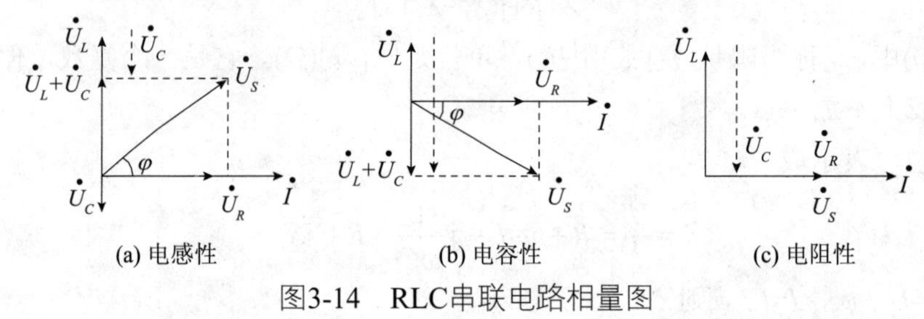

图3-14　RLC串联电路相量图

3.4.2 串联交流电路的功率

在正弦交流电路中电压和电流都是时间的函数，瞬时功率也是随时间变化的，因此比直流电路要复杂些。现在以RLC串联电路为例来讨论正弦电路功率的意义及其计算方法。

设RLC串联电路的电流和电压分别为$i=I_m\sin\omega t$和$u=U_m\sin(\omega t+\varphi)$，则电路的瞬时功率为

$$\begin{aligned}p=ui&=\sqrt{2}U\sin(\omega t+\varphi)\sqrt{2}I\sin\omega t\\&=UI\cos\varphi-UI\cos(2\omega t+\varphi)\\&=UI\cos\varphi-(UI\cos\varphi\cos2\omega t-UI\sin\varphi\sin2\omega t)\\&=UI\cos\varphi(1-\cos2\omega t)+UI\sin\varphi\sin(2\omega t)\end{aligned}\tag{3-45}$$

有功功率(平均功率)为

$$P=\frac{1}{T}\int_0^T p\mathrm{d}t=UI\cos\varphi\tag{3-46}$$

它比直流电路的功率表达式多一个乘数$\cos\varphi$，这是由于交流电路中的电压和电流存在相位差φ。$\cos\varphi$称为功率因数，φ称为功率因数角，两者都由负载的性质决定。上面已经指出，电路中的电感和电容并不消耗功率，只是起能量吞吐作用。电路中的平均功率等于电

阻所消耗的功率。

由图3-14的相量图得出

$$Q=U_LI-U_CI=I^2(X_L-X_C)=UI\sin\varphi \tag{3-47}$$

Q为正弦交流电路中储能元件与电源进行能量交换的瞬时功率最大值，单位为乏(Var)。对于感性元件，电压超前电流，相位差为φ，而容性元件的电压滞后电流，相位差为$-\varphi$，因此感性无功功率与容性无功功率可以相互补偿。

在交流电路中，有功功率和无功功率一般不等于电压和电流有效值的乘积，如果两者相乘，被称为视在功率，用大写字母S表示，即

$$S=UI=|Z|I^2 \tag{3-48}$$

视在功率的单位为伏安(V·A)或千伏安(kV·A)。视在功率通常用来表示设备的容量。例如变压器的容量就是额定电压与额定电流的乘积，工程上设备容量都以千伏安为计量单位。

交流电路中的有功功率、无功功率和视在功率三者的关系可整理为

$$P=S\cos\varphi，\ Q=S\sin\varphi，\ S=\sqrt{P^2+Q^2}$$

为了便于记忆，同样地，将上述各种功率之间的关系用直角三角形表示，并称之为功率三角形，如图3-15所示，它与阻抗三角形、电压三角形也是相似的。

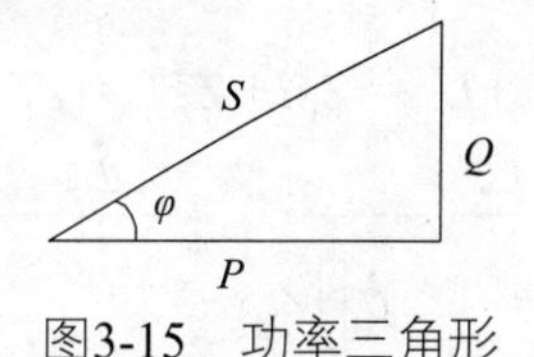

图3-15 功率三角形

【**例3.4.1**】R=4Ω，C=353.86μF，L=19.11mH，三者串联后分别接于220V、50Hz和220V、100Hz的交流电源上，求上述两种情况下，电路的电流$\dot{I}$，并分析该电路是电容性还是电感性的？

解：(1) 接于220V、50Hz的交流电源上时

$$X_C=\frac{1}{2\pi fC}=\frac{1}{2\times3.14\times50\times353.86\times10^{-6}}\Omega=9\Omega$$

$$X_L=2\pi fL=2\times3.14\times50\times19.11\times10^{-3}\Omega=6\Omega$$

$$\dot{I}=\frac{\dot{U}}{R+\mathrm{j}(X_L-X_C)}=\frac{220\angle0^\circ}{4+\mathrm{j}(6-9)}\mathrm{A}=\frac{220\angle0^\circ}{5\angle-36.87^\circ}\mathrm{A}=44\angle36.87^\circ\ \mathrm{A}$$

由于电流超前于电压，故电路是电容性的。

(2) 接于220V、100Hz的交流电源上时

由于X_C与频率成反比，X_L与频率成正比，故这时的X_C=4.5Ω，X_L=12Ω。

$$\dot{I}=\frac{\dot{U}}{R+\mathrm{j}(X_L-X_C)}=\frac{220\angle 0^\circ}{8.5\angle 61.93^\circ}\ \mathrm{A}=25.88\angle -61.93^\circ\ \mathrm{A}$$

由于电流滞后于电压，故电路是电感性的。

3.5 阻抗的串联和并联

在正弦交流电路中，阻抗的连接形式是多种多样的，下面以串联和并联两种最基本的连接方式来讨论阻抗的计算。

3.5.1 阻抗的串联

以两个阻抗串联为例，如图3-16(a)所示。根据基尔霍夫电压定律可写出电压的相量表达式

$$\dot{U}=\dot{U}_1+\dot{U}_2=Z_1\dot{I}+Z_2\dot{I}=(Z_1+Z_2)\dot{I} \tag{3-49}$$

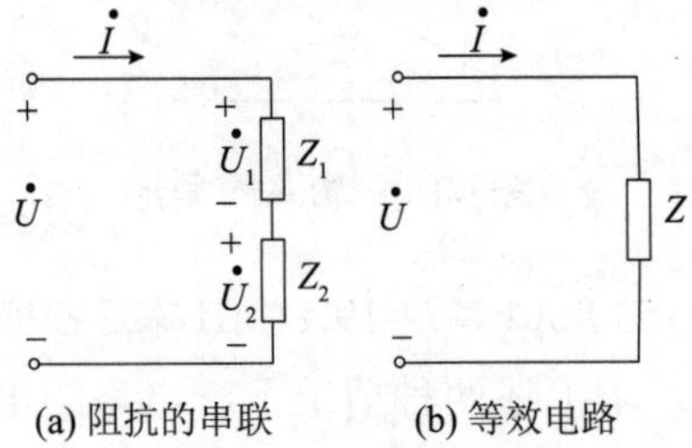

(a) 阻抗的串联　(b) 等效电路

图3-16　阻抗串联电路

两个串联的阻抗可以用一个等效阻抗来代替，在同样电压的作用下，电路中电流的有效值和相位保持不变。根据图3-16(b)所示的等效电路可以写出

$$\dot{U}=Z\dot{I} \tag{3-50}$$

根据上面两式可得

$$Z=Z_1+Z_2$$

因为一般

$$U\neq U_1+U_2$$

所以

$$|z| \neq |z_1| + |z_2|$$

由此可见，串联阻抗的等效阻抗等于各个串联阻抗之和，可写为

$$Z = \sum Z_K = \sum R_K + \mathrm{j}\sum X_K = |Z|\mathrm{e}^{\mathrm{j}\varphi} \tag{3-51}$$

式中

$$|Z| = \sqrt{(\sum R_K)^2 + (\sum X_K)^2}$$

$$\varphi = \arctan\frac{\sum X_K}{\sum R_K}$$

【例3.5.1】在图3-16(a)所示电路中，$Z_1=(6+\mathrm{j}8)\Omega$，$Z_2=-\mathrm{j}10\Omega$，$\dot{U}=15\underline{/0^\circ}\mathrm{V}$。求：(1)$\dot{I}$和$\dot{U}_1$，$\dot{U}_2$；(2)$Z_2$改为何值时，电路中的电流最大，这时的电流是多少？

解：(1) $Z=Z_1+Z_2$

$=(6+\mathrm{j}8-\mathrm{j}10)\Omega$

$=(6-\mathrm{j}2)\Omega$

$=6.32\underline{/-18.4^\circ}\,\Omega$

则 $\dot{I}=\dfrac{\dot{U}}{Z}=\dfrac{15\underline{/0^\circ}}{6.32\underline{/-18.4^\circ}}\mathrm{A}$

$=2.37\underline{/18.4^\circ}\mathrm{A}$

$\dot{U}_1=Z_1\dot{I}=(6+\mathrm{j}8)\times 2.37\underline{/18.4^\circ}\mathrm{V}$

$=10\underline{/53.1^\circ}\times 2.37\underline{/18.4^\circ}\mathrm{V}$

$=23.7\underline{/71.5^\circ}\mathrm{V}$

$\dot{U}_2=Z_2\dot{I}=(-\mathrm{j}10)\times 2.37\underline{/18.4^\circ}\mathrm{V}$

$=10\underline{/-90^\circ}\times 2.37\underline{/18.4^\circ}\mathrm{V}$

$=23.7\underline{/-71.6^\circ}$

(2) 由于$Z=Z_1+Z_2=6+\mathrm{j}8+Z_2$，所以$Z_2=-\mathrm{j}8\Omega$时，$Z$最小，$I$最大。这时

$$\dot{I}=\frac{\dot{U}}{Z_1+Z_2}=\frac{15\underline{/0^\circ}}{6+\mathrm{j}8-\mathrm{j}8}\mathrm{A}=\frac{15\underline{/0^\circ}}{6\underline{/0^\circ}}\mathrm{A}=2.5\mathrm{A}$$

3.5.2　阻抗的并联

以两个阻抗并联为例，如图3-17(a)所示。根据基尔霍夫电流定律可写出电流的相量表达式

$$\dot{I}=\dot{I}_1+\dot{I}_2=\frac{\dot{U}}{Z_1}+\frac{\dot{U}}{Z_2}=\dot{U}(\frac{1}{Z_1}+\frac{1}{Z_2}) \tag{3-52}$$

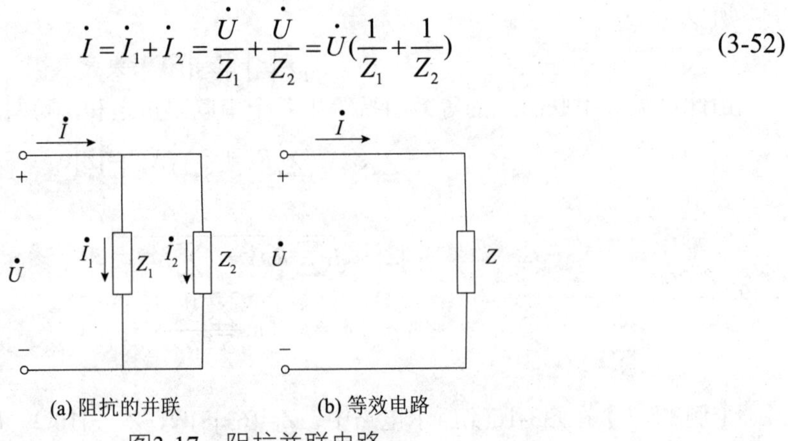

(a) 阻抗的并联　　(b) 等效电路

图3-17　阻抗并联电路

两个并联的阻抗可以用一个等效阻抗来代替，根据图3-17(b)所示的等效电路可以写出

$$\dot{I}=\frac{\dot{U}}{Z} \tag{3-53}$$

根据上面两式可得

$$\frac{1}{Z}=\frac{1}{Z_1}+\frac{1}{Z_2} \tag{3-54}$$

因为一般

$$I\neq I_1+I_2$$

$$\frac{U}{|Z|}\neq\frac{U}{|Z_1|}+\frac{U}{|Z_2|}$$

所以

$$\frac{1}{|Z|}\neq\frac{1}{|Z_1|}+\frac{1}{|Z_2|}$$

由此可见，并联阻抗的倒数等于各个并联阻抗的倒数之和，一般可写为

$$\frac{1}{Z}=\sum\frac{1}{Z_K} \tag{3-55}$$

【例3.5.2】已知R=10Ω，X_C=20Ω，X_L=10Ω，三者并联后接于220V的交流电源上，求电路的总电流$\dot{I}$。

解：(解法1) 由支路电流求总电流

$$\dot{I}_R=\frac{\dot{U}}{R}=\frac{220\,\underline{/0^\circ}}{10}\text{A}=22\,\underline{/0^\circ}\,\text{A}$$

$$\dot{I}_C=\frac{\dot{U}}{-\mathrm{j}X_C}=\frac{220\angle 0^\circ}{-\mathrm{j}20}\,\mathrm{A}=11\angle 90^\circ\,\mathrm{A}$$

$$\dot{I}_L=\frac{\dot{U}}{\mathrm{j}X_L}=\frac{220\angle 0^\circ}{\mathrm{j}10}\,\mathrm{A}=22\angle -90^\circ\,\mathrm{A}$$

$$\dot{I}=\dot{I}_R+\dot{I}_C+\dot{I}_L=(22\angle 0^\circ+11\angle 90^\circ+22\angle -90^\circ)\,\mathrm{A}$$

$$=(22+\mathrm{j}11-\mathrm{j}22)\mathrm{A}=24.6\angle 26.57^\circ\,\mathrm{A}$$

(解法2) 由并联等效阻抗求总电流

$$\frac{1}{Z}=\frac{1}{R}+\frac{1}{\mathrm{j}X_C}+\frac{1}{\mathrm{j}X_L}=\left(\frac{1}{10}+\frac{1}{-\mathrm{j}20}+\frac{1}{\mathrm{j}10}\right)\Omega$$

$$=(0.1+\mathrm{j}0.05-\mathrm{j}0.1)\Omega=0.1118\angle -26.57^\circ\,\Omega$$

$$\dot{I}=\frac{\dot{U}}{Z}=220\angle 0^\circ\times 0.111\angle -26.57^\circ\,\mathrm{A}=24.6\angle -26.57^\circ\,\mathrm{A}$$

3.6 正弦交流电路中的谐振

在正弦交流电路中，电路两端的电压和电流一般是不同相的，如果调节电路的参数或电源的频率而使电路总电压与总电流的相位差为零，这时电路的现象称为谐振。谐振在信号系统中有广泛的应用，如收音机、电视机就是利用谐振原理工作的；而在电力系统中，谐振现象会在电路的某些元件中产生较大的电压或电流，致使元件受损，在这种情况下又要注意避免工作在谐振状态。

按发生谐振电路的连接方式不同，谐振现象可分为串联谐振和并联谐振。下面分别讨论这两种谐振的条件和特征。

3.6.1 串联谐振电路

在图3-18(a)所示的RLC串联电路中，当X_L=X_C时，φ_Z=0，端电压和电流同相，电路呈电阻性，这种工作状态称为串联谐振。

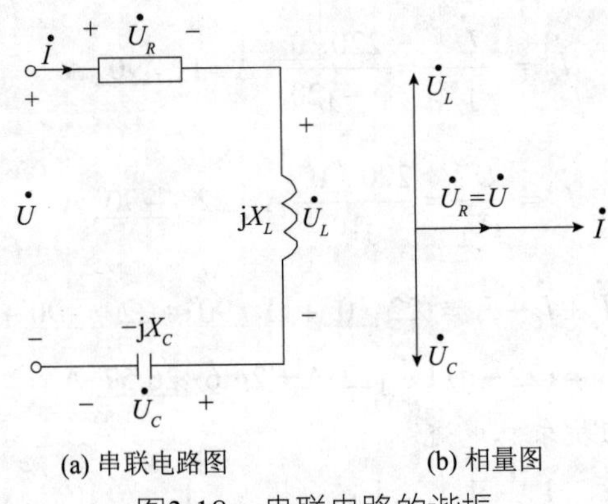

图3-18　串联电路的谐振

串联谐振发生的条件是

$$\omega_0 L=\frac{1}{\omega_0 C} \tag{3-56}$$

式中，ω_0称为谐振角频率

$$\omega_0=\frac{1}{\sqrt{LC}} \tag{3-57}$$

因此谐振频率为

$$f_0=\frac{1}{2\pi\sqrt{LC}} \tag{3-58}$$

这说明谐振频率只与电路参数L和C有关，当电源频率与电路参数之间的关系满足式(3-58)时，电路就发生串联谐振。调整L、C、f中的任何一个量，都能产生谐振现象。

串联谐振电路有如下特点。

(1) 谐振时$\dot{U}$与$\dot{I}$同相，电路呈电阻性，即$Z=R$，阻抗值$|Z|$最小。

(2) 电感和电容上的电压大小相等，相位相反，串联总电压为零，因此串联谐振也称电压谐振。

(3) 串联谐振时，将在电感元件和电容元件上产生高电压。

因为$\dot{U}_L+\dot{U}_C=0$，LC相当于短路，电源电压全部加在电阻上$\dot{U}_R=\dot{U}$。但是，电感和电容两端的电压不容忽视，因为

$$\left.\begin{aligned} U_L &= X_L I = X_L \bullet \frac{U}{R} \\ U_C &= X_C I = X_C \bullet \frac{U}{R} \end{aligned}\right\} \tag{3-59}$$

当$X_L=X_C>R$时，$\dot{U}_L$和$\dot{U}_C$都高于电源电压U。如果电压过高，可能会击穿线圈和电容器的绝缘装置。因此，在供配电系统中一般应避免发生串联谐振。

谐振电路中，U_L或U_C与U的比值称为电路的品质因数，用Q表示

$$Q=\frac{U_L}{U}=\frac{U_C}{U}=\frac{\omega_0 L}{R}=\frac{1}{\omega_0 CR} \tag{3-60}$$

它的意义是表示谐振时电容元件或电感元件上的电压是电源电压的Q倍。通常谐振电路的Q值可以从几十到几百。

【例3.6.1】图3-19为某收音机输入回路，L=0.3mH，R=10Ω，为收到中央电台560kHz信号，求：(1)调谐电容C值；(2)如输入电压为1.5μV，求谐振电流和此时的电容电压。

解：(1) $C=\dfrac{1}{(2\pi f)^2 L}=269\text{pF}$

(2) $I_0=\dfrac{U}{R}=\dfrac{1.5}{10}=0.15\,\mu\text{A}$

$U_C=I_0 X_C=158.5\mu\text{V}>>1.5\mu\text{V}$

或者$U_C=QU=\dfrac{\omega_0 L}{R}U$

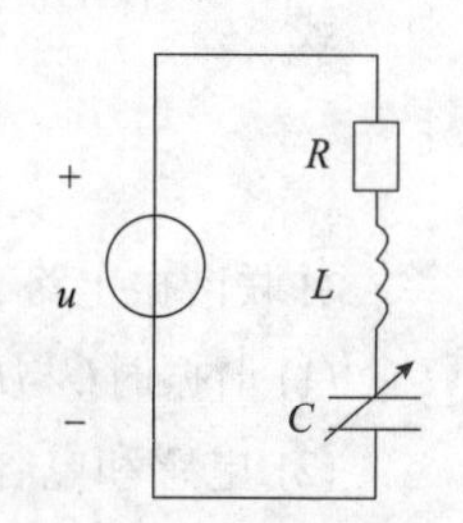

图3-19 例3.6.1题图

3.6.2 并联谐振电路

在图3-20(a)所示的LC并联电路中，L是线圈的电感，R是线圈的电阻。当电路中的总电流I与端电压U同相时，称为并联谐振。此时的相量图如图3-20(b)所示。

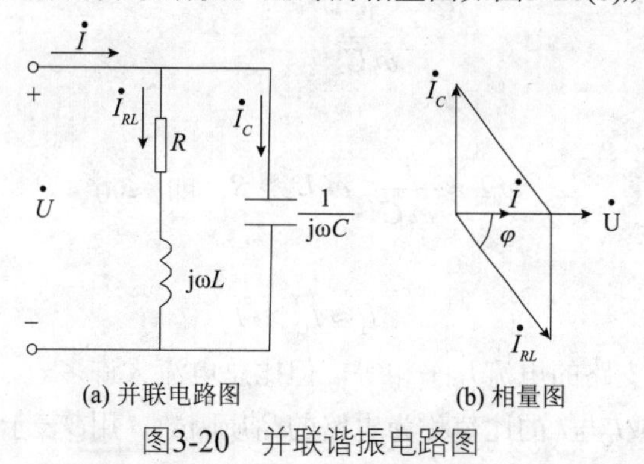

(a) 并联电路图　　(b) 相量图

图3-20 并联谐振电路图

并联谐振时，电路等效阻抗为

$$Z=\frac{(R+\mathrm{j}\omega L)(-\mathrm{j}\dfrac{1}{\omega C})}{R+\mathrm{j}\omega L-\mathrm{j}\dfrac{1}{\omega C}}\approx\frac{\mathrm{j}\omega L(-\mathrm{j}\dfrac{1}{\omega C})}{R+\mathrm{j}\omega L-\mathrm{j}\dfrac{1}{\omega C}}=\frac{\dfrac{L}{C}}{R+\mathrm{j}(\omega L-\dfrac{1}{\omega C})} \tag{3-61}$$

当将电源角频率ω调到ω_0时发生谐振，此时

$$\omega_0 L=\frac{1}{\omega_0 C},\ \omega=\omega_0=\frac{1}{\sqrt{LC}} \tag{3-62}$$

或

$$f=f_0=\frac{1}{2\pi\sqrt{LC}} \tag{3-63}$$

并联谐振电路有如下特点。

(1) 谐振时$\dot{U}$与$\dot{I}$同相，电路呈电阻性，即$Z=R$，阻抗值$|Z|$最小。

(2) 电感和电容上的电流大小相等，相位相反，并联总电流为零，因此并联谐振也称电流谐振。

(3) 并联谐振时，将在电感元件和电容元件上产生大电流。

$$I_1=\frac{U}{\sqrt{R^2+(\omega_0 L)^2}}\approx\frac{U}{\omega_0 L}$$

$$I_C=\frac{U}{\dfrac{1}{\omega_0 C}}$$

因为

$$\omega_0 L\approx\frac{1}{\omega_0 C},\ \omega_0 L\gg R,\ 即\varphi\approx 90^\circ$$

可知

$$I_1\approx I_C\gg I_0$$

即在谐振时并联支路的电流几乎相等，但比总电流大许多。

谐振电路中，I_L或I_C与I_0的比值称为电路的品质因数，用Q表示

$$Q=\frac{I_1}{I_0}=\frac{1}{\omega_0 CR}=\frac{\omega_0 L}{R} \tag{3-64}$$

它的意义是表示谐振时电路的阻抗模为支路阻抗模的Q倍。

【例3.6.2】在图3-21所示电路中，外加电压含有800Hz和2000Hz两种频率的信号，若要滤掉2000Hz的信号，使电阻R上只有800Hz的信号，若L=12mH，C值应是多少？

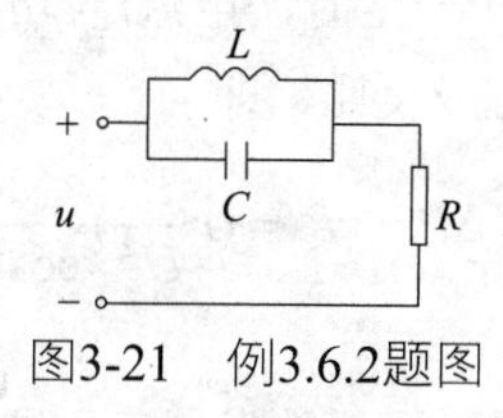

图3-21 例3.6.2题图

解：只要使2000Hz的信号在LC并联电路中产生并联谐振，$Z_{LC}\to\infty$，该信号便无法通过，从而使R上只有800Hz的信号，由谐振频率的公式求得

$$C=\frac{1}{4\pi^2 f_n^2 L}=\frac{1}{4\times 3.14^2\times 2000^2\times 12\times 10^{-3}}\text{F}$$

$$=0.53\times 10^{-6}\text{F}=0.53\mu\text{F}$$

3.7 功率因数提高

由式(3-46)可知，交流电路的有功功率比直流电路的功率表达式多一个乘数$\cos\varphi$，即功率因数，它取决于电路的参数。下面主要讨论功率因数对电路的影响以及改进措施。

3.7.1 提高功率因数的意义

在实际生产生活中，用到的设备或电器绝大部分都有电感线圈，在电路中属于感性负载，如控制设备中的接触器、电力系统中的变压器和照明用的日光灯等。如果电路中感性负载居多，那么功率因数角较大，导致功率因数普遍偏低，带来的问题主要有以下两方面。

1. 发电设备的容量不能充分利用

$$P=U_N I_N\cos\varphi$$

发电机的电压和电流不允许超过额定值，然而当功率因数$\cos\varphi<1$时，发电机所能发出的有功功率减少，功率因数越低，有功功率越小，无功功率越大。无功功率为电路中能量转换的规模，说明发电机发出的能量不能充分利用，其中一部分在发电机与负载之间进行能量的交换。

2. 增加线路和发电机绕组的功率损耗

当发电机的电压U和输出功率P一定时，电流I与功率因数成反比，而线路和发电机绕组上的功率损耗ΔP则与$\cos\varphi$的平方成反比，即

$$\Delta P = rI^2 = (r\frac{P^2}{U^2})\frac{1}{\cos^2\varphi} \tag{3-65}$$

式中r为发电机绕组和线路的电阻。

因此，提高电网功率因数对国民经济的发展有重要的意义。功率因数的提高，意味着发电设备的能量能得到充分利用，节约大量电能。中国电力部门规定，高压供电的工业企业平均功率因数不低于0.95，新建和扩建的电力用户功率因数不低于0.9。

3.7.2 提高功率因数的措施

提高企业用电的功率因数，需要采用多方面措施，技术性很强。本书只从电路知识分析的角度提出无功功率补偿的措施，即采用与电感性负载并联静电电容器的方法提高功率因数。电路图和相量图如图3-22所示。

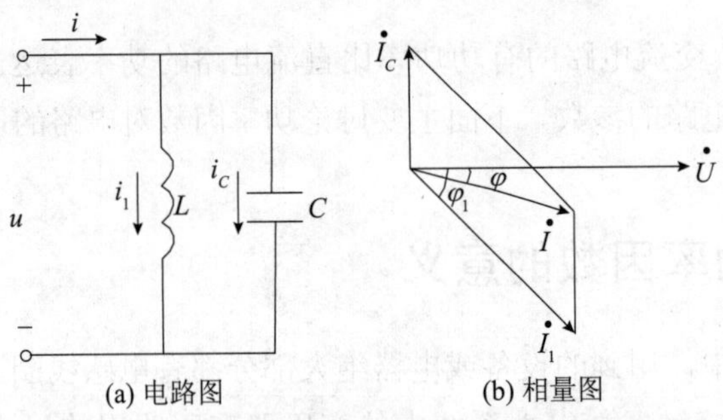

图3-22 电容器与感性负载并联提高功率因数

并联电容器以后，因为电感两端电压和负载参数没有改变，所以电感性负载的电流和功率因数$I_L=\dfrac{U}{\sqrt{R^2+X_L{}^2}}$和$\cos\varphi_l=\dfrac{R}{\sqrt{R^2+X_L{}^2}}$均未变化。但是电源电压$u$和线路电流$i$之间的相位差$\varphi$变小了，$\cos\varphi$变大了，提高了电感性负载的功率因数。

感性负载并联电容后，由于电容的无功功率补偿作用，将使电源提供的无功功率和视在功率大大减少，而有功功率则不变。从而提高了电路的功率因数，使电源可以接更多的负载运行，提高电源的利用率。

对于感性负载本身来讲，并联电容并不影响其正常工作，不改变其性能指标，因此，

该方法得到广泛的应用。

【例3.7.1】一台单相异步电动机接到50Hz、220V的供电线路上，如图3-23所示。电动机吸收有功功率700W，功率因素$\lambda_1=\cos\varphi_1=0.7$(电感性)。今并联一电容器使电路的功率因数提高至$\lambda_2=\cos\varphi_2=0.9$，求所需电容量。

解： 已知$\cos\varphi_1=0.7$、$\cos\varphi_2=0.9$，则$\varphi_1=45.57°$、$\varphi_2=25.84°$、$\tan\varphi_1=1.02$、$\tan\varphi_2=0.484$。在未接入电容时，P、Q之间的关系为

$$Q_L=UI\sin\varphi_1=UI\cos\varphi_1\frac{\sin\varphi_1}{\cos\varphi_1}=P\tan\varphi_1$$

接入电容后，略去电容损耗，即接入电容后有功功率不变，无功功率为$Q=Q_L-Q_C$，此时P、Q间的关系为

$$Q=P\tan\varphi_2$$

电容C补偿的无功功率为

$$Q_C=Q_L-Q=P(\tan\varphi_1-\tan\varphi_2)$$

因为

$$Q_C=UI\frac{U^2}{X_C}=U^2\omega C=2\pi fCU^2$$

所以并联的电容量为

$$C=\frac{Q_C}{2\pi fU^2}=\frac{P}{2\pi fU^2}(\tan\varphi_1-\tan\varphi_2)$$

$$=\frac{700}{2\times3.14\times50\times220^2}\times(1.02-0.484)\text{F}$$

$$=24.7\times10^{-6}\text{F}=24.7\mu\text{F}$$

因此，应选用500V、25μF的电容器。

为了进行比较，现计算补偿前后的电流，补偿前

$$I_2=I_1=\frac{P}{U\cos\varphi_1}=\frac{700}{220\times0.7}\text{A}=4.55\text{A}$$

补偿后

$$I_2=\frac{P}{U\cos\varphi_2}=\frac{700}{220\times0.9}\text{A}=3.54\text{A}$$

可见随着功率因素的提高，供电线路电流从4.55A减少到3.54A，从而降低了输电线路上的电压损失和功率损耗。电压及各电流的相量图如图3-24所示。

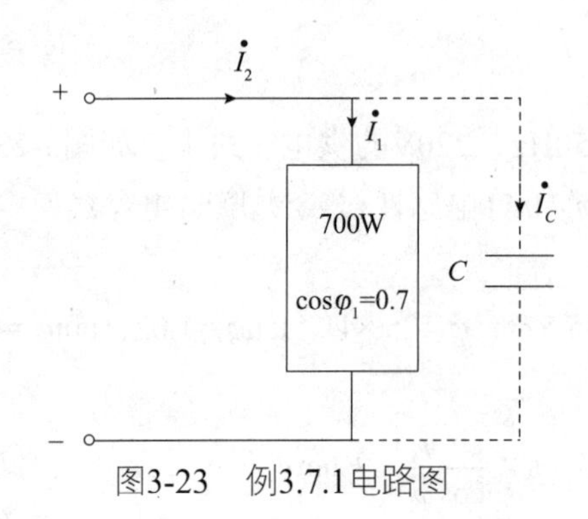

图3-23　例3.7.1电路图

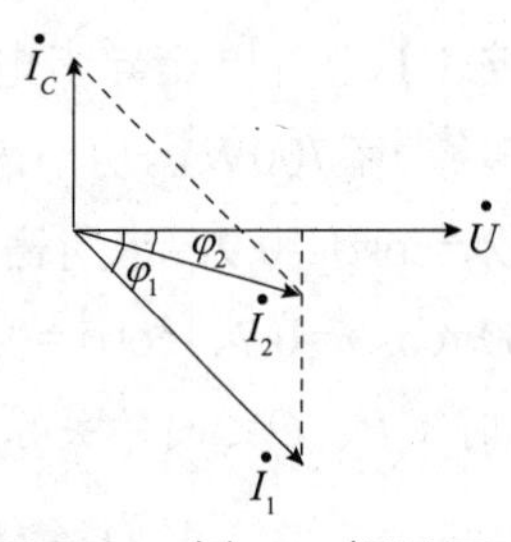

图3-24　例3.7.1相量图

本章习题

3.1 已知i_1=5sin 314tA，i_2=15sin(942t+90°)A，能说i_1比i_2超前90°吗？

3.2 正弦量的最大值和有效值是否随时间变化？它们的大小与频率、相位有没有关系？

3.3 在RLC串联电路中，下列公式有哪几个是正确的？

(1) $u=u_R+u_L+u_C$；　　(2) $u=Ri+X_Li+X_Ci$；　　(3) $U=U_R+U_L+U_C$；

(4) $U=U_R+\mathrm{j}(U_L-U_C)$；　　(5) $\dot{U}=\dot{U}_R+\dot{U}_L+\dot{U}_C$；　　(6) $\dot{U}=\dot{U}_R+\mathrm{j}(\dot{U}_L-\dot{U}_C)$

3.4 某正弦电流的频率为50Hz，有效值为$5\sqrt{2}$A，在t=0时，电流的瞬时值为5A，且此时刻电流在增加，求该电流的瞬时值表达式。

3.5 已知复数A_1=6+j8，A_2=4+j4，试求它们的和、差、积、商。

3.6 试将下列各时间函数用对应的相量来表示；

(1) i_1=5sinωtA，i_2=10sin(ωt+60°)A；　　(2) $i=i_1+i_2$

3.7 在图3-25中，电流表A_1和A_2的读数分别为I_1=3A，I_2=4A。(1)设$Z_1=R$，$Z_2=-\mathrm{j}X_C$，则电流表A_0的读数应为多少？(2)设$Z_1=R$，问Z_2为何种参数才能使电流表A_0的读数最大？此读数应为多少？(3)设$Z_1=\mathrm{j}X_L$，问Z_2为何种参数才能使电流表读数A_0的读数最小？此读数应为多少？

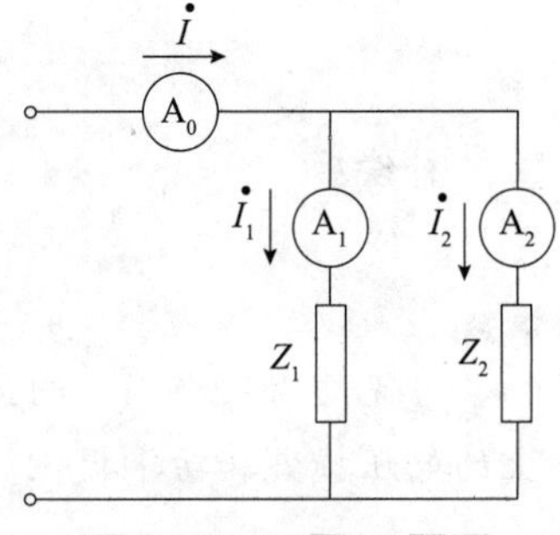

图3-25　习题3.7题图

3.8 有一交流接触器，其线圈额定电压220V，频率50Hz，线圈电阻1.4kΩ，电流27.5mA，试求线圈电感。

3.9 日光灯电源的电压为220V，频率为50Hz，灯管相当于300Ω的电阻，与灯管串联的镇流器在忽略电阻的情况下相当于500Ω感抗的电感，试求灯管两端的电压和工作电流，并画出相量图。

3.10 RLC串联的交流电路，R=10Ω，X_C=8Ω，X_L=6Ω，通过该电路的电流为21.5A。求该电路的有功功率、无功功率和视在功率。

3.11 有一由R、L、C元件串联的交流电路，已知R=10Ω，$L=\frac{1}{31.4}$H，$C=\frac{10^6}{3140}$μF。在电容元件的两端并联一短路开关S。(1)当电源电压为220V的直流电压时，试分别计算在短路开关闭合和断开两种情况下电路中的电流I及各元件上的电压U_R，U_L，U_C。(2)当电源电压为正弦电压$u=220\sqrt{2}\sin 314t$V，试分别计算在上述两种情况下电流及各电压的有效值。

3.12 一个线圈接在U=120V的直流电源上，I=20A；若接在f=50Hz，U=220V的交流电源上，则I=28.2A。试求线圈的电阻R和电感L。

3.13 一个JZ7型中间继电器，其线圈数据为380V 50Hz，线圈电阻2kΩ，线圈电感43.3H，试求线圈电流及功率因素。

3.14 日光灯管与镇流器串联接到交流电压上，可看作R、L串联电路。如已知某灯管的等效电阻R_1=280Ω，镇流器的电阻和电感分别为R_2=20Ω和L=1.65H，电源电压U=220V，试求电路中的电流和灯管两端与镇流器上的电压。这两个电压加起来是否等于220V？电源频率为50Hz。

第 4 章

三相交流电路

第3章中我们学习了单相交流电路，而在工业生产及日常生活中，我们使用的交流电路大多是三相制，即使我们需要单相交流电，也是从三相制电路中分出一相。所谓三相交流电，就是由三个幅值相等、频率相同、相位互差120°的单相正弦交流电源构成的三相电源。由于三相交流发电机比同样尺寸的单相交流发电机输出功率大；在同样条件下输送同样大的功率，三相输电线比单相输电线节省材料，因此电力系统广泛采用三相制供电。

本章学习三相交流电路。三相电源部分主要介绍三相电源的产生和连接；三相负载部分主要分析星—角连接方式；三相功率部分主要阐述瞬时功率、有功功率、无功功率和视在功率；最后本章将研究供配电系统的无功功率补偿问题并通过实例分析三相四线制供电方式。

4.1 三相电源

4.1.1 三相电源的产生

三相电源通常由三相同步发电机产生，三相绕组在空间互差120°，当转子以均匀角速度ω转动时，在三相绕组中产生感应电压，从而形成对称三相电源，图4-1是最简单的具有一对磁极的三相交流发电机的原理结构图。电枢上装有三个同样的绕组U_1U_2、V_1V_2、W_1W_2，U_1、V_1、W_1表示各相绕组的起始端，U_2、V_2、W_2表示它们的末端。三相绕组的始端(或末端)彼此互差120°角。电枢表面处的磁感应是按正弦规律分布的(图中U_1U_2称L_1，V_1V_2称L_2，W_1W_2称L_3)。

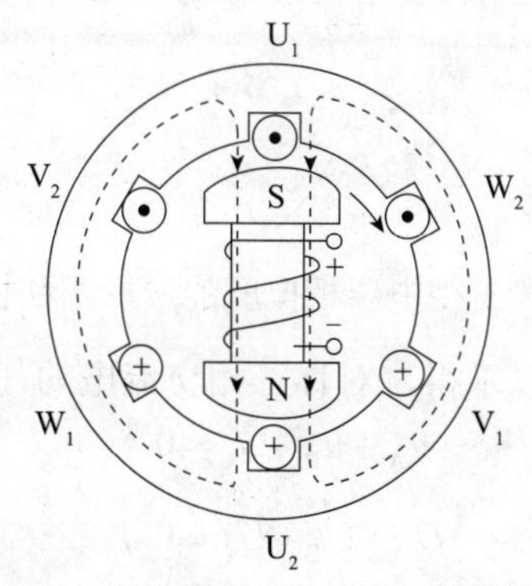

图4-1　三相交流发电机原理图

当电枢由发动机拖动沿逆时针方向以ω角速度等速旋转时，每相绕组分别产生正弦电动势，称为相电动势，其方向规定由绕组末端指向始端。因为三个绕组的形状、尺寸和匝数都相同，并以同一角速度在同一磁场中旋转，所以三个相电动势的频率和幅值都相同。唯一不同的是它们之间的相位差是120°。因此，发电机产生的是对称三相电动势。同样，若用电压表示，则发电机产生的是对称三相电压，相电压方向和相电动势方向相反，从始端指向末端。

三相电源是由三相交流发电机产生的。在三相交流发电机中有3个相同的绕组，3个绕阻的首端分别用A、B、C表示，末端分别用X、Y、Z表示。这3个绕组分别称A相、B相、C相，所产生的三相电压分别为

$$\left.\begin{aligned} u_A &= U_m \sin\omega t \\ u_B &= U_m \sin(\omega t - 120°) \\ u_C &= U_m \sin(\omega t - 240°) = U_m \sin(\omega t + 120°) \end{aligned}\right\} \tag{4-1}$$

也可以用向量表示

$$\left.\begin{aligned} \dot{U}_A &= U\angle 0° = U \\ \dot{U}_B &= U\angle -120° = U(-\frac{1}{2} - j\frac{\sqrt{3}}{2}) \\ \dot{U}_C &= U\angle 120° = U(-\frac{1}{2} + j\frac{\sqrt{3}}{2}) \end{aligned}\right\} \tag{4-2}$$

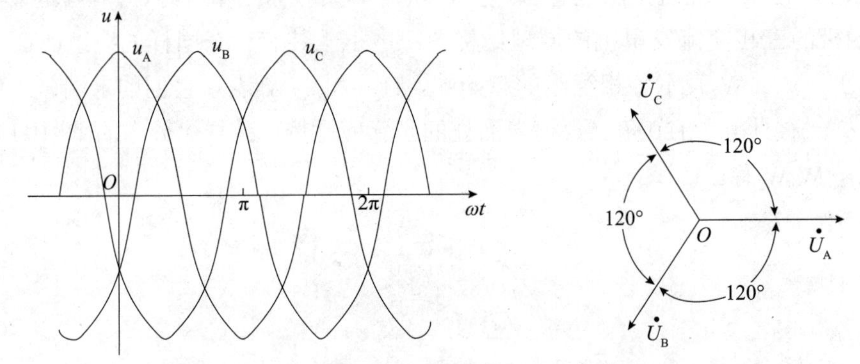

图4-2 三相电源相电压的波形图和相量图

根据以上三种表示法都可以求得，对称三相交流电的任意瞬时值之和恒为0，即

$$\left.\begin{aligned} u_A + u_B + u_C &= 0 \\ \dot{U}_A + \dot{U}_B + \dot{U}_C &= 0 \end{aligned}\right\} \tag{4-3}$$

三相电源每相电压依次到达最大值的先后次序称为三相电源的相序。式(4-2)及图4-2

所示三相电源的相序为A—B—C，即A相超前B相，B相又超前C相，称为正序。反之，任意颠倒两相，如A—C—B的相序则为负序。

相序是相对确定量，但A相一经确定，滞后A相120°的便为B相，超前A相120°的就是C相。工程中为了便于区分，以黄、绿、红三色表示A、B、C三相。

4.1.2　三相电源的连接

三相电源的连接方式有两种，分别是星形连接和三角形连接。

1. 星形连接

星形连接就是将三个电压源的负极端X、Y、Z连接在一起而形成一个节点，记为N，称为中性点；而从三个电压源的正极端A、B、C向外引出三条线，称为端线，也称为火线，如图4-3所示。有时从中性点N还引出一根线NN'，称为中线，也称“地线”。

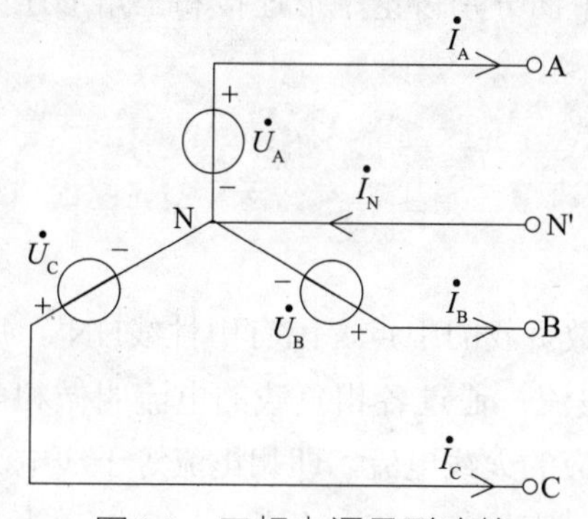

图4-3　三相电源星形连接

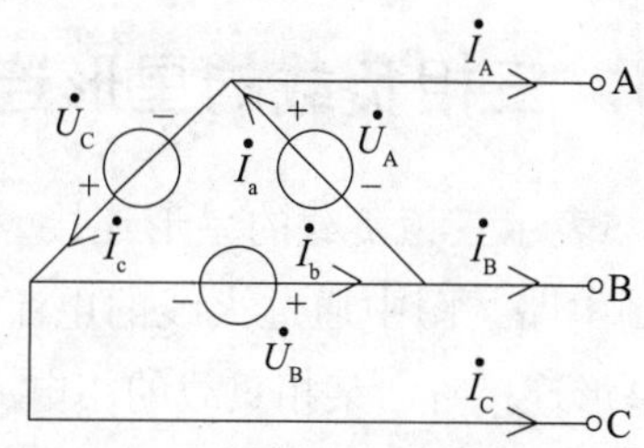

图4-4　三相电源三角形连接

端线中的电流称为线电流，分别用$\dot{I}_A$、$\dot{I}_B$、$\dot{I}_C$表示，其参考方向如图4-3所示。端线A、B、C之间的电压称为线电压，分别记为$\dot{U}_{AB}$，$\dot{U}_{BC}$，$\dot{U}_{CA}$。流过每相电源中的电流称为相电流。很显然，对于星形连接的三相电源，线电流与相电流为同一电流。中线中的电流用$\dot{I}_N$表示，称为中线电流。每一相电源的电压称为相电压。对称三相电源星形连接时，三个线电压$\dot{U}_{AB}$，$\dot{U}_{BC}$，$\dot{U}_{CA}$也是对称的，其有效值为相电压有效值的$\sqrt{3}$倍，即$U_{AB}=\sqrt{3}\,U_{AN}$，其相位分别超前相应相电压30°。

星形三相电源的优点是中点可以接地，因而可以同时给出两种电压：线电压和相电压。

2. 三角形连接

将对称三相电压源的X与B连接在一起，Y与C连接在一起，Z与A连接在一起，再从

A、B、C三端向外引出三条端线，即构成三相电源的三角形连接，如图4-4所示。显然，三角形连接时，其线电压与相电压为同一电压，即有

$$\dot{U}_{AB}=\dot{U}_{A}，\dot{U}_{BC}=\dot{U}_{B}，\dot{U}_{CA}=\dot{U}_{C} \tag{4-4}$$

但线电流不等于相电流，即

$$\dot{I}_{A}\neq\dot{I}_{a}，\dot{I}_{B}\neq\dot{I}_{b}，\dot{I}_{C}\neq\dot{I}_{c} \tag{4-5}$$

4.2 三相负载连接

三相电路中，电源是对称的，而各相的负载阻抗可以相同，也可以不同。前者称为对称三相负载，后者称为不对称三相负载。三相负载有两种连接方式：当各相负载的额定电压等于电源的相电压时，称星形连接(也称Y形接法)；而各相负载的额定电压与电源的线电压相同时，称三角形连接(也称△形接法)。下面分别讨论星形连接和三角形连接的三相电路计算。

4.2.1 三相负载的星形连接

图4-5表示三相负载的星形连接，点N′叫做负载的中点，因有中性线NN′，所以是三相四线制电路。图中通过火线的电流叫做线电流，通过各相负载的电流叫做相电流。显然，在星形连接时，某相负载的相电流就是对应的火线电流，即相电流等于线电流。

因为有中性线，对称的电源电压u_A、u_B、u_C直接加在三相负载Z_A、Z_B、Z_C上，所以三相负载的相电压也是对称的。各相负载的电流为

$$I_A=\frac{U_A}{|Z_A|}\qquad I_B=\frac{U_B}{|Z_B|}\qquad I_C=\frac{U_C}{|Z_C|} \tag{4-6}$$

各相负载的相电压与相电流的相位差为

$$\varphi_A=\arctan\frac{X_A}{R_A}\qquad \varphi_B=\arctan\frac{X_B}{R_B}\qquad \varphi_C=\arctan\frac{X_C}{R_C} \tag{4-7}$$

式中，R_A、R_B和R_C为各相负载的等效电阻；X_A、X_B和X_C为各相负载的等效电抗(等效感抗与等效容抗之差)。中性线的电流，按图4-5所选定的参考方向，如果用相量表示，则

$$\dot{I}_N=\dot{I}_A+\dot{I}_B+\dot{I}_C \tag{4-8}$$

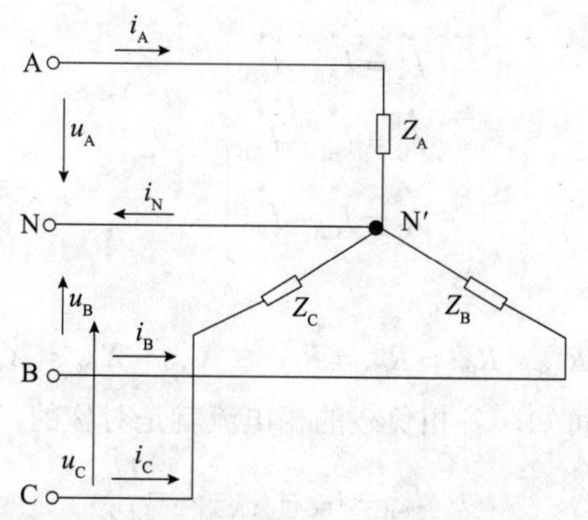

图4-5　负载星形连接的三相四线制电路

4.2.2 三相负载的三角形连接

图4-6表示三相负载的三角形连接，每一相负载都直接接在相应的两根火线之间，这时负载的相电压就等于电源的线电压。不论负载是否对称，它们的相电压总是对称的，即

$$U_{AB}=U_{BC}=U_{CA}=U_L=U_P \tag{4-9}$$

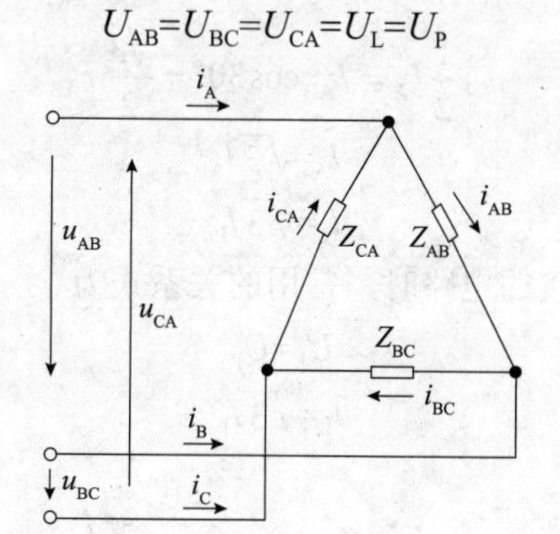

图4-6　负载三角形连接的三相电路

负载三角形连接时，相电流和线电流是不一样的。各相负载的相电流为

$$I_{AB}=\frac{U_{AB}}{|Z_{AB}|}\qquad I_{BC}=\frac{U_{BC}}{|Z_{BC}|}\qquad I_{CA}=\frac{U_{CA}}{|Z_{CA}|} \tag{4-10}$$

各相负载的相电压与相电流之间的相位差为

$$\varphi_{AB}=\arctan\frac{X_{AB}}{R_{AB}}\qquad \varphi_{BC}=\arctan\frac{X_{BC}}{R_{BC}}\qquad \varphi_{CA}=\arctan\frac{X_{CA}}{R_{CA}} \tag{4-11}$$

负载的线电流，可以写为

$$\left.\begin{aligned}\dot{I}_A &= \dot{I}_{AB}-\dot{I}_{CA}\\ \dot{I}_B &= \dot{I}_{BC}-\dot{I}_{AB}\\ \dot{I}_C &= \dot{I}_{CA}-\dot{I}_{BC}\end{aligned}\right\} \tag{4-12}$$

如果负载对称，即

$$R_{AB}=R_{BC}=R_{CA}=R \qquad X_{AB}=X_{BC}=X_{CA}=X \tag{4-13}$$

由式(4-10)、式(4-11)可知，各相负载的相电流就是对称的，即

$$I_{AB}=I_{BC}=I_{CA}=I_P=\frac{U_P}{|Z|} \tag{4-14}$$

式中

$$|Z|=\sqrt{R^2+X^2} \tag{4-15}$$

$$\varphi_{AB}=\varphi_{BC}=\varphi_{CA}=\varphi=\arctan\frac{X}{R} \tag{4-16}$$

此时的线电流可根据式(4-12)作出的相量图(图4-7)看出，三个线电流也是对称的。它们与相电流的相互关系是

$$\frac{1}{2}I_A=I_{AB}\cos 30^\circ=\frac{\sqrt{3}}{2}I_{AB} \tag{4-17}$$

即

$$I_A=\sqrt{3}I_{AB} \tag{4-18}$$

$$I_L=\sqrt{3}I_P \tag{4-19}$$

计算对称负载三角形连接的电路时，常用的关系式为

$$\begin{aligned}U_L&=U_P\\ I_L&=\sqrt{3}I_P\end{aligned} \tag{4-20}$$

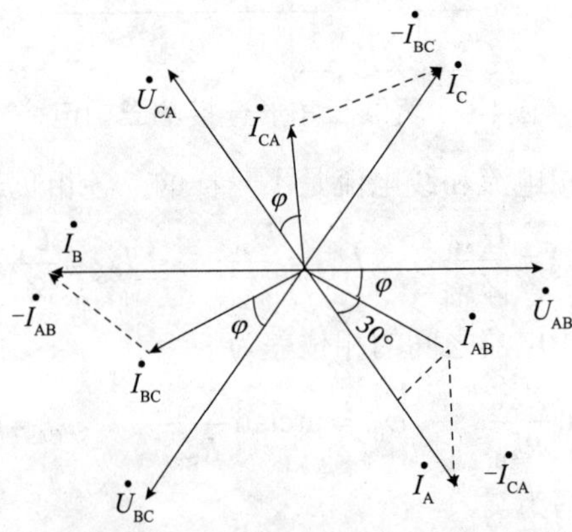

图4-7　对称负载三角形连接时电压与电流的相量图

三相负载接成星形，还是接成三角形，决定于以下两个方面：

(1) 电源电压。

(2) 负载的额定相电压。

例如，电源的线电压为380V，而某三相异步电动机的额定相电压也为380V，电动机的三相绕组就应接成三角形，此时每相绕组上的电压就是380V。如果这台电动机的额定相电压为220V，电动机的三相绕组就应接成星形了，此时每相绕组上的电压就是220V；否则，若误接成三角形，每相绕组上的电压为380V，是额定值的$\sqrt{3}$倍，电动机将被烧毁。

4.3 三相功率

功率，表示做功的快慢，即做功和所用时间的比值。由于功是能量转化的量度，所以功率的大小是指能量转化的快慢，所以功率通常不取负值，若一个力做了负功，应求克服这个力做功的功率。在不同的物理情景下，功率有不同的计算方法和含义。

4.3.1 瞬时功率

图4-8所示单口网络，在端口电压和电流采用关联参考方向的条件下，它吸取的功率为

$$p(t)=u(t)i(t) \tag{4-21}$$

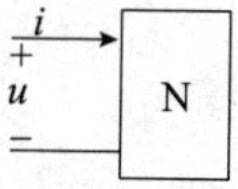

图4-8　单口网络

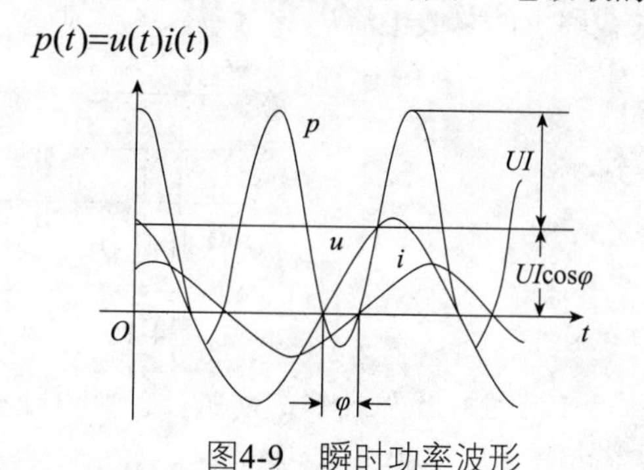

图4-9　瞬时功率波形

在单口网络工作于正弦稳态的情况下，端口电压和电流频率相同，即

$$\left.\begin{aligned} u(t)&=U_{\mathrm{m}}\cos(\omega t+\psi_u)=\sqrt{2}U\cos(\omega t+\psi_u) \\ i(t)&=I_{\mathrm{m}}\cos(\omega t+\psi_i)=\sqrt{2}I\cos(\omega t+\psi_i) \end{aligned}\right\} \tag{4-22}$$

其瞬时功率为

$$p(t)=u(t)i(t)=U_{\mathrm{m}}\cos(\omega t+\psi_u)I_{\mathrm{m}}\cos(\omega t+\psi_i)$$
$$=\frac{1}{2}U_{\mathrm{m}}I_{\mathrm{m}}[\cos(\psi_u-\psi_i)+\cos(2\omega t+\psi_u+\psi_i)] \tag{4-23}$$
$$=UI\cos\varphi+UI\cos(2\omega t+2\psi_u-\varphi)$$

其中φ是电压与电流的相位差，瞬时功率的波形如图4-9所示。

4.3.2 有功功率

瞬时功率在一个周期内的平均值为平均功率(或负载电阻所消耗的功率)，又称有功功率，符号用P表示。有功功率也是保持用电设备正常运行所需的电功率，就是将电能转换为其他形式能量(机械能、光能、热能)的电功率。

有功功率代表电路实际消耗的功率，它不仅与电压和电流有效值的乘积有关，并且与他们的相位差有关，由于电感、电容元件的有功功率为零，因此电路中的有功功率等于各电阻元件消耗的功率之和。

有功功率的单位和计算

$$P=S\cos\varphi=UI\cos\varphi \tag{4-24}$$

单位有瓦(W)、千瓦(kW)、兆瓦(MW)。

【例4.3.1】在线电压为380V的三相电源上，接有两组电阻性对称负载，如图4-10所示。试求线路上的总线电流I_{L}。

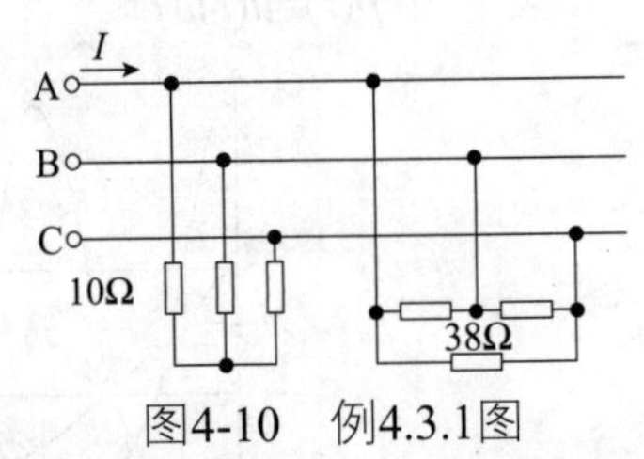

图4-10 例4.3.1图

解：由于两组对称负载都是电阻性，所以计算较简单。

$$I_{\mathrm{LY}}=I_{\mathrm{PY}}=\frac{U_{\mathrm{P}}}{R_{\mathrm{Y}}}=\frac{\frac{380}{\sqrt{3}}}{10}=22(\mathrm{A})$$

$$I_{\mathrm{L}\triangle}=\sqrt{3}\frac{U_{\mathrm{P}}}{R_{\triangle}}=\sqrt{3}\frac{U_{\mathrm{L}}}{R_{\triangle}}=\sqrt{3}\frac{380}{38}\approx 17.32(\mathrm{A})$$

$$I_{\mathrm{L}}=I_{\mathrm{LY}}+I_{\mathrm{L}\triangle}=22+17.32=39.32(\mathrm{A})$$

也可以用相量法进行求解。

由于三相负载对称，所以可以选用一相进行计算。

设$\dot{U}_{AB}=380\angle 30^\circ$(V)

则$\dot{U}_a=220\angle 0^\circ$(V)

星接时的线电流和相电流相等，则

$$\dot{I}_{AY}=\dot{I}_a=\frac{\dot{U}_a}{R_Y}=\frac{220\angle 0^\circ}{10}=22\angle 0^\circ\text{(A)}$$

角接时的线电压和相电压相等，则

$$\dot{I}_{ab}=\frac{\dot{U}_{AB}}{R_\triangle}=\frac{380\angle 30^\circ}{38}=10\angle 30^\circ\text{(A)}$$

由角接时线电流和相电流的关系知

$$\dot{I}_{L\triangle}=\sqrt{3}\dot{I}_{ab}\angle -30^\circ=\sqrt{3}\times 10\angle 30^\circ-30^\circ\approx 17.32\angle 0^\circ\text{(A)}$$

所以$\dot{I}_L=\dot{I}_{LY}+\dot{I}_{L\triangle}=22\angle 0^\circ+17.32\angle 0^\circ=39.32\angle 0^\circ$(A)

即I_L=39.32(A)

4.3.3　无功功率

在具有电感或电容的电路中，在每半个周期内，把电源能量变成磁场(或电场)能量储存起来，然后再释放，又把储存的磁场(或电场)能量再返回给电源，只是进行这种能量的变换，并没有真正消耗能量，我们把这个交换的功率值，称为无功功率，符号用Q表示。

无功功率的计算表达式为

$$Q=S\sin\varphi=UI\sin\varphi \tag{4-25}$$

其中，无功功率的单位为Var(乏)，称为无功伏安。

无功功率反映了网络与外部电源进行能量交换的最大速率，“无功”意味着“交换而不消耗”，不能理解为“无用”，就像水力学中的“长管”和“短管”一样，对于感性网络电压超前电流，φ值为正，网络接收或发出的无功功率为正值，称为感性无功功率；对于容性网络电压滞后电流，φ值为负，网络无功功率为负值，称为容性无功功率。

4.3.4　视在功率

在正弦交流电路中，将电压有效值与电流有效值的乘积称为网络的视在功率，用S表示。例如，额定容量S_N就是指变压器额定运行状态下输出的视在功率。

视在功率的计算表达式为

$$S = UI = \sqrt{P^2 + Q^2} \tag{4-26}$$

其中，视在功率的单位为VA(伏安)，此外还有kVA(千伏安)等。

视在功率既不代表一般交流电路实际消耗的有功功率，也不代表交流电路的无功功率，它表示电源可能提供的，或负载可能获得的最大功率，各种电器设备都是按一定的额定电压U_N和一定的额定电流I_N设计的，它们的乘积称为额定视在功率，即

$$S_N = U_N I_N \tag{4-27}$$

额定视在功率在设备铭牌上通常称为额定容量或容量，电源设备的额定容量表明了该电源允许提供的最大有功功率，但并不代表实际输出的有功功率或视在功率。

4.3.5 功率因数

电网中的电力负荷如电动机、变压器等，属于既有电阻又有电感的电感性负载。电感性负载的电压和电流的相量间存在一个相位差，通常用相位角φ的余弦$\cos\varphi$来表示。$\cos\varphi$称为功率因数。功率因数是反映电力用户用电设备合理使用状况、电能利用程度和用电管理水平的一项重要指标。三相功率因数的计算公式为

$$\cos\varphi = \frac{有功功率}{视在功率} \tag{4-28}$$

因此

$$\left.\begin{aligned} S &= UI \\ Q &= UI\sin\varphi \\ P &= UI\cos\varphi \end{aligned}\right\} \tag{4-29}$$

用图形表示为

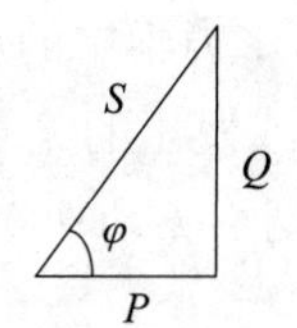

式中：

$\cos\varphi$——功率因数；

P——有功功率，kW；

Q——无功功率，kVar；

S——视在功率，kVA；

U——用电设备的额定电压，V；

I——用电设备的运行电流，A。

【例4.3.2】对称三相负载星形连接，已知每相阻抗为$Z=(31+j22)\Omega$，电源线电压为380V，求三相交流电路的有功功率、无功功率、视在功率和功率因数。

解：$U_L=380V$，$U_P=220V$

$$I_P=\frac{220}{|31+j22|}=\frac{220}{\sqrt{31^2+22^2}}=5.77(A)$$

功率因数：

$$\cos\varphi=\frac{31}{\sqrt{31^2+22^2}}=0.816(A)$$

有功功率：

$$P=\sqrt{3}U_LI_L\cos\varphi=\sqrt{3}\times380\times5.77\times\cos\varphi=\sqrt{3}\times380\times5.77\times0.816=3107(W)$$

无功功率：

$$Q=\sqrt{3}U_LI_L\sin\varphi=\sqrt{3}\times380\times5.77\times0.58=2202.6(Var)$$

视在功率：

$$S=\sqrt{3}U_LI_L=\sqrt{3}\times380\times5.77=3808(VA)$$

功率因数分为自然功率因数、瞬时功率因数和加权平均功率因数。

(1) 自然功率因数。是指用电设备没有安装无功补偿设备时的功率因数，或者说用电设备本身所具有的功率因数。自然功率因数的高低主要取决于用电设备的负荷性质，电阻性负荷(白炽灯、电阻炉)的功率因数较高，等于1，而电感性负荷(电动机、电焊机)的功率因数比较低，都小于1。

(2) 瞬时功率因数。是指在某一瞬间由功率因数表读出的功率因数。瞬时功率因数随着用电设备的类型、负荷的大小和电压的高低而时刻在变化。

(3) 加权平均功率因数。是指在一定时间段内功率因数的平均值，提高功率因数的方法有两种，一种是改善自然功率因数，另一种是安装人工补偿装置。

4.4 供配电系统的无功功率补偿

无功补偿指根据电网中的无功类型，人为地补偿容性无功或感性无功来抵消线路中的无功功率。无功功率不做功，但占用电网容量和导线截面积，造成线路压降增大，使供配电设备过载，谐波无功使电网受到污染，甚至会引起电网振荡颠覆。通过无功功率补偿的方式可以降低供配电系统的损耗，提高供配电系统的利用率(增容)，此外，还可以稳定供配电系统的电网。

电力系统中使用的输变电设备及电力用户的用电设备，如电力变压器、电抗器、感应电动机、电焊机、高频炉、日光灯等大部分具有电感的特性。它们按照电磁感应原理工作，在建立交变磁场时需从电力系统中吸收无功功率。但无功功率并不是实际做功的功率，电力系统中的发电设备在其发出的视在功率为一定时，无功功率需求的增加，将会造成发出的有功功率的下降而影响发电机的出力。同时，无功功率在系统的输送中会造成许多不利的影响。

(1) 无功功率在通过电网时，会引起线路及设备的有功损耗。因此在输送有功功率为一定时，增加无功功率会引起供电线路及设备的有功功率损耗增加。

(2) 电网的电压损失将会随着无功功率的增加而增加，这给电网电压的调整带来困难。

(3) 在电网有功功率不变的情况下，无功功率的增加会使总电流增加，使供电系统中的设备如变压器、断路器、导线以及测量仪器、仪表等的容量、规格尺寸增大，从而使投资费用增加。

由于无功功率对供电系统有着如上诸多不利的影响，因此降低无功功率的输送量，提高功率因数是系统及用户保证供电质量、保证经济、合理地供电的需要。功率因数的高低是衡量系统供电状况的一项重要的经济指标。目前，我国供电部门按功率因数的高低征收电费。规定在0.85～0.90为不奖不罚界限，当大于0.85～0.90时给予奖励，小于0.85～0.90则要罚款，在很低时供电部门要停止供电。

提高自然功率因数可以采用如下方法：合理选择感应电动机，使用中限制感应电动机的空载运行；用小容量电动机代替负荷不足的大容量电动机，对负荷不足的电动机使用降低外电压的方法；在生产工艺条件允许下使绕线式异步电动机同步化运行或用同步电动机代替异步电动机；以最佳负荷率选择变压器并根据其在运行中进行调整等。

然而，供电部门对用户功率因数的要求，单单依靠提高自然功率因数的办法通常不能满足要求，必须要用人工补偿装置才行。为提高因数而设置的并联补偿装置一般有同步调相机和静电电容器。

4.5 供配电应用实例(三相四线供电方式)

在星形连接的电路中除从电源三个线圈端头引出三根导线外，还从中性点引出一根导线，这种引出四根导线的供电方式称为三相四线制。四条线分别用A、B、C、N四个字母代表，其中，N线是中线，也叫零线。N线是为了从380V相间电压中获得220V线间电压而设的，有的场合也可以用来进行零序电流检测，以便进行三相供电平衡的监控。三相线的颜色为：相线黄绿红、零线蓝色。

【例4.5.1】如图4-11所示三相(四线)制电路中，$Z_1=-\mathrm{j}10\Omega$，$Z_2=(5+\mathrm{j}12)\Omega$，对称三相电源的线电压为380V，图中电阻R吸收的功率为24 200W(S闭合时)。试求：

(1) 开关S闭合时图中各表的读数。根据功率表的读数能否求得整个负载吸收的总功率？

(2) 开关S打开时图中各表的读数有无变化，功率表的读数有无意义？

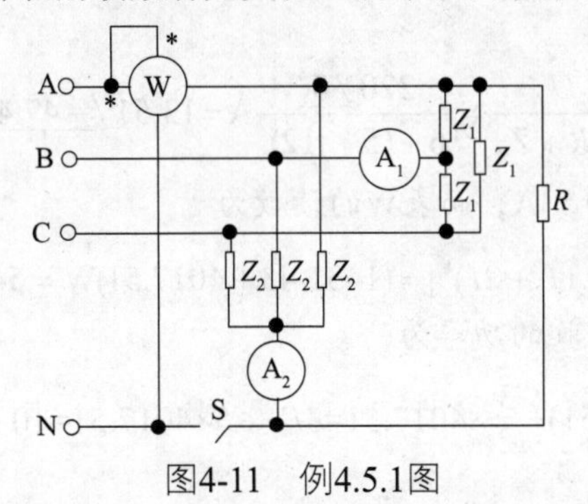

图4-11 例4.5.1图

解：(1) S闭合时，电阻R跨接在AN端，即跨接在相电压$\dot{U}_{\mathrm{A}}$上，不影响负载端的对称性，但线电流$\dot{I}_{\mathrm{A}}$中增加了$\dot{I}_R$分量。

设一组对称星形电压源的$\dot{U}_{\mathrm{AA}}=220\underline{/0^\circ}$V。图中各表的读数计算如下：

三角负载中的相电流为

$$\dot{I}_{\mathrm{AB}}=\frac{\dot{U}_{\mathrm{AB}}}{Z_1}=\frac{380\underline{/30^\circ}}{-\mathrm{j}10}\mathrm{A}=38\underline{/120^\circ}\mathrm{A}$$

星形负载中的相电流为

$$\dot{I}_2=\frac{\dot{U}_{\mathrm{A}}}{Z_2}=\frac{220\underline{/0^\circ}}{5+\mathrm{j}12}\mathrm{A}=16.92\underline{/-67.38^\circ}\mathrm{A}$$

表A_1：$\sqrt{3}\times 38\text{A}=65.82\text{A}$；表$A_2$：0A；表W的读数为

$$R_e[\dot{U}_A(\dot{I}_2+\dot{I}_R+\sqrt{3}\dot{I}_{AB}\angle{-30^\circ})^*]$$

从上式中括号内的表达式可以看出，它表示A相电源$\dot{U}_A$发出的复功率，式中各项为

$$R_e[\dot{U}_A\dot{I}_2^*]=(16.92)^2\times 5\text{W}=1431.43\text{W}$$

$$R_e[\dot{U}_A\dot{I}_R^*]=24\,200\text{W}$$

$$R_e[\dot{U}_A\cdot\sqrt{3}\dot{I}_{AB}\angle{-90^\circ}]=0$$

所以，表W：25 631.43W。则整个系统吸收的功率P为

$$P=3R_e[\dot{U}_A\dot{I}_2^*]+24\,200\approx 28\,494.29\text{W}$$

(2) S打开时，电阻R跨接(经表A_2)在星形负载Z_2的A相上。而对三角形无影响，所以表A_1：65.82A(不变)，而表W仍跨接在$\dot{U}_A$电源上，仍表示$\dot{U}_A$发出的功率，但读数发生了变化。跨接电阻$R(=2\Omega)$后的状态等效于在原对称状态上叠加图4-12所示的状态。根据等效电路可解得

$$\dot{I}=\frac{\dot{U}_A}{3R+Z_2}=\frac{220\angle{0^\circ}}{6+(5+\text{j}12)}\text{A}=13.51\angle{-47.49^\circ}\text{A}$$

则表A_2：$13.51\times 3\text{A}=40.53\text{A}$，而表W的读数为

$$P=R_e[\dot{U}_A(\dot{I}_2+2\dot{I})^*]=(1431.43+4017.51)\text{W}=5448.94\text{W}$$

可以证明，整个电路吸收的功率为

$$3(P-4017.51)+\frac{3}{2}\times 4017.51=3P-1.5\times 4017.51=10\,320.555\text{W}$$

即$R_e[3\dot{U}_A(\dot{I}_2+\dot{I})^*]$。

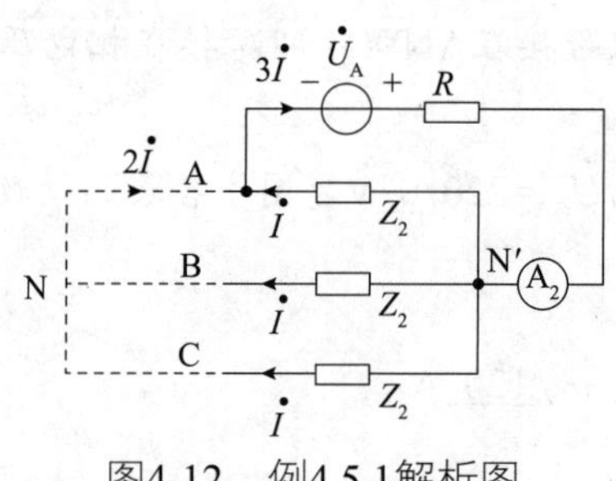

图4-12　例4.5.1解析图

【例4.5.2】某工厂有三个车间，每一车间装有10盏220V、100W的白炽灯，用380V的三相四线制供电。

(1) 画出合理的配电接线图；

(2) 若各车间的灯同时点亮，求电路的线电流和中线电流；

(3) 若只有两个车间用灯，再求电路的线电流和中线电流。

解：(1) 配电接线图如图4-13所示。

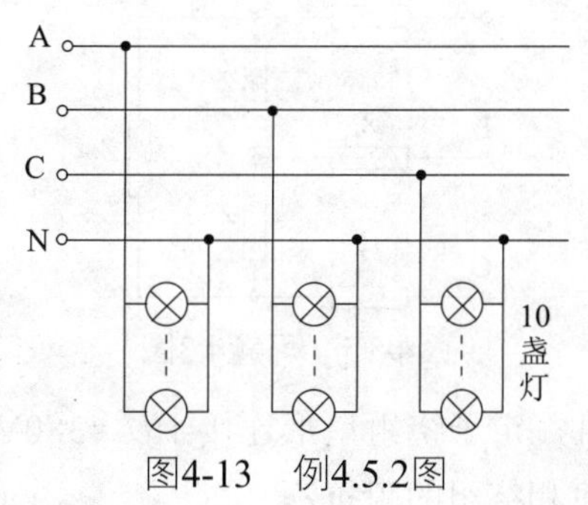

图4-13 例4.5.2图

(2) 每相电阻R=48.4Ω，$I_L=I_p$=4.55A

负载对称∴中线电流I_N=0

(3) 若$\dot{I}_A=4.55\underline{/0°}$A $\dot{I}_B=4.55\underline{/-120°}$A $\dot{I}_C$=0

$\dot{I}_N=\dot{I}_A+\dot{I}_B+\dot{I}_C=4.55\underline{/-60°}$A

中线电流I_N=4.55A

本章习题

4.1 为防止停电，某计算机机房安装一台三相发电机，其绕组连接成星形，每相额定电压220V。三相发电机与计算机机房配电柜接好线后试机，用电压表量得相电压$U_A=U_B=U_C$=220V，而线电压则为$U_{AB}=U_{CA}$=220V，U_{BC}=380V，试问这种现象是如何造成的？

4.2 对称三相电路如图4-14所示，已知$\dot{U}_A=220\underline{/0°}$V，$Z$=(3+j4)Ω，求每相负载的相电压、相电流及线电流的相量值。

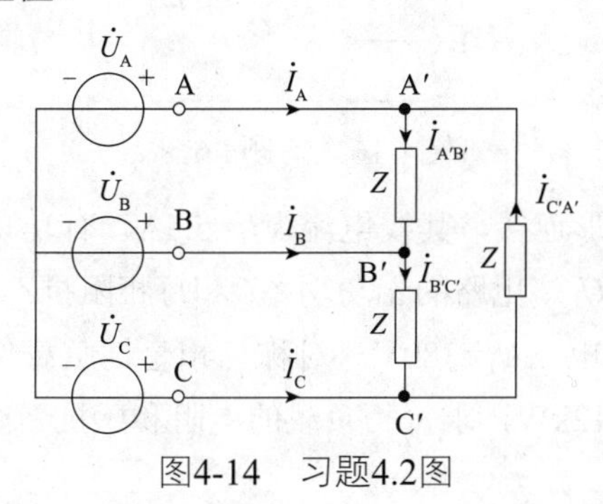

图4-14 习题4.2图

4.3 对称三相电路如图4-15所示，负载阻抗Z=(150+j150)Ω，线路阻抗为Z_1=(2+j2)Ω，负载端线电压为380V，求电源端的线电压。

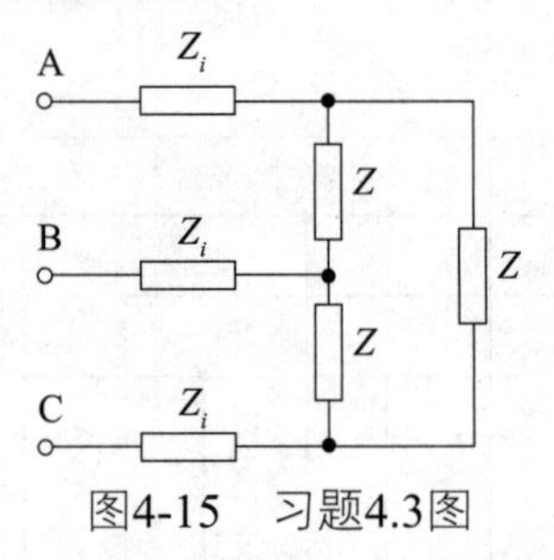

图4-15　习题4.3图

4.4 一台三相交流电动机，定子绕组星形连接于U_L=380V的对称三相电源上，其线电流I_L=2.2A，cosφ=0.8，试求每相绕组的阻抗Z。

4.5 已知对称三相交流电路，每相负载的电阻为R=8Ω，感抗为X_L=6Ω。

(1) 设电源电压为U_L=380V，求负载星形连接时的相电流、相电压和线电流，并画相量图；

(2) 设电源电压为U_L=220V，求负载三角形连接时的相电流、相电压和线电流，并画相量图；

(3) 设电源电压为U_L=380V，求负载三角形连接时的相电流、相电压和线电流，并画相量图。

4.6 已知电路如图4-16所示。电源电压U_L=380V，每相负载的阻抗R=X_L=X_C=10Ω。

(1) 该三相负载能否称为对称负载？为什么？

(2) 计算中线电流和各相电流，画出相量图；

(3) 求三相总功率。

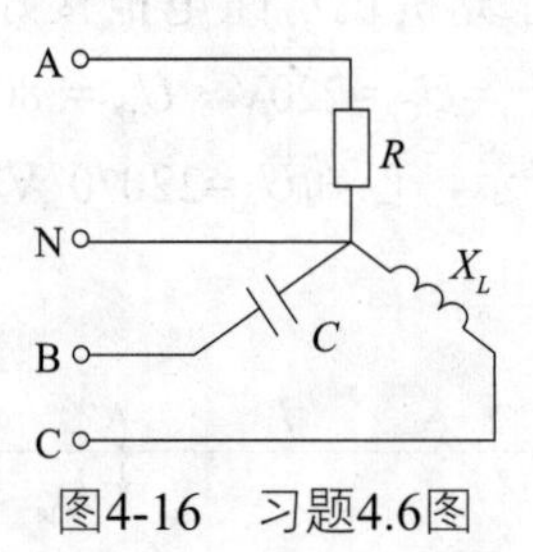

图4-16　习题4.6图

4.7 三相对称负载三角形连接，其线电流为I_L=5.5A，有功功率为P=7760W，功率因数cosφ=0.8，求电源的线电压U_L、电路的无功功率Q和每相阻抗Z。

4.8 对称三相电源，线电压U_L=380V，对称三相感性负载作三角形连接，若测得线电流I_L=17.3A，三相功率P=9.12kW，求每相负载的电阻和感抗。

4.9 三相异步电动机的三个阻抗相同的绕组连接成三角形，接于线电压U_L=380V的对称三相电源上，若每相阻抗Z=8+j6Ω，试求此电动机工作时的相电流I_P、线电流I_L和三相电功率P。

4.10 已知三相星形连接的对称负载每相阻抗Z=4+j3Ω，当加三相对称电压且线电压为380V时，求负载的相电流、线电流和三相有功功率、无功功率及视在功率。

4.11 如图4-17所示电路中，三相对称感性负载cosφ=0.88，线电压U_L=380V，电路消耗的平均功率为7.5kW，求两个瓦特表的读数。

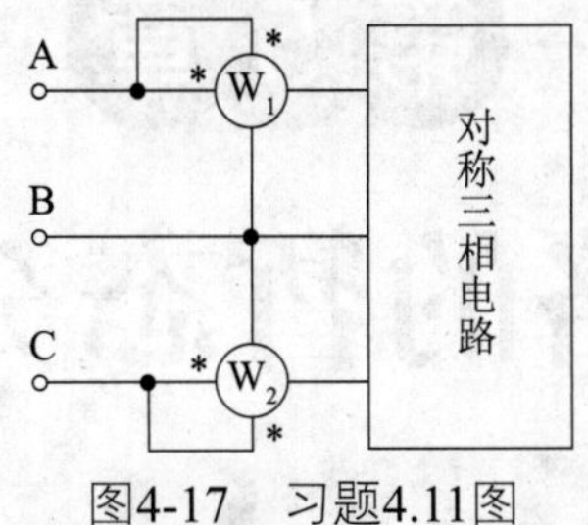

图4-17　习题4.11图

第5章

电路的暂态分析

对电路进行暂态分析是有实际意义的。如在电子电路中，利用电路暂态过程可以产生特定波形的电信号，如锯齿波、三角波、尖脉冲等；另外，暂态过程在开始的瞬间可能会产生过电压、过电流而损坏电器设备或电路元件。通过本章学习，可预防此类现象带来的危害。

5.1 基本概念

5.1.1 稳态与暂态

电路的稳态指的是在电阻元件电路中，一旦接通或断开电源，电路立即处于稳定状态，如前几章讨论的电路。而当电路中含有电容元件或电感元件时，电路不会立即达到稳定状态，如RC串联电路中，开关接通后，首先给电容元件充电，电容电压逐渐增加到稳态值，即电源电压；开关断开后，电容电压是逐渐衰减到零的，也就是说电路中的电压或电流的增长或衰减有一个过渡过程，这个过渡过程即暂态。

5.1.2 换路及其初始值

所谓换路，是指电路由原来的状态变换为另一种状态。如电路的接通、切断、短路、激励或电路参数的改变等都可看作换路。在电路分析中，设t=0为换路瞬间，$t=0_-$表示换路前的瞬间，$t=0_+$表示换路后的初始瞬间，即电路的初始值。从$t=0_-$到$t=0_+$的瞬间，电感元件中的电流和电容元件上的电压不能产生突变，即换路定律可表述如下。

(1) 换路前后，电容元件的电压不能突变，即

$$u_c(0_-)=u_c(0_+) \tag{5-1}$$

(2) 换路前后，电感元件的电流不能突变，即

$$i_L(0_-)=i_L(0_+) \tag{5-2}$$

换路定律实质反应的是储能元件的能量不能突变，在第1章第2节我们学习了电感元件的储能为$\frac{Li_L^2}{2}$，电容元件的储能为$\frac{Cu_C^2}{2}$。如果电感电流i和电容电压u_C发生了突变，即能量w突变，而能量w突变则要求电源提供的功率$p=\frac{\mathrm{d}w}{\mathrm{d}t}$达到无穷大，这在实际电路中是不可能

的。因此，电感元件的电流i_L和电容元件的电压u_C不能突变，只能逐渐变化。

利用换路定律可以确定换路瞬间的电感电流和电容电压，从而确定电路的初始值。

确定电路初始值的步骤如下。

1. 原稳态值的确定

根据$t<0(t=0_-)$的电路首先确定$u_C(0_-)$和$i_L(0_-)$的原稳态值。换路之前电路已经达到稳定状态，电容元件相当于开路(因为$i_C=C\dfrac{\mathrm{d}u_C}{\mathrm{d}t}=0$)，电感元件相当于短路(因为$u_L=L\dfrac{\mathrm{d}i_L}{\mathrm{d}t}=0$)。再应用直流电路中的分析、计算方法，求出$u_C(0_-)$和$i_L(0_-)$的值。

2. $u_C(0_+)$和$i_L(0_+)$的求法

由换路定律求$u_C(0_+)$和$i_L(0_+)$。

3. 其他变量初始值的求法

(1) 画出$t=0_-$的等效电路，开关为换路后的状态。

(2) 电容和电感的状态：若$u_C(0_+)=0$，则电容元件相当于短路；若$i_L(0_+)=0$，则电感相当于开路。若$u_C(0_+)\neq0$，则电容元件用理想电压源替代；若$i_L(0_+)\neq0$，则电感元件用理想电流源替代，注意$u_C(0_+)$的极性及$i_L(0_+)$的方向要与原图一致。

(3) 求出电路中各个电压和电流的初始值。

【例5.1.1】如图5-1中，换路前电路处于稳态，C、L 均未储能。试求：电路中各电压和电流的初始值。

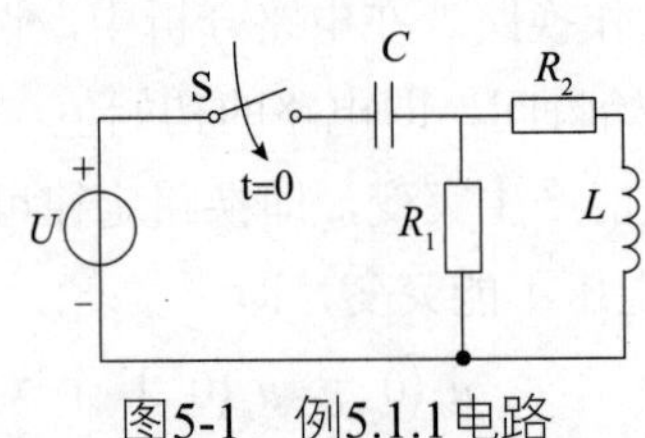

图5-1　例5.1.1电路

解：(1) 原稳态值的确定

在$t=0_-$时，开关S断开。稳态时，电容元件相当于开路，$i_C(0_-)=0$，电感元件相当于短路，$u_L(0_-)=0$。由已知条件知：

$i_L(0_-)=0$，$u_C(0_-)=0$

(2) $u_C(0_+)$和$i_L(0_+)$的确定

由换路定律可知

$u_C(0_+)=u_C(0_-)=0$，$i_L(0_+)=i_L(0_-)=0$

(3) 其他变量初始值的确定

画出t=0的等效电路，如图5-2，开关S闭合。$u_C(0_+)=0$，换路瞬间，电容元件可视为短路；$i_L(0_+)=0$，换路瞬间，电感元件可视为开路。

$i_C(0_+)=i_1(0_+)=\dfrac{U}{R_1}$　　$(i_C(0_-)=0)$

$u_L(0_+)=u_1(0_+)=U$　　$(u_L(0_-)=0)$

$(u_2(0_+)=0)$

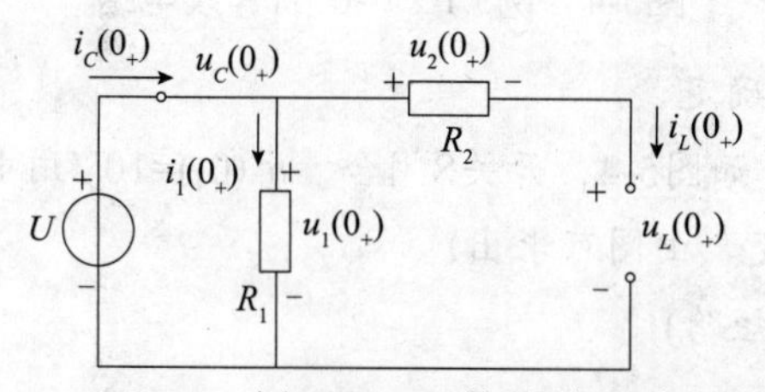

图5-2　例5.1.1 $t=0_+$的等效电路

【例5.1.2】图5-3所示电路中，试确定开关S闭合后的初始值$u_C(0_+)$、$u_L(0_+)$、$i_L(0_+)$、$i_C(0_+)$、$i_R(0_+)$和$i_S(0_+)$。设开关闭合前电路已处于稳态。

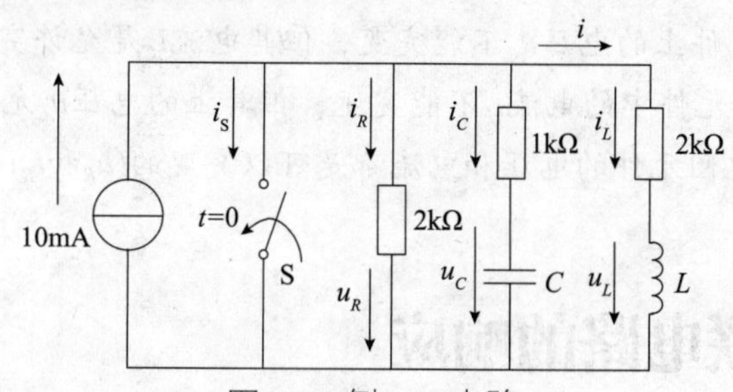

图5-3　例5.1.2电路

解：(1) 原稳态值的确定

只确定$u_C(0_-)$和$i_L(0_-)$的原稳态值。在$t=0_-$时刻，开关S断开。稳态时，电容元件相当于开路，$i_C(0_-)=0$，电感元件相当于短路，$u_L(0_-)=0$。

$i_L(0_-)=\dfrac{1}{2}\times10\text{mA}=5\text{mA}$

$u_C(0_-)=i_L(0_-)\times2\times10^3=10\text{V}$

(2) $u_C(0_+)$和$i_L(0_+)$的确定

由换路定律可知

$u_C(0_+)=u_C(0_-)=10\text{V}$

$i_L(0_+)=i_L(0_-)=5\text{mA}$

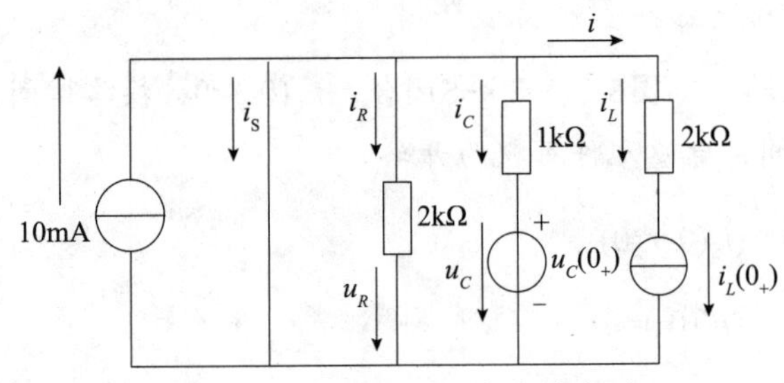

图5-4 例5.1.2 $t=0_+$的等效电路

(3) 其他变量初始值的确定

画出$t=0_+$的等效电路，如图5-4，开关S闭合。$u_C(0_+)=10\text{V}$用电压源替换，$i_L(0_+)=5\text{mA}$用电流源替换，其他元件不变。由图可求出：

$i_R(0_+)=0$ (2kΩ电阻被短路)

$$i_C(0_+)=-\frac{u_C(0_+)}{10^3}=-\frac{10}{10^3}=-10(\text{mA})$$

$u_L(0_+)=-2\times10^3\times i_L(0_+)=-2\times10^3\times5\times10^{-3}=-10(\text{V})$

$i_S(0_+)=+10\text{mA}-i_R(0_+)-i_C(0_+)-i_L(0_+)=10-(-10)-5=+15(\text{mA})$

注意，虽然电容元件上的电压u_C不能突变，但其电流i_C是允许突变的，从$i_C(0_-)=0$突变为$i_C(0_+)=-10\text{mA}$；电感元件中的电流i_L不能突变，但其上的电压u_L允许突变，从$u_L(0_-)=0$突变为$u_L(0_+)=-10\text{V}$。而电阻元件的电压和电流都是可以突变的(u_R和i_R)。

5.2 RC串联电路的响应

由第1章1.2可知，对于含有电感和电容的动态电路，电压和电流关系为

$$u_L=L\frac{\mathrm{d}i_L}{\mathrm{d}t} \tag{5-3}$$

$$i_C=C\frac{\mathrm{d}u_C}{\mathrm{d}t} \tag{5-4}$$

当电路中含有电感或电容时，利用基尔霍夫定律所列出的回路电压方程是一个一阶微分方程。可用一阶微分方程描述的电路称为一阶电路。除电源和电阻之外，只含有一个储能元件(电容或电感)，或可等效为一个储能元件的电路都是一阶电路。本节讨论一阶RC电路的响应。

5.2.1 零输入响应

RC电路的零输入，是指无电源激励，输入信号为零。在此条件下，由电容元件的初始状态$u_C(0_+)$所产生电路的响应，称为零输入响应。

分析RC电路的零输入响应，实际上就是分析电容元件的放电过程。图5-5为RC串联电路。换路前先将开关S合到位置1上，电路即与电压源U接通，对电容元件开始充电，稳定时电容电压为$u_C=U$。在$t=0$时将开关S合到位置2上，此时，电压源脱离电路，电路中的响应完全由电容元件的初始储能提供。在$t>0$时，电容元件经过电阻R开始放电。

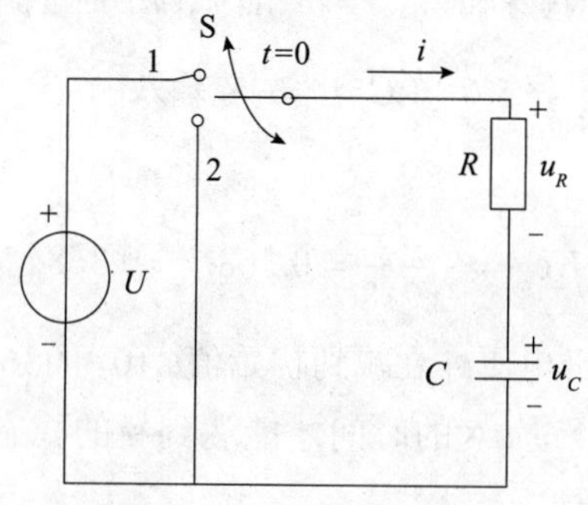

图5-5　RC串联电路

由KVL，列出$t\geqslant 0$时电路的方程

$$u_R+u_C=0 \tag{5-5}$$

而$u_R=iR$，$i=C\dfrac{\mathrm{d}u_C}{\mathrm{d}t}$，代入式(5-5)，得

$$RC\frac{\mathrm{d}u_C}{\mathrm{d}t}+u_C=0 \tag{5-6}$$

式(5-6)为一阶常系数线性齐次微分方程，其通解为

$$u_C=A\mathrm{e}^{pt} \tag{5-7}$$

则式(5-6)的特征方程为：$RCp+1=0$，特征根为$p=-\dfrac{1}{RC}$，所以式(5-6)的通解为

$$u_C=A\mathrm{e}^{-\frac{1}{RC}t}\qquad t\geqslant 0 \tag{5-8}$$

由初始条件确定A。由于$u_C(0_+)=u_C(0_-)=U$，则$U=A=u_C(0_+)$，所以

$$u_C=U\mathrm{e}^{-\frac{1}{RC}t}=u_C(0_+)\mathrm{e}^{-\frac{1}{RC}t}\qquad t\geqslant 0 \tag{5-9}$$

式中，令$\tau=RC$，为RC电路的时间常数，单位是s。τ决定了电压u_C衰减的快慢。

u_C随时间的变化曲线如图5-6所示。其初始值为$u_C(0_+)=U$，按指数规律逐渐衰减到零。

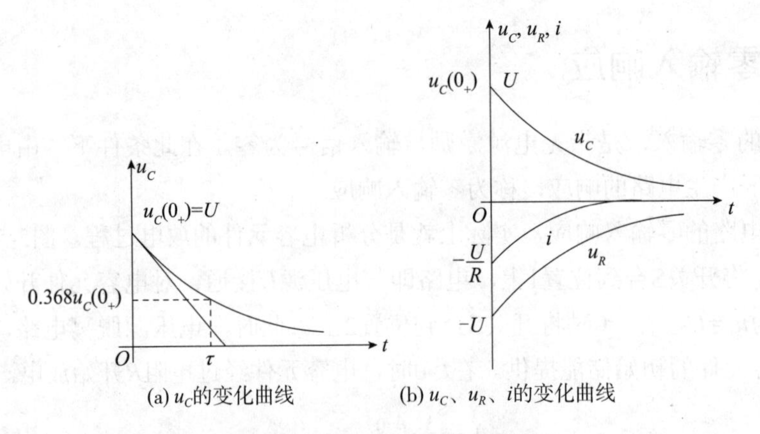

(a) u_C的变化曲线　(b) u_C、u_R、i的变化曲线

图5-6　RC电路的零输入响应

当$t=\tau$时

$$u_C = U\mathrm{e}^{-1} = \frac{U}{2.718} = 0.368U = 0.368u_C(0_+)$$

因此，时间常数τ刚好等于电压u_C衰减到初始值$u_C(0_+)$的36.8%所需要的时间。

从理论上讲，电路只有经过$t=\infty$的时间才能达到新的稳态。但是，由于指数曲线开始变化较快，而后逐渐缓慢，详见表5-1。

表5-1　$\mathrm{e}^{-\frac{t}{\tau}}$随时间而衰减

τ	2τ	3τ	4τ	5τ	6τ
e^{-1}	e^{-2}	e^{-3}	e^{-4}	e^{-5}	e^{-6}
0.368	0.135	0.050	0.018	0.007	0.002

所以，工程上认为经过3τ～5τ的时间，就可达到稳态了。

时间常数τ越大，u_C衰减得越慢。因此，改变电路的时间常数，也就是改变R或C的值，就可以改变电容元件放电的快慢。

而$t\geqslant 0$时电容元件的放电电流i和电阻元件的电压u_R的变化，可根据VCR求得

$$i = C\frac{\mathrm{d}u_C}{\mathrm{d}t} = -\frac{U}{R}\mathrm{e}^{-t/\tau} = -\frac{u_C(0_+)}{R}\mathrm{e}^{-t/\tau} \tag{5-10}$$

$$u_R = Ri = -U\mathrm{e}^{-t/\tau} = -u_C(0_+)\mathrm{e}^{-t/\tau} \tag{5-11}$$

式(5-10)和式(5-11)中的负号表示放电电流的实际方向与参考方向相反，因此，u_C、u_R、i的暂态曲线如图5-6(b)所示。

经过以上分析，用经典法求解u_C为

$$u_C = u_C(0_+)e^{-t/\tau} \tag{5-12}$$

其中，$u_C(0_+)$为电容电压的初始值，$\tau=RC$为电路的时间常数。注意，此处R为等效电阻，其求法如下：在换路后的电路中，将电源置零(电压源视为短路，电流源视为开路)，从储能元件的两端看，电路的等效电阻为R。

【例5.2.1】 如图5-7，开关S闭合前电路已处于稳态。在t=0时，将开关闭合，试求$t\geqslant0$时电压u_C、电流i_C、i_1和i_2。

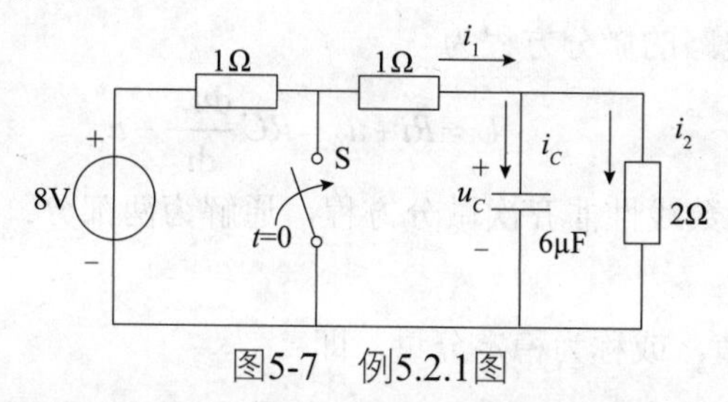

图5-7　例5.2.1图

解：这是一个RC电路零输入响应问题。在t=0₋时，$u_C(0_-)=\dfrac{8}{1+1+2}\times 2=4(\text{V})$。

由换路定律，$u_C(0_+)=u_C(0_-)=4\text{V}$。

在$t\geqslant0$时，左边的8V电压源与1Ω电阻串联支路被短路，对右边电路不起作用。时间常数为$\tau=RC=(1//2)\times 6\times 10^{-6}\,\text{s}=\dfrac{2}{3}\times 6\times 10^{-6}\,\text{s}=4\times 10^{-6}\text{s}$。

由式(5-12)，可得

$$u_C=u_C(0_+)e^{-t/\tau}=4e^{-t/4\times10^{-6}}=4e^{-2.5\times10^5 t}\,\text{V}$$

$$i_C=C\frac{du_C}{dt}=-6e^{-2.5\times10^5 t}\,\text{A}$$

$$i_2=\frac{u_C}{2}=2e^{-2.5\times10^5 t}\,\text{A}$$

$$i_1=i_2+i_C=-4e^{-2.5\times10^5 t}\,\text{A}$$

5.2.2　零状态响应

RC电路的零状态，是指换路前电容元件没有储存能量，即$u_C(0_-)=0$。在此条件下，由电源激励所产生的电路的响应，称为零状态响应。

分析RC电路的零状态响应，实际上就是分析电容元件的充电过程。图5-8为RC串联电路。在t=0时将开关S闭合，电路接通，电容元件开始充电，其电压为u_C。

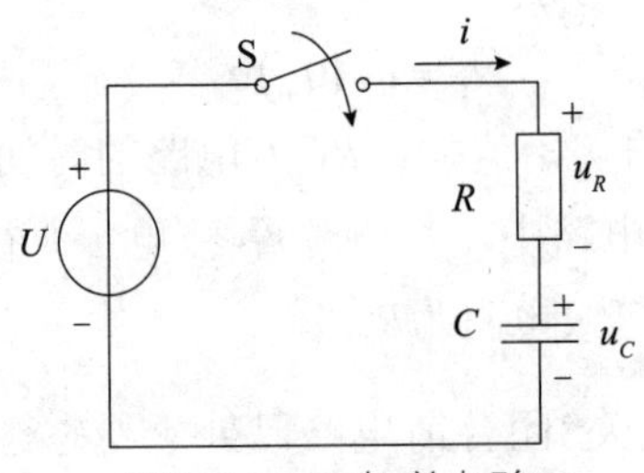

图5-8　RC串联电路

根据KVL，$t \geqslant 0$时电路的微分方程为

$$U = Ri + u_C = RC\frac{\mathrm{d}u_C}{\mathrm{d}t} + u_C \tag{5-13}$$

式(5-13)为一阶常系数线性非齐次微分方程，通解为两部分：一个是特解u_C'；另一个是补函数u_C''。

特解取电路的稳态值，或称为稳定分量，即

$$u_C' = u_C(\infty) = 0$$

补函数是齐次微分方程

$$RC\frac{\mathrm{d}u_C}{\mathrm{d}t} + u_C = 0$$

的通解，其式为

$$u_C'' = A\mathrm{e}^{pt}$$

代入上式，得特征方程

$$RCp + 1 = 0$$

其根为

$$p = -\frac{1}{RC} = -\frac{1}{\tau}$$

因此，式(5-13)的通解为

$$u_C = u_C' + u_C'' = U + A\mathrm{e}^{-\frac{t}{\tau}}$$

设电容元件在换路之前没有储存能量，即它的初始状态或初始值$u_C(0_+)=0$，则$A=-U$，于是得

$$u_C = U - U\mathrm{e}^{-\frac{t}{\tau}} = U\left(1 - \mathrm{e}^{-\frac{t}{\tau}}\right) \tag{5-14}$$

式(5-14)为RC电路零状态响应的表达式，其随时间的变化曲线如图5-9(a)所示。

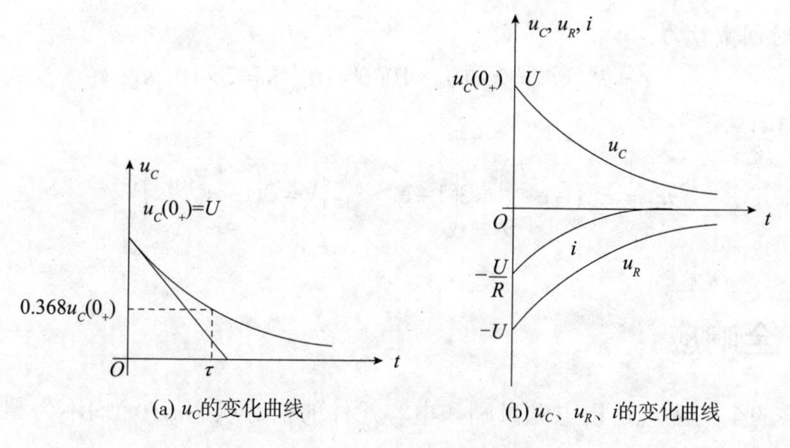

(a) u_C的变化曲线　　(b) u_C、u_R、i的变化曲线

图5-9　RC电路零状态响应

当$t=\tau$时

$$u_C = U\left(1-\mathrm{e}^{-1}\right) = U\left(1-\frac{1}{2.718}\right) = U\left(1-0.368\right) = 63.2\%U$$

即从t=0经过一个τ的时间u_C增长到稳态值U的63.2%。与零输入响应一样，工程上认为经过3τ～5τ的时间，电路就可达到稳态了。

【**例5.2.2**】在图5-10(a)所示的电路中，U=9V，R_1=6kΩ，R_2=3kΩ，C=1000pF，开关闭合之前电容元件未储有能量。试求$t\geqslant 0$的电压u_C。

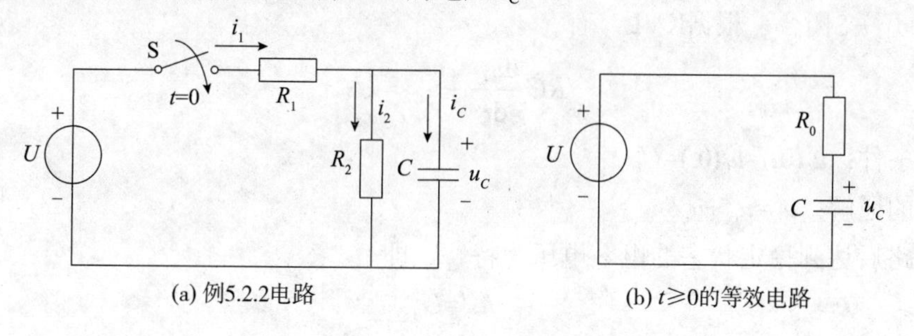

(a) 例5.2.2电路　　(b) $t\geqslant 0$的等效电路

图5-10　例5.2.2的图

解： 应用戴维南定理将换路后的电路化为图5-10(b)的等效电路，其中等效电源的电动势和内阻分别为

$$E = \frac{R_2}{R_1+R_2}U = \frac{3}{6+3}\times 9\mathrm{V} = 3\mathrm{V}$$

$$R_0 = \frac{R_1R_2}{R_1+R_2} = \frac{6\times 3}{6+3}\times 10^3\Omega = 2\mathrm{k}\Omega$$

电路的时间常数为

$$\tau = R_0 \times C = 2\times10^3 \times 1000\times10^{-12}\,\mathrm{s} = 2\times10^{-6}\,\mathrm{s}$$

由式(5-14)得

$$u_C = E\left(1-\mathrm{e}^{-\frac{t}{\tau}}\right) = 3\left(1-\mathrm{e}^{-\frac{t}{2\times10^{-6}}}\right)\mathrm{V} = 3\left(1-\mathrm{e}^{-5\times10^{5}t}\right)\mathrm{V}$$

5.2.3 全响应

RC电路的全响应，是指电源激励和电容元件的初始状态$u_C(0_+)$均不为零时电路的响应，也就是零输入响应和零状态响应的叠加。

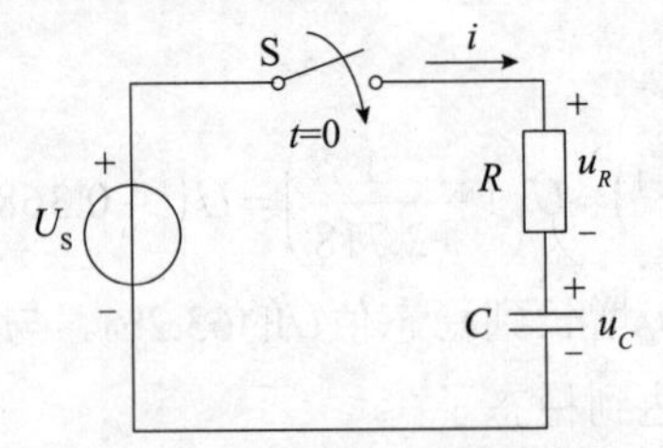

图5-11 RC电路的全响应

图5-11为已充电的电容经过电阻接到直流电压源U_S。设电容元件的原有电压为$u_C(0_-)=U_0$。在t=0时将开关S闭合。根据KVL，有

$$RC\frac{\mathrm{d}u_C}{\mathrm{d}t} + u_C = U_S$$

初始条件：$u_C(0_+)=u_C(0_-)=U_0$

方程的通解：$u_C=u_C'+u_C''$

取换路后达到稳定状态的电容电压为特解，即

$$u_C'=U_S$$

u_C''为上述微分方程对应的齐次方程的通解

$$u_C'' = A\mathrm{e}^{-\frac{t}{\tau}}$$

其中$\tau=RC$为电路的时间常数，所以有

$$u_C = U_S + A\mathrm{e}^{-\frac{t}{\tau}} \tag{5-15}$$

将初始条件$u_C(0_+)=u_C(0_-)=U_0$代入式(5-15)，得

$$A=U_0-U_S$$

所以电容电压

$$u_C = U_S + Ae^{-\frac{t}{\tau}} = U_S + (U_0 - U_S)e^{-\frac{t}{\tau}} \tag{5-16}$$

这就是电容电压在$t \geqslant 0$时的全响应。

把式(5-16)写成

$$u_C = U_0 e^{-\frac{t}{\tau}} + U_S\left(1 - e^{-\frac{t}{\tau}}\right) \tag{5-17}$$

可以看出，式(5-17)等号右边的第一项为电路的零输入响应，第二项为电路的零状态响应，这说明全响应是零输入响应和零状态响应的叠加，即

全响应=(零输入响应)+(零状态响应)

从式(5-15)还可以看出，等号右边的第一项为电路微分方程的特解，其变化规律与电路施加的激励相同，所以称为强制分量，第二项对应的是微分方程的通解，它的变化规律取决于电路参数而与外施激励无关，所以称为自由分量。因此，全响应又可以用强制分量和自由分量表示，即

全响应=(强制分量)+(自由分量)

在直流或正弦激励的一阶电路中，常取换路后达到新的稳态解作为特解，而自由分量随着时间的增长按指数规律逐渐衰减到零，所以又常将全响应看作稳态分量和暂态分量的叠加，即

全响应=(稳态分量)+(暂态分量)

【例5.2.3】在图5-12中，已知U_1=3V，U_2=5V，R_1=1kΩ，R_2=2kΩ，C=3μF。开关动作之前在1位置很长时间，在t=0时将开关S合到2位置，试求电容电压u_C。

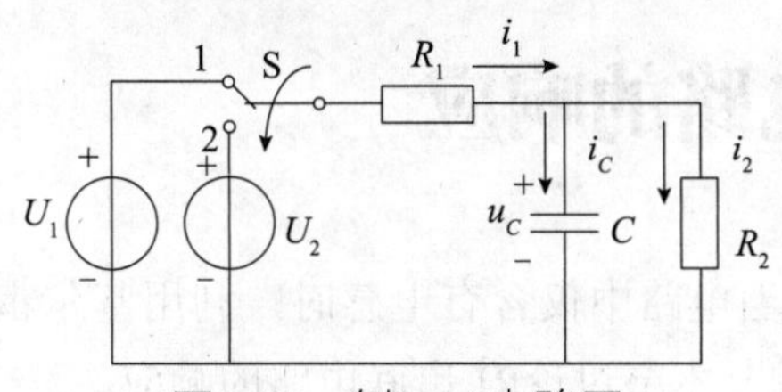

图5-12　例5.2.3电路图

解：这是RC电路的全响应问题。

在$t=0_-$时

$$u_C(0_-) = \frac{R_2}{R_1 + R_2}U_1 = \frac{2}{1+2} \times 3\text{V} = 2\text{V}$$

由换路定律，得初始值$u_C(0_+)=u_C(0_-)=2V$

在$t \geqslant 0$时，根据KVL，列出

$$i_1-i_2-i_C=0$$

代入元件VCR及欧姆定律，得

$$\frac{U_2-u_C}{R_1}-\frac{u_C}{R_2}-C\frac{\mathrm{d}u_C}{\mathrm{d}t}=0$$

经整理后，得

$$R_1C\frac{\mathrm{d}u_C}{\mathrm{d}t}+\left(1+\frac{R_1}{R_2}\right)u_C=U_2$$

代入数值，得

$$1\times10^3\times3\times10^{-6}\frac{\mathrm{d}u_C}{\mathrm{d}t}+\left(1+\frac{1}{2}\right)u_C=5$$

解之，得

$$u_C=u_C{}'+u_C{}''=\left(\frac{10}{3}+A\mathrm{e}^{-\frac{t}{\tau}}\right)\mathrm{V}$$

其中，$\tau=R_0C=(R_1 /\!/ R_2)C=\frac{2}{3}\times10^3\times3\times10^{-6}\,\mathrm{s}=2\times10^{-3}\,\mathrm{s}$

由初始条件$u_C(0_+)=u_C(0_-)=2V$，解出$A=-\frac{4}{3}$，所以

$$u_C=\left(\frac{10}{3}-\frac{4}{3}\mathrm{e}^{-\frac{t}{2\times10^{-3}}}\right)\mathrm{V}=\left(\frac{10}{3}-\frac{4}{3}\mathrm{e}^{-500t}\right)$$

5.3 RL串联电路的响应

同RC串联电路类似，当电路中仅含有电感时，利用基尔霍夫定律所列出的回路电压方程也是一个一阶微分方程。本节讨论RL串联电路的响应。

5.3.1 零输入响应

图5-13为RL串联电路。在换路之前，开关S合在1位置，电感元件中通有电流，

$i(0_-)=i_0=\dfrac{U}{R}$。在t=0时将开关从1位置合到2位置，此时电源未连入电路中，而电感元件已有储能i_0，$i_L(0_+)=i_L(0_-)=i_0=\dfrac{U}{R}$。

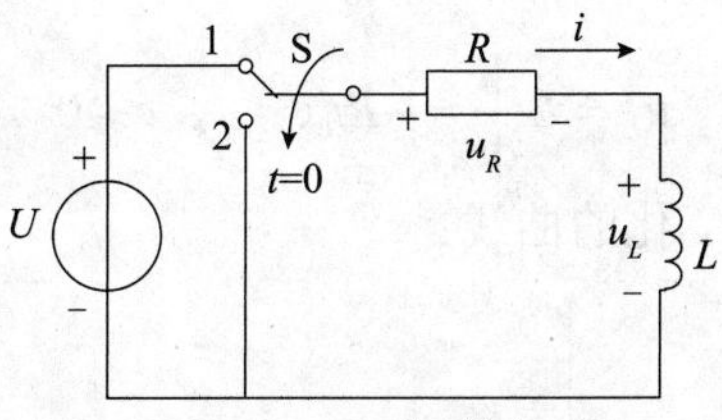

图5-13　RL串联电路

根据KVL，列写$t\geqslant0$时电路的微分方程

$$u_R+u_L=0 \tag{5-18}$$

由元件VCR

$$u_R=Ri，\ u_L=L\frac{\mathrm{d}i}{\mathrm{d}t} \tag{5-19}$$

将式(5-19)代入式(5-18)，得

$$Ri+L\frac{\mathrm{d}i}{\mathrm{d}t}=0 \tag{5-20}$$

式(5-20)为一阶线性常系数齐次微分方程。

其特征方程为

$$R+Lp=0$$

其特征根为

$$p=-\frac{R}{L}$$

式(5-20)的通解为

$$i=A\mathrm{e}^{pt}=A\mathrm{e}^{-\frac{R}{L}t}$$

由初始条件确定A

$$i(0_+)=i_0=A$$

因此，RL电路的零输入响应为

$$i=i_0\mathrm{e}^{-\frac{t}{\tau}}=i(0_+)\mathrm{e}^{-\frac{t}{\tau}}\qquad t\geqslant0 \tag{5-21}$$

式(5-21)为零输入响应的公式。式中，RL电路的时间常数为

$$\tau=\frac{L}{R} \tag{5-22}$$

同RC电路一样，τ的量纲是s。

由式(5-21)可以得出u_R、u_L的响应如下

$$u_R = Ri = Ri_0 e^{-\frac{t}{\tau}} \qquad t \geqslant 0$$

$$u_L = L\frac{di}{dt} = -Ri_0 e^{-\frac{t}{\tau}} \qquad t \geqslant 0$$

图5-14为i、u_R、u_L随时间变化的曲线。

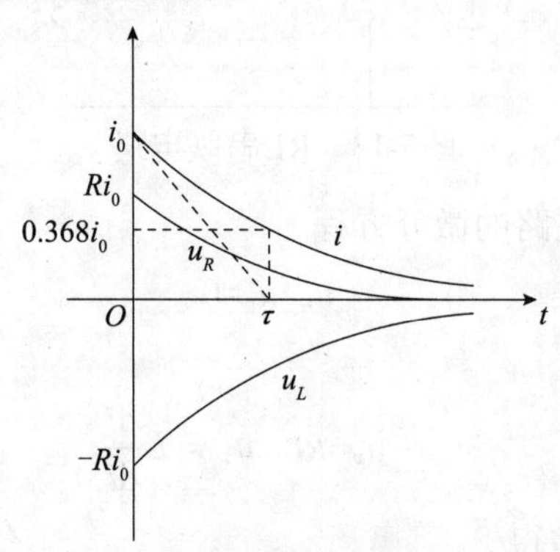

图5-14　RL电路的零输入响应

【例5.3.1】如图5-15所示，开关S动作之前已达稳态，在t=0时将S闭合，求$t \geqslant 0$时的i、u_R。

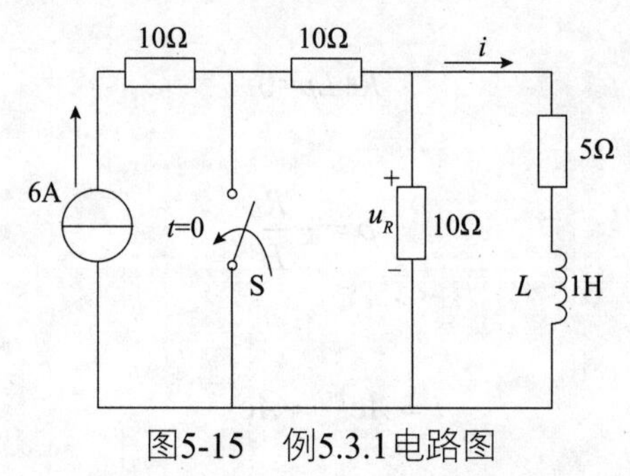

图5-15　例5.3.1电路图

解：(1) 先求初始值

在开关闭合之前，$i(0_-) = \dfrac{10}{10+5} \times 6 = 4(\text{A})$

由换路定律，得

$$i(0_+) = i(0_-) = 4\text{A}$$

$$u_R(0_+) = i(0_+) \times 5\Omega = 20\text{V}$$

(2) 求时间常数τ

$$\tau = \frac{L}{R_0} = \frac{1}{(10//10)+5} = 0.1\text{s}$$

(3) 代入到零输入响应的公式中，得

$$i = i(0_+)\mathrm{e}^{-\frac{t}{\tau}} = 4\mathrm{e}^{-10t}\text{A} \qquad t \geqslant 0$$

$$u_R = u_R(0_+)\mathrm{e}^{-\frac{t}{\tau}} = 20\mathrm{e}^{-10t}\text{V} \qquad t \geqslant 0$$

5.3.2 零状态响应

图5-16为RL串联电路，开关动作之前电感没有储存能量，即$i(0_-)=0$，在$t=0$时将S闭合，电路即与一恒压源U接通，其中电流为i。i完全由电压源提供，为零状态响应。

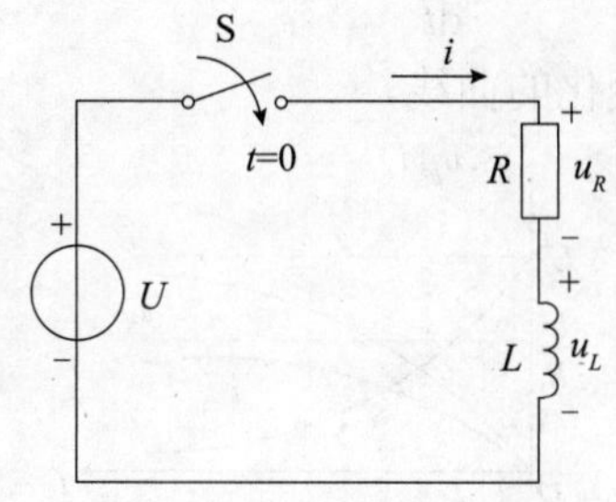

图5-16　RL串联电路

由KVL，列出$t \geqslant 0$时电路的微分方程

$$U = Ri + L\frac{\mathrm{d}i}{\mathrm{d}t} \tag{5-23}$$

式(5-23)为一阶常系数线性非齐次微分方程，通解为

$$i=i'+i''$$

其中，i'为稳态分量，显然

$$i' = i(\infty) = \frac{U}{R}$$

i''为暂态分量，它的解为对应的齐次微分方程的解(零输入响应)

$$i'' = A\mathrm{e}^{-\frac{t}{\tau}}$$

所以

$$i = i(\infty) + A\mathrm{e}^{-\frac{t}{\tau}}$$

由初始值确定A，由换路定律，得$i(0_+)=i(0_-)=0$，所以

$$i(0_+)=0=i(0_-)+A$$

$$A=-\frac{U}{R}$$

则零状态响应的电流为

$$i=i(\infty)-i(\infty)\mathrm{e}^{-\frac{t}{\tau}}=i(\infty)\left(1-\mathrm{e}^{-\frac{t}{\tau}}\right)\qquad t\geqslant 0 \tag{5-24}$$

式(5-24)即RL电路零状态响应公式。同样，可以得出u_R、u_L的响应如下

$$u_R=Ri=U\left(1-\mathrm{e}^{-\frac{t}{\tau}}\right)\qquad t\geqslant 0$$

$$u_L=L\frac{\mathrm{d}i}{\mathrm{d}t}=U\mathrm{e}^{-\frac{t}{\tau}}\qquad t\geqslant 0$$

图5-17为i、u_R、u_L随时间变化的曲线。

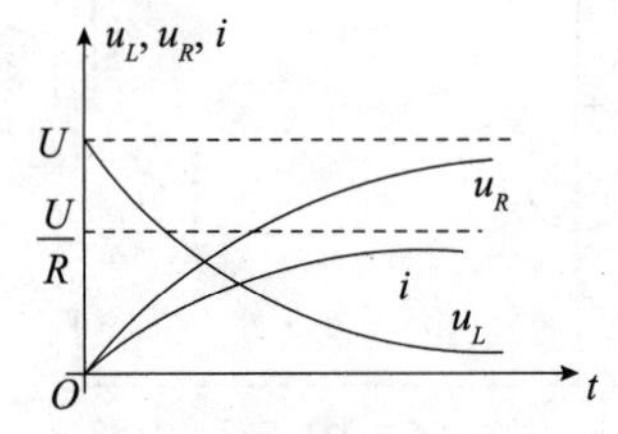

图5-17　RL电路的零状态响应

【例5.3.2】图5-18电路中，在t=0时将S闭合，求$t\geqslant 0$时的i、u_R、u_L。其中，U=80V，$R_1=R_2=10\Omega$，$R=5\Omega$，L=2H。

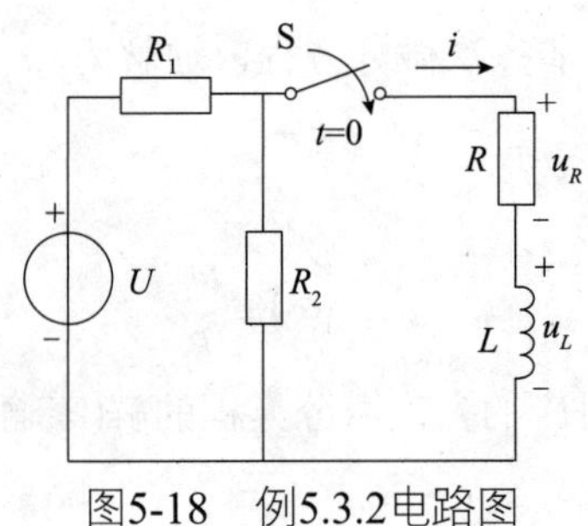

图5-18　例5.3.2电路图

解：(1) 先求初始值

S断开时　　　　　　　　　　$i(0_-)=0$

由换路定律，得

$$i(0_+)=i(0_-)=0$$

(2) 求时间常数τ

$$\tau=\frac{L}{R_0}=\frac{L}{(R_1 /\!/ R_2)+R}=\frac{2}{(10 /\!/ 10)+5}=0.2\text{s}$$

(3) 求稳态值

$$i(\infty)=\frac{U}{R_1+(R_2 /\!/ R)}\times\frac{R_2}{R_2+R}\text{A}=4\text{A}$$

(4) 应用零状态响应公式，得

$$i=i(\infty)\left(1-\mathrm{e}^{-\frac{t}{\tau}}\right)=4\left(1-\mathrm{e}^{-\frac{t}{0.2}}\right)=4\left(1-\mathrm{e}^{-5t}\right)\text{A}\qquad t\geqslant 0$$

$$u_R=iR=20\left(1-\mathrm{e}^{-5t}\right)\text{V}\qquad t\geqslant 0$$

$$u_L=L\frac{\mathrm{d}i}{\mathrm{d}t}=40\mathrm{e}^{-5t}\text{V}\qquad t\geqslant 0$$

5.3.3 全响应

在图5-19中，电源电压为U，电感元件有初始储能，即$i(0_-)=I_0$。在$t=0$时将S闭合，在$t\geqslant 0$电路为全响应电路。

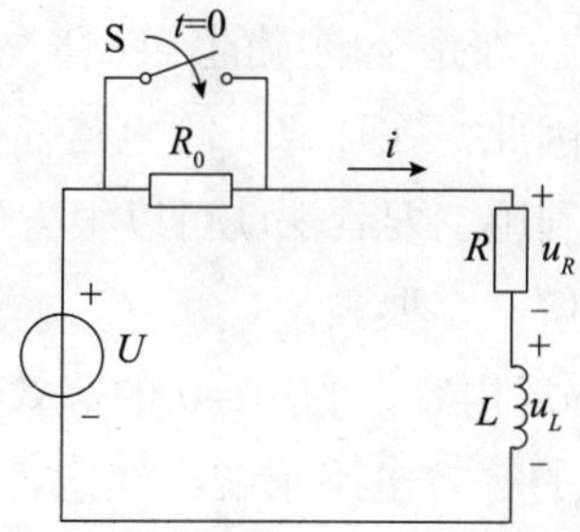

图5-19　RL电路的全响应

$t\geqslant 0$时电路的微分方程与式(5-23)一样，为

$$U=Ri+L\frac{\mathrm{d}i}{\mathrm{d}t}$$

其通解为

$$i=\frac{U}{R}+\left(I_0-\frac{U}{R}\right)\mathrm{e}^{-\frac{t}{\tau}}\tag{5-25}$$

式中，等号右边第一项为稳态分量，第二项为暂态分量。两者相加为全响应。

式(5-25)也可写成

$$i = I_0 e^{-\frac{t}{\tau}} + \frac{U}{R}\left(1 - e^{-\frac{t}{\tau}}\right) \tag{5-26}$$

式中，等号右边第一项为零输入响应，第二项为零状态响应。两者相加为全响应。

5.4 一阶线性电路暂态过程分析的三要素法

只有一个储能元件(电容或电感)或可以等效为一个储能元件的电路，在实际工作中被广泛应用。为了能更方便地求解响应，人们总结出一种很实用的方法，即三要素法。

通过前几节的分析可知，一阶电路的全响应等于该电路的暂态分量与稳态分量之和。如果用$f(t)$表示待求的一阶电路的全响应，用$f(\infty)$表示$t=\infty$时的稳态分量，$f(0_+)$表示初始值，则全响应的一般表达式可写成

$$f(t) = f(\infty) + \left[f(0_+) - f(\infty)\right]e^{-\frac{t}{\tau}} \tag{5-27}$$

只要求得$f(0_+)$、$f(\infty)$和τ这三个要素，就可以直接写出电路的响应(电流或电压)。而电路响应的变化曲线，都是按指数规律变化的(增长或衰减)。

由于零输入响应和零状态响应都是全响应的特殊情况，故式(5-27)也可用来求一阶电路的零输入响应和零状态响应。因此，在计算一阶电路任何一种暂态过程的响应时，都不需要列出和求解微分方程，只需利用三要素法就可以很方便地求解。

应用三要素法的关键在于求解三个要素。

(1) 初始值$f(0_+)$。根据5.1节描述内容，利用$t=0_+$的等效电路来求解。

(2) 稳态值$f(\infty)$。利用$t=\infty$时的等效电路求解。注意，$t=\infty$，电路已达新的稳态，即电容元件相当于开路，电感元件相当于短路。

(3) 时间常数τ。在$t \geqslant 0$时，先求出从储能元件两端看去的等效电阻R_0，再求τ。若RC电路，则$\tau=R_0C$；若RL电路，则$\tau = \dfrac{L}{R_0}$。

【例5.4.1】 在图5-20电路中，已知$U_S=6V$，$I_S=2A$，$R_1=R_2=3\Omega$，$C=1F$。开关闭合前$u_C=6V$。试用三要素法求开关S闭合后的u_C和i_C。

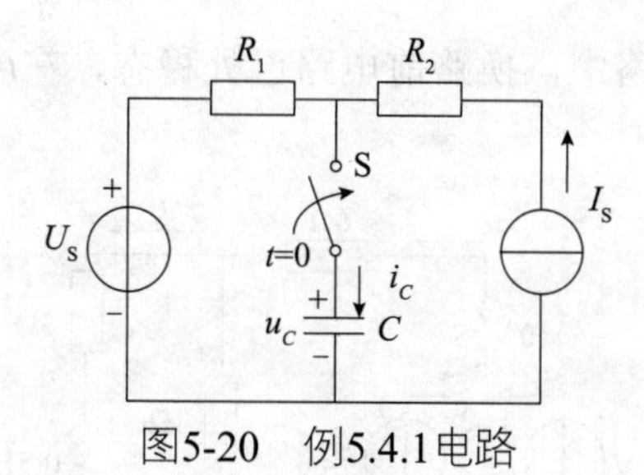

图5-20 例5.4.1电路

解： 方法一：

(1) 求初始值

$$u_C(0_+)=u_C(0_-)=6\text{V}$$

$$i_C(0_+)=\frac{U_S-u_C(0_+)}{R_1}+I_S=\left(\frac{6-6}{3}+2\right)\text{A}=2\text{A}$$

(2) 求稳态值

$$u_C(\infty)=U_S+R_1I_S=(6+3\times2)\text{V}=12\text{V}$$

$$i_C(\infty)=0$$

(3) 求时间常数

$$\tau=R_0C=R_1C=3\times1\text{s}=3\text{s}$$

(4) 用三要素法求响应u_C和i_C

$$u_C(t)=u_C(\infty)+[u_C(0_+)-u_C(\infty)]\text{e}^{-\frac{t}{\tau}}=\left[12+(6-12)\text{e}^{-\frac{t}{3}}\right]\text{V}=\left(12-6\text{e}^{-\frac{t}{3}}\right)\text{V}$$

$$i_C(t)=i_C(\infty)+[i_C(0_+)-i_C(\infty)]\text{e}^{-\frac{t}{\tau}}=\left[0+(2-0)\text{e}^{-\frac{t}{3}}\right]\text{A}=2\text{e}^{-\frac{t}{3}}\text{A}$$

方法二：

(1) 先用三要素法求出

$$u_C(t)=u_C(\infty)+[u_C(0_+)-u_C(\infty)]\text{e}^{-\frac{t}{\tau}}=\left(12-6\text{e}^{-\frac{t}{3}}\right)\text{V}$$

(2) 利用电容元件VCR，求出i_C，即

$$i_C=C\frac{\text{d}u_C}{\text{d}t}=1\times(-6)\left(-\frac{1}{3}\right)\text{e}^{-\frac{t}{3}}=2\text{e}^{-\frac{t}{3}}\text{A}$$

与方法一的结果相同。

【例5.4.2】在图5-21电路中，换路前电路已处稳态，在t=0时将开关由1位置变为2位置，试求电流i和i_L。

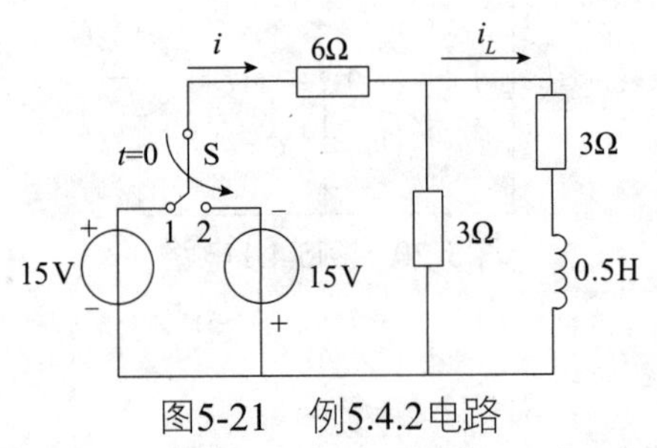

图5-21　例5.4.2电路

解：(1)求初始值

$$i_L(0_+)=i_L(0_-)=\frac{15}{6+(3//3)}\times\frac{1}{2}=1(\mathrm{A})$$

求$i(0_+)$，要画出$t=0_+$等效电路，如图5-22所示。

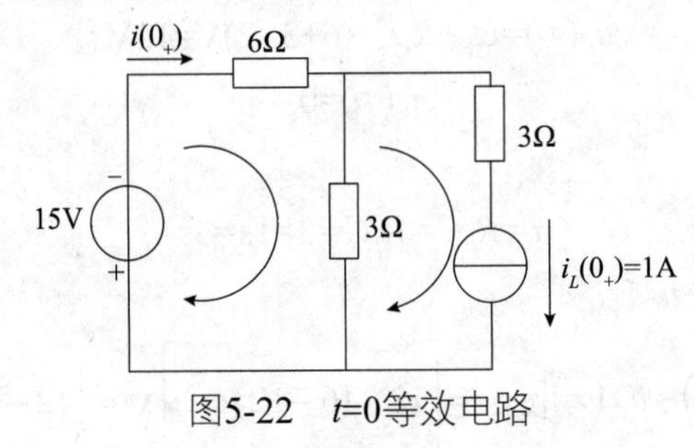

图5-22　t=0等效电路

应用网孔法，则有

$$6i(0_+)+3[i(0_+)-1]=-15$$

解得

$$i(0_+)=-\frac{4}{3}\,\mathrm{A}$$

(2) 求稳态值

$t=\infty$时电感元件相当于短路，电路如图5-23所示。

$$i(\infty)=-\frac{15}{6+(3//3)}=-2\mathrm{A}$$

$$i_L(\infty)=\frac{1}{2}i(\infty)=-1\mathrm{A}$$

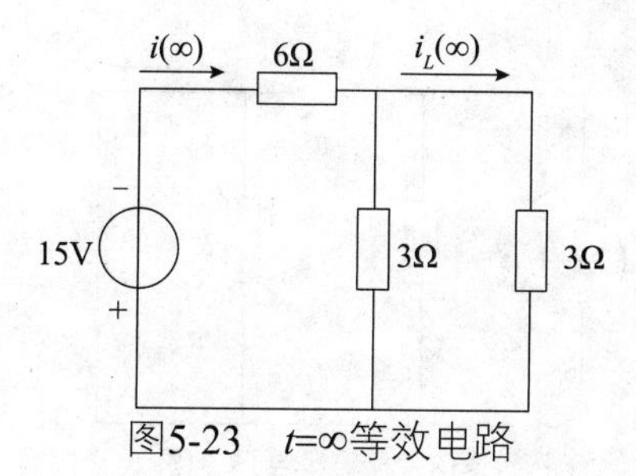

图5-23　t=∞等效电路

(3) 求时间常数

$$\tau=\frac{L}{R_0}=\frac{0.5}{3+\left(6//3\right)}=0.1\text{s}$$

(4) 用三要素法求i和i_L

$$i(t)=i(\infty)+\left[i(0_+)-i(\infty)\right]\text{e}^{-\frac{t}{\tau}}=-2+\left[-\frac{4}{3}-(-2)\right]\text{e}^{-\frac{t}{0.1}}=(-2+\frac{2}{3}\text{e}^{-10t})\text{A}$$

$$i_L(t)=i_L(\infty)+\left[i_L(0_+)-i_L(\infty)\right]\text{e}^{-\frac{t}{\tau}}=(-1+2\text{e}^{-10t})\text{A}$$

本章习题

5.1 求图5-24所示的电路中，各电流和电压的初始值。设开关S闭合前电感元件和电容元件均未储能，U=12V，R_1=10Ω，R_2=R_3=20Ω。

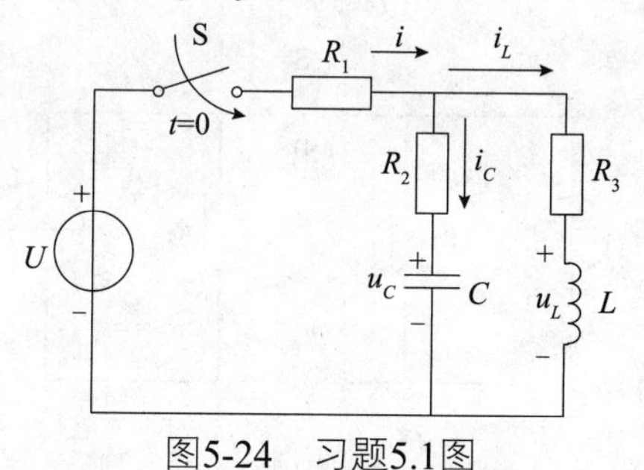

图5-24　习题5.1图

5.2 图5-25所示的电路原已稳定，R_1=R_2=40Ω，C=50μF，I_S=2A，t=0时开关S闭合，试求换路后的u_C、i_C。

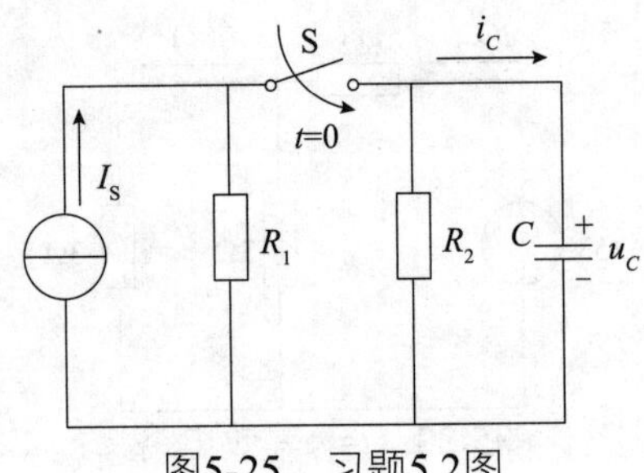

图5-25　习题5.2图

5.3 图5-26所示的电路原已稳定，U_{S1}=12V，U_{S2}=9V，R_1=30Ω，R_2=20Ω，R_3=60Ω，C=0.05F，试求换路后的u_C。

5.4 图5-27所示的电路中，开关S闭合前电路已处于稳态，试确定S闭合后电压u_C和电流i_C、i_1、i_2的初始值和稳态值。

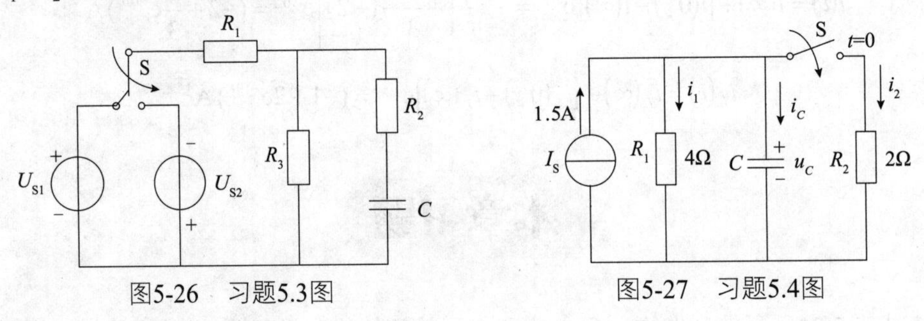

图5-26　习题5.3图　　　　图5-27　习题5.4图

5.5 在图5-28所示的电路中，已知U_S=6V，I_S=2A，R_1=R_2=6Ω，L=3H。用三要素法求S闭合后的响应i_L和u_L。

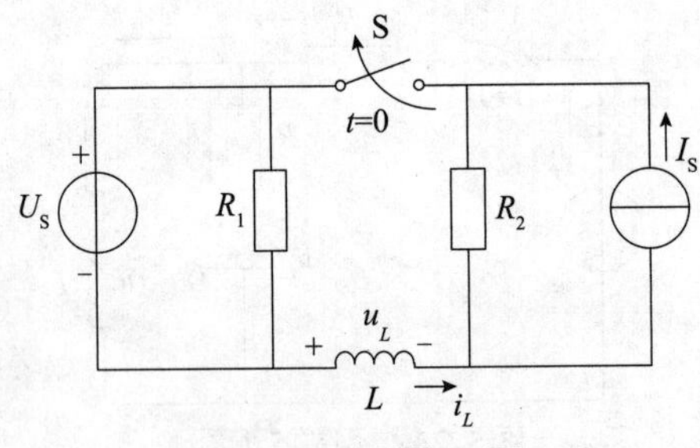

图5-28　习题5.5图

5.6 图5-29所示的电路原已处于稳态，试用三要素法求开关S闭合后的u_C和u_R。

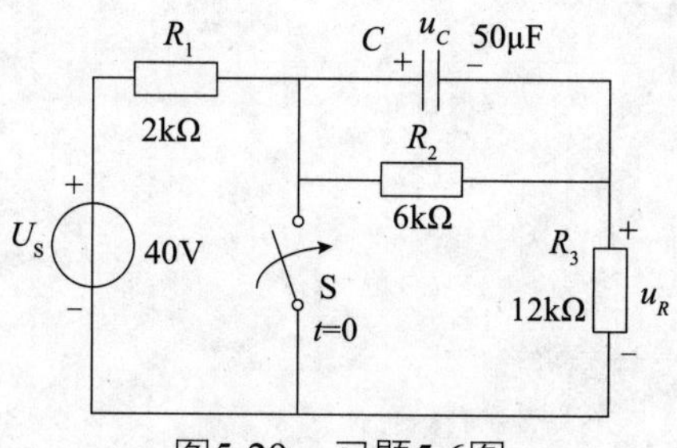

图5-29　习题5.6图

5.7 如图5-30所示的电路原已处于稳态，试用三要素法求开关S断开后的i_L和u_L。

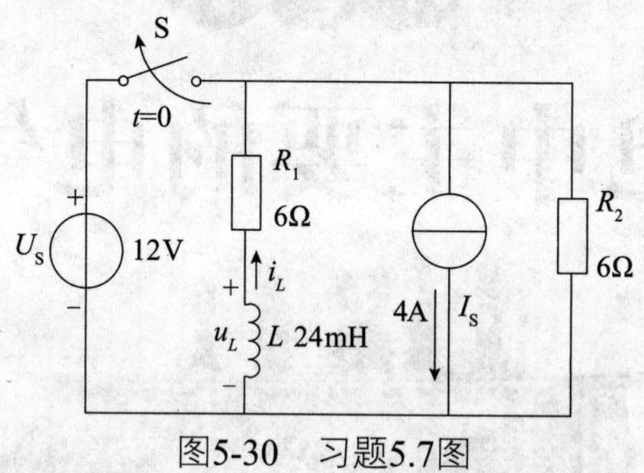

图5-30　习题5.7图

第6章

供配电中主要的电气设备

本章主要介绍变压器、线路导线、断路器、开关、熔断器的结构及工作原理、分类、选择原则、运行特性、故障处理措施等方面的内容，使读者能对供配电中主要电气设备的专业知识有个宏观的认识和了解。

6.1 变压器的选择

6.1.1 变压器的结构与工作原理

变压器是利用电磁感应原理，从一个电路向另一个电路传递电能或传输信号的一种电器，是电力系统中生产、输送、分配和使用电能的重要装置，也是电力拖动系统和自动控制系统中，电能传递或信号传输的重要元件。

在本书中主要介绍电力变压器的相关内容。

1. 变压器的分类

电力变压器的种类很多，分类如下。

(1) 按变压功能分，有升压变压器和降压变压器。

(2) 按容量分，有R8容量系列和R10容量系列。

(3) 按相数分，有单相和三相两大类。

(4) 按调压方式分，有无载调压(又称无激磁调压)和有载调压两大类。

(5) 按绕组(线圈)导体材质分，有铜绕组和铝绕组两大类。

(6) 按绕组形式分，有双绕组变压器、三绕组变压器和自耦变压器。

(7) 按绕组绝缘及冷却方式分，有油浸式、干式和充气式(SF6)等变压器。其中油浸式变压器又有油浸自冷式、油浸风冷式、油浸水冷式和强迫油循环冷却式等。

(8) 按用途分，有普通电力变压器、全封闭变压器和防雷变压器等。采用较多的是普通电力变压器，只在易燃易爆场所及安全要求特别高的场所采用全封闭变压器，在多雷区采用防雷变压器。

2. 变压器的结构

变压器由铁芯、绕组、油箱、冷却装置、分接开关、绝缘套管、保护装置等部分组成。

3. 变压器的工作原理

变压器就是按照“动电生磁，动磁生电”的电磁感应原理制成的。变压器基本工作原理示意图如图6-1所示。为了便于分析，将高压绕组和低压绕组分别画在两边。一次绕组、二次绕组的匝数分别为N_1和N_2。

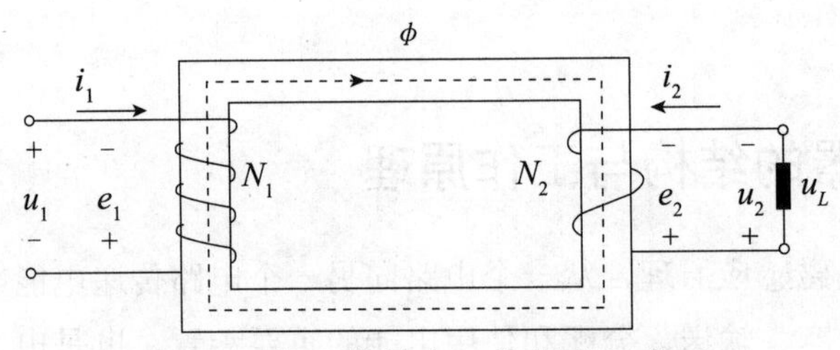

图6-1 变压器基本工作原理示意图

当一次绕组接上交流电压u_1时，一次绕组中便有电流i_1通过。一次绕组的磁通势N_1i_1产生的磁通绝大部分通过铁芯而闭合，从而在二次绕组中感应出电动势。如果二次绕组接有负载，那么二次绕组中就有电流i_2通过。二次绕组的磁通势N_2i_2也产生磁通，其绝大部分也通过铁芯而闭合。因此，铁芯中的磁通是一个由一次、二次绕组的磁通势共同产生的合成磁通，它称为主磁通，用Φ表示。主磁通穿过一次绕组和二次绕组而在其中感应出的电动势分别为e_1和e_2。此外，一次、二次绕组的磁通势还分别产生漏磁通$\Phi_{\sigma 1}$和$\Phi_{\sigma 2}$(仅与本绕组相链)，从而在各自的绕组中分别产生漏磁电动势$e_{\sigma 1}$和$e_{\sigma 2}$。

6.1.2 变压器的运行特性

变压器的运行特性主要有外特性及效率特性。

1. 电压变化率和外特性

1) 电压变化率

变压器副绕组电压随负载变化的程度用电压变化率来表示。

电压变化率ΔU是指原绕组额定电压、负载功率因数一定，空载与负载时副绕组电压之差$(U_{20}-U_2)$用额定电压U_{2N}的百分数表示的数值，即

$$\Delta U=\frac{U_{20}-U_2}{U_{2N}}\times 100\%=\frac{U_{2N}-U_2}{U_{2N}}\times 100\%=\frac{U_{1N}-U_2'}{U_{1N}}\times 100\% \tag{6-1}$$

变压器的电压变化率表征了供电电压的稳定性，反映了电网供电质量，所以它是变压器的一个重要的性能指标。

变压器等效电路图如图6-2所示。

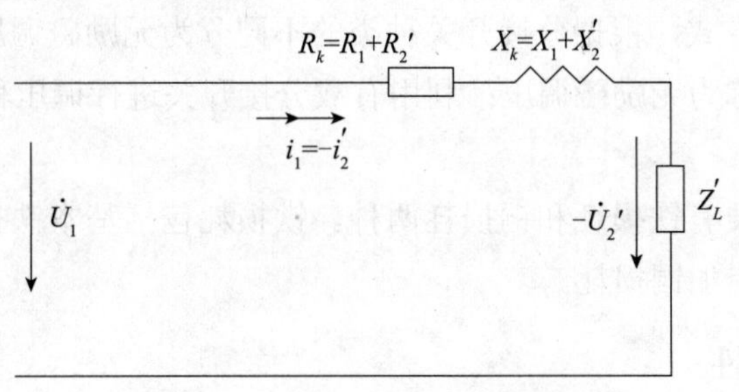

图6-2 变压器等效电路图

电压平衡方程式为

$$\dot{U}_1=-\dot{U}'_2+\dot{I}_1(R_k+jX_k) \tag{6-2}$$

2) 变压器的外特性

变压器的外特性是指原绕组电压为额定电压，负载功率因数$\cos\varphi_2$为常数时，副绕组电压随负载电流I_2的变化规律。变压器的外特性曲线如图6-3所示。

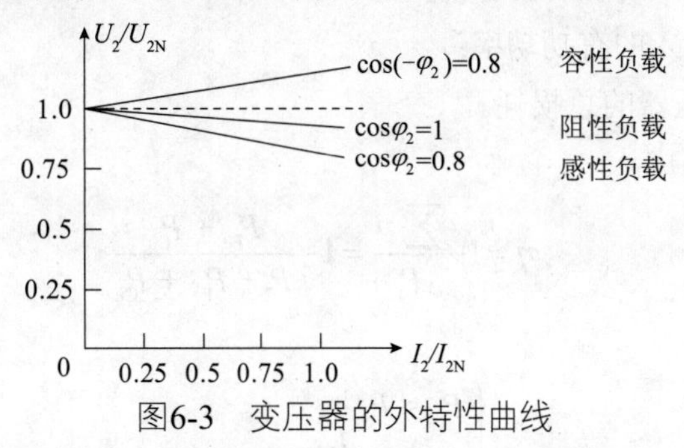

图6-3 变压器的外特性曲线

一般情况下，额定负载下，功率因数$\cos\varphi_2$为指定时(通常为0.8滞后)的电压变化率ΔU为额定电压变化率。ΔU是变压器的主要性能指标之一。通常ΔU=50%左右，所以电力变压器的高压绕组均有+5%的抽头，以便进行电压调整。

在电力变压器中，$X^*_k>>R^*_k$，当变压器带纯电阻负载时，电压变化率小且为正，说明负载变大时二次绕组电压下降得很小，外特性是下降的；带阻感性负载时，电压变化率大，且为正值，说明二次绕组电压随负载的增大而下降且在同一负载下，感性负载时端电压的下降量比纯阻性负载时大；带阻容性负载时，电压调整率可能为正值，也可能为负值，当电压调整率为负值时，说明随负载增大，二次绕组电压升高，外特性可能上翘。

3) 电压调整

为了保证二次绕组电压在允许范围之内，通常在变压器的高压侧设置抽头，并装设分接开关，调节变压器高压绕组的工作匝数，来调节变压器的二次电压。

电压调整有两种方式，根据分接开关种类的不同分为无励磁调压和有载调压。利用无载分接开关进行调压称为无励磁调压；利用有载分接开关进行调压称为有载调压。

4) 损耗特性

变压器的损耗主要有铁损耗和铜损耗两种。铁损耗包括基本铁损耗和附加铁损耗。铜损耗分基本铜损耗和附加铜损耗。

2. 变压器效率特性

1) 效率

变压器的效率是指变压器的输出功率与输入功率的比值，计算公式如下所示

$$\eta = \frac{P_2}{P_1} \times 100\% \tag{6-3}$$

$$P_2 = P_1 - \sum p \tag{6-4}$$

式中，P_2——副绕组输出的有功功率；

P_1——原绕组输入的有功功率；

$\sum p$——代表变压器的总损耗。

效率公式还可以写成

$$\eta = 1 - \frac{\sum p}{P_1} = 1 - \frac{P_{\mathrm{Fe}} + P_{\mathrm{Cu}}}{P_2 + P_{\mathrm{Fe}} + P_{\mathrm{Cu}}} \tag{6-5}$$

其中

$$\begin{cases} P_{\mathrm{Fe}} = P_{\mathrm{o}} \\ P_{\mathrm{Cu}} = \left(\frac{I_2}{I_{2\mathrm{N}}}\right)^2 P_{\mathrm{SN}} = \beta^2 P_{\mathrm{SN}} \\ P_2 = \beta S_{\mathrm{N}} \cos\varphi_2 \end{cases}$$

对上述式子进行说明：

(1) 以额定电压下的空载损耗P_{o}作为P_{Fe}，并不随负载变化；

(2) 以额定电流时的额定负载损耗(亦称铜损或短路损耗)P_{SN}作为P_{Cu}，$P_{Cu}=\beta^2 P_{\mathrm{SN}}$；

(3) S_{N}为变压器的额定容量，也称装机容量；

(4) 计算P_2时，忽略负载时U_2的变化。

P_2的计算：

若忽略副绕组电压接负载时的变化，则

$$U_2 \approx U_{2N} \tag{6-6}$$

① 单相变压器

$$P_2 = U_2 I_2 \cos\varphi_2 \approx U_{2N} \frac{I_2}{I_{2N}} I_{2N} \cos\varphi_2 = U_{2N} \beta I_{2N} \cos\varphi_2 = \beta S_N \cos\varphi_2 \tag{6-7}$$

② 三相变压器

$$P_2 = \sqrt{3} U_2 I_2 \cos\varphi_2 \approx \sqrt{3} U_{2N} \frac{I_2}{I_{2N}} I_{2N} \cos\varphi_2 = \sqrt{3} U_{2N} \beta I_{2N} \cos\varphi_{2N} = \beta S_N \cos\varphi_2 \tag{6-8}$$

上述两个式子的结果是一样的。

变压器的效率公式亦可写成

$$\begin{aligned} \eta &= (1 - \frac{P_o + \beta^2 P_{SN}}{\beta S_N \cos\varphi_2 + P_o + \beta^2 P_{SN}}) \times 100\% \\ &= \frac{\beta S_N \cos\varphi_2}{\beta S_N \cos\varphi_2 + P_o + \beta^2 P_{SN}} \times 100\% = \frac{S_N \cos\varphi_2}{S_N \cos\varphi_2 + \frac{P_o}{\beta} + \beta P_{SN}} \times 100\% \end{aligned} \tag{6-9}$$

β一定时，$\cos\varphi_2 \uparrow \Rightarrow \eta \uparrow$；$\cos\varphi_2$一定时，$\eta = f(\beta)$满足效率特性曲线。

令$\frac{d\eta}{d\beta} = 0$，则

$$\beta^2_m P_{SN} = P_o 或 \beta_m = \sqrt{\frac{P_o}{P_{SN}}} \tag{6-10}$$

即当铜损耗等于铁损耗(可变损耗等于不变损耗)时，变压器效率最大

$$\eta_{max} = (1 \frac{2P_o}{\beta_m S_N \cos\varphi_2 + 2P_o}) \times 100\% \tag{6-11}$$

【例题6.1.1】一台三相变压器，S_N=1000kVA，U_{1N}/U_{2N}=10 000V/400V，Y-d接法。空载损耗P_o=4.9kW；短路损耗P_{SN}=15kW。试求：

(1) 计算满载及$\cos\varphi_2$=0.8(滞后)时的效率；

(2) $\cos\varphi_2$=0.8(滞后)时的最高效率；

(3) $\cos\varphi_2$=1.0时的最高效率。

解：

$$(1)\ \eta=\frac{\beta S_{\rm N}\cos\varphi_2}{\beta S_{\rm N}\cos\varphi_2+P_{\rm o}+\beta^2P_{\rm SN}}=\frac{1000\times0.8}{1000\times0.8+4.9+15}=97.57\%$$

$$\beta_{\rm m}=\sqrt{P_{\rm o}/P_{\rm SN}}=\sqrt{4.9/15}=0.5715$$

$$(2)\ \eta_{\max}=\frac{\beta_{\rm m}S_{\rm N}\cos\varphi_2}{\beta_{\rm m}S_{\rm N}\cos\varphi_2+P_{\rm o}+\beta_{\rm m}^2P_{\rm SN}}=\frac{0.5715\times1000\times0.8}{0.5715\times1000\times0.8+4.9+0.5715^2\times15}=97.90\%$$

$$(3)\ \eta_{\max}=\frac{\beta_{\rm m}S_{\rm N}\cos\varphi_2}{\beta_{\rm m}S_{\rm N}\cos\varphi_2+P_{\rm o}+\beta_{\rm m}^2P_{\rm SN}}=\frac{0.5715\times1000\times1}{0.5715\times1000\times1+4.9+0.5715^2\times15}=98.31\%$$

2) 效率特性

变压器的效率特性是指在功率因数一定时，变压器的效率与负载电流之间的关系$\eta=f(\beta)$，称为变压器的效率特性。变压器的效率特性曲线如图6-4所示。

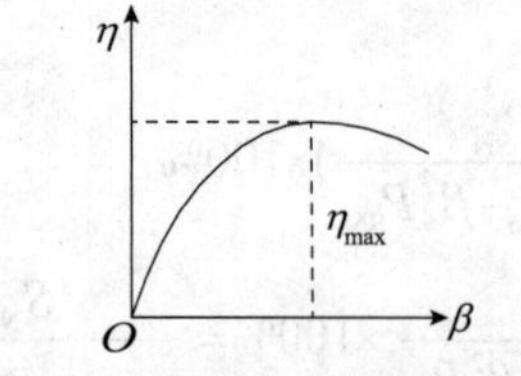

图6-4　变压器的效率特性曲线

6.1.3 变压器的连接与容量的选择

1. 变压器的联结组别

电力变压器的联结组别，是指变压器一、二次侧(或一、二、三次侧)对应的线电压之间的不同相位关系。变压器三相绕组有星形联结(Y，y连接)、三角形联结(D，d连接)与曲折联结(Z，z连接)三种联结法。

新标准对星形、三角形和曲折形联结，对高压绕组分别用符号Y、D、Z表示；对中压和低压绕组分别用y、d、z表示。有中性点引出时分别用YN、ZN和yn、zn表示。变压器按高压、中压和低压绕组联结的顺序组合起来就是绕组的联结组。例如：高压为Y，低压为yn联结，那么绕组联结组为Yyn。加上时钟法表示高低压侧相量关系就是联结组别。

通常是采用线电压矢量图对三相变压器的各种联结组别进行接线和识别。

1) 用户配电变压器常见的几种联结组别

(1) Dynll联结和Yyn0联结的两种配电变压器。变压器Dynll联结组如图6-5所示。变压器Yyn0联结组如图6-6所示。

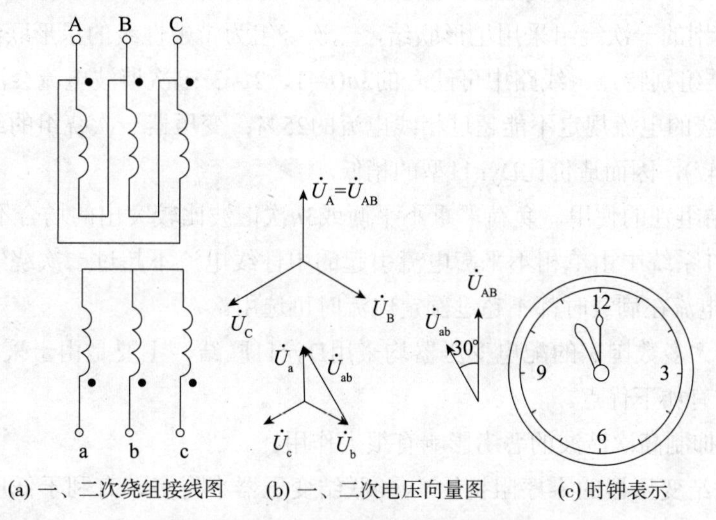

(a) 一、二次绕组接线图 (b) 一、二次电压向量图 (c) 时钟表示

图6-5 变压器Dynll联结组

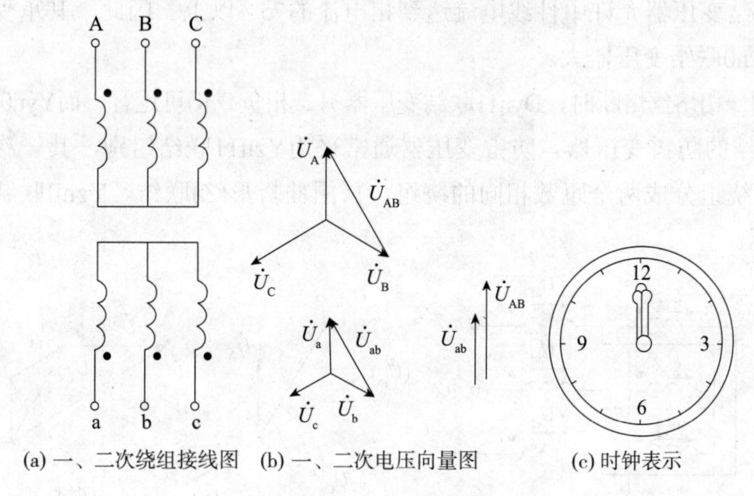

(a) 一、二次绕组接线图 (b) 一、二次电压向量图 (c) 时钟表示

图6-6 变压器Yyn0联结组

Dyn11联结组别一次绕组为三角形联结，二次绕组为带中性线的星形联结。其一次线电压和对应二次线电压的相位关系如同时钟在11点时时针与分针的位置一样。

① Dyn11联结组别特点。抑制高次谐波3*n*次谐波电流在其三角形的一次绕组中形成环流，不致注入公共电网；承受单相不平衡电流的能力远远大于Yyn0联结组别的变压器。按规定，中性线电流容许达到相电流的75%。

② Dyn11联结组别的使用。对于现代供电系统中单相负荷急剧增加的情况，尤其在

TN和TT系统中，Dyn11联结的变压器得到大力的推广和应用。

Yyn0联结组别的一次绕组采用星形联结，二次绕组为带中性线的星形联结。

① Yyn0联结组别特点。线路中可能有的$3n$(n=1、2、3…)次谐波电流会注入公共的高压电网中；中性线的电流规定不能超过相线电流的25%；变压器一次绕组的绝缘强度要求较低(与Dyn11比较)，因而造价比Dyn11型的稍低。

② Yyn0联结组别的使用。负荷严重不平衡或$3n$次谐波比较突出的场合不宜采用Yyn0联结；在TN和TT系统中由单相不平衡电流引起的中性线电流不超过二次绕组额定电流的25%且任一相的电流在满载时都不超过额定电流时可选用。

现在国际上大多数国家的配电变压器均采用Dyn11联结，主要是由于采用Dyn11联结比采用Yyn0联结有如下优点。

① D联结对抑制高次谐波的恶劣影响有很大作用。

② Dyn11联结变压器的零序阻抗比Yyn0联结变压器小得多，有利于低压单相接地短路故障的切除。

③ Dyn11联结变压器允许中性线电流达到相电流的75%以上。因此，其承受不平衡负载的能力远比Yyn0联结变压器大。

④ 当高压侧一相熔丝熔断时，Dyn11联结变压器另二相负载仍可运行，而Yyn0却不行。

(2) Yznll联结的防雷变压器。防雷变压器通常采用Yzn11联结组别，其一次绕组采用星形联结，二次绕组分成两个匝数相同的绕组，采用曲折形(Z)联结。Yznll联结的防雷变压器如图6-7所示。

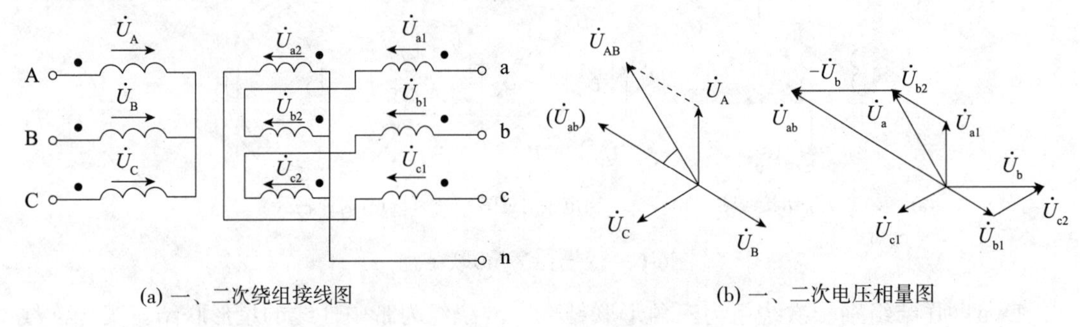

(a) 一、二次绕组接线图　　(b) 一、二次电压相量图

图6-7　Yznll联结的防雷变压器

正常工作时一次线电压$\dot{U}_{AB}=\dot{U}_A-\dot{U}_B$，二次线电压$\dot{U}_{ab}=\dot{U}_a-\dot{U}_b$，其中$\dot{U}_a=\dot{U}_{a1}-\dot{U}_{b2}$，$\dot{U}_b=\dot{U}_{b1}-\dot{U}_{c2}$。由图6-7(b)知，$\dot{U}_{ab}$与$-\dot{U}_B$同相，而$-\dot{U}_B$滞后$\dot{U}_{AB}$330°，即$\dot{U}_{ab}$滞后$\dot{U}_{AB}$330°。在钟表中1个小时的角度为30°，因此该变压器的联结组号为330°/30°=11，即联结组别为Yzn11。

当雷电过电压沿变压器二次侧(低压侧)线路侵入时，由于变压器二次侧同一芯柱上的两半个绕组的电流方向正好相反，其磁动势相互抵消，因此过电压不会感应到一次侧(高压侧)线路上去。同样的，假如雷电过电压沿变压器一次侧(高压侧)线路侵入时，由于变压器二次侧(低压侧)同一芯柱上的两半个绕组的感应电动势相互抵消，二次侧也不会出现过电压。由此可见，采用Yzn11联结变压器有利于防雷。在多雷地区宜选用这类防雷变压器。

2. 变压器的容量选择

变压器容量的选择，要根据它所带设备的计算负荷，还有所带负荷的种类和特点来确定。首先要准确求计算负荷，计算负荷是供电设计计算的基本依据。确定计算负荷目前最常用的一种方法是需用系数法，按需用系数法确定三相用电设备组计算负荷的基本公式有如下几个。

有功计算负荷(kW)：

$$P_c=P_m=K_dP_e \tag{6-12}$$

无功计算负荷(kVar)：

$$Q_c=P_c\tan\varphi \tag{6-13}$$

视在计算负荷(kVA)：

$$S_c=\frac{P_c}{\cos\varphi} \tag{6-14}$$

计算电流(A)：

$$I_c=\frac{S_c}{\sqrt{3}\,U_N} \tag{6-15}$$

式中，U_N——用电设备所在电网的额定电压(kV)；

P_e——该设备组容量总和；

K_d——需要系数。

6.1.4 特殊用途变压器

除了日常用变压器和普通的电力变压器外，还有许多特殊用途变压器。在本节中，对自耦变压器、仪用变压器、电焊变压器等几种特殊用途变压器进行介绍。

1. 自耦变压器

自耦变压器又称自耦调压器，它实际是一台单绕组变压器，副绕组只是原绕组的一部分，其结构、原理图如图6-8所示。自耦变压器的原边和副边之间，不仅有磁路的耦合关系，而且还有直接的电路联系。自耦变压器主要在实验室中用做调压设备，在交流电动机起动时用做降压设备。

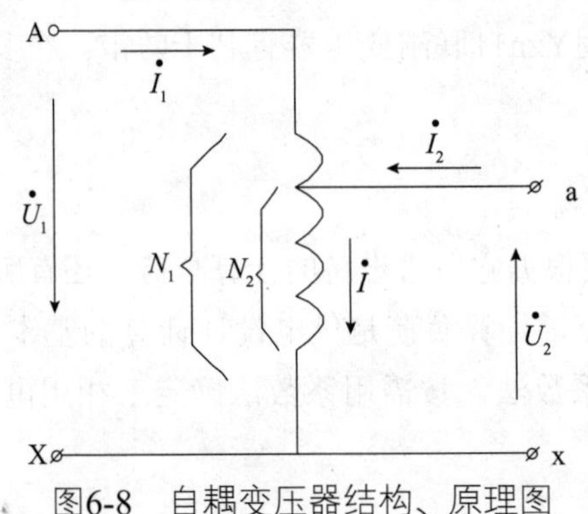

图6-8　自耦变压器结构、原理图

2. 仪用变压器

仪用变压器是在测量高电压、大电流时使用的一种特殊的变压器，也称为仪用互感器。仪用变压器有电流互感器和电压互感器两种形式。

使用互感器的目的是为了保障工作人员的安全，使测量回路与高压电网隔离；扩大常规仪表的量程，可以使用小量程的电流表测量大电流，用低量程的电压表测量高电压。

1) 电流互感器

电流互感器在结构上与单相变压器类似，如图6-9所示。但是，电流互感器的结构又有其特点，原绕组的匝数N_1很少，由一匝或几匝相当粗的导线绕制而成。原绕组与被测电路串联，输入的是电流I_1信号，I_1的大小是由负载大小决定的。副绕组的匝数N_2很多，由较细的导线绕制而成，副绕组与阻抗很小的仪表线圈或继电器线圈串联。原绕组的额定电流可以在10A～25 000A的范围内选择，副绕组的额定电流一般为5A。

2) 电压互感器

电压互感器的原绕组匝数很多，并联于待测电路两端；副绕组匝数较少，与电压表及电度表、功率表、继电器的电压线圈并联。用于将高电压变换成低电压。

电压互感器的结构和工作原理与单相降压变压器基本相同，如图6-10所示。原绕组与被测电路并联，副绕组接阻抗很大的仪表线圈，电压互感器运行时相当于普通单相变压器的空载运行。电压互感器副绕组的额定电压一般为100V，原绕组的额定电压为电网额定电压，如6kV、10kV等。

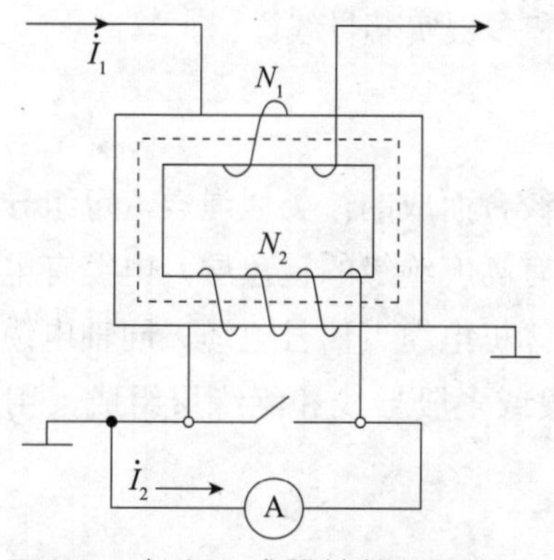

图6-9 电流互感器结构原理图

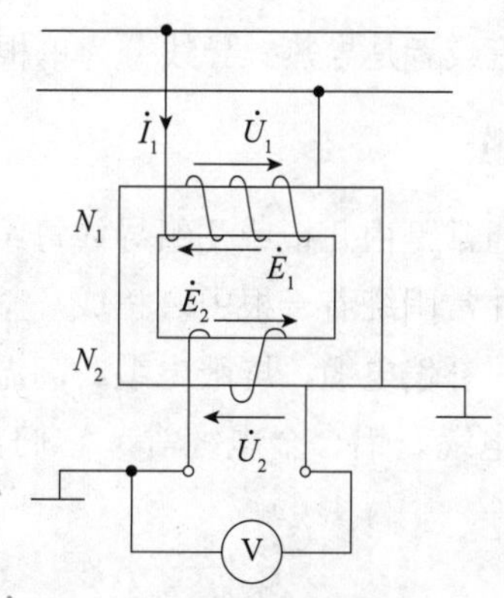

图6-10 电压互感器结构原理图

3. 电焊变压器

电焊变压器是作为电焊电源用的变压器。按焊接方式可分为弧焊变压器和阻焊变压器两类。

电焊变压器是专供电焊机使用的特殊变压器。工厂和施工工地广泛使用的交流电焊机就是由一个电焊变压器和一个可变电抗器构成的。其中电焊变压器是一个降压变压器。

6.2 线路导线的选择

导线和电缆的选择是供配电设计中的重要内容之一。导线和电缆是分配电能的主要器件，选择得合理与否，直接影响到有色金属的消耗量与线路投资，以及电力网的安全经济运行，提倡选用铜线，以减少损耗，节约电能，特别在易爆炸、腐蚀严重的场所，以及用于移动设备、检测仪表、配电盘的二次接线等，必须采用铜线。

导线和电缆的选择，必须满足用电设备对供电安全可靠和电能质量的要求，尽量节省投资，降低年运行费，布局合理，维修方便。

导线和电缆的选择包括两个方面：①型号选择；②截面选择。

6.2.1 导线与电缆

1. 导线

工业上也称为“电线”，一般由铜或铝制成，也有用银线制成的(导电、热性好)，用来疏导电流或者是导热。导线分为单根实芯导线和多根实芯导线。

2. 电缆

电缆通常是由几根或几组导线每组至少两根绞合而成的，类似绳索，每组导线之间相互绝缘，并常围绕着一根中心扭成，整个外面包有高度绝缘的覆盖层。电缆有电力电缆、控制电缆、补偿电缆、屏蔽电缆、高温电缆、计算机电缆、信号电缆、同轴电缆、耐火电缆、船用电缆、铝合金电缆等。它们都是由单股或多股导线和绝缘层组成，用来连接电路、电器等。

6.2.2 导线与电缆的选择原则

导线与电缆的选择原则分为型号的选择原则和截面的选择原则两部分。

1. 导线与电缆型号的选择原则

导线和电缆型号的选择应根据其使用环境、工作条件等因素来确定。

1) 导线型号的选择原则

(1) 架空线路导线的选择。110kV及以上架空线路宜采用钢芯铝绞线，截面不宜小于150～185mm^2。35～66kV架空线路亦宜采用钢芯铝绞线，截面不宜小于70～95mm^2。城市电网中3～10kV架空线路宜采用铝绞线，主干线截面应为150～240mm^2，分支线截面不宜小于70mm^2；但在化工污秽及沿海地区，宜采用绝缘导线、铜绞线或钢芯铝绞线。当采用绝缘导线时，绝缘子绝缘水平应按15kV考虑；采用铜绞线或钢芯铝绞线时，绝缘子绝缘水平应按20kV考虑。农村电网中10kV架空线路宜选用钢芯铝绞线或铝绞线，其主干线截面应按中期规划(5～10年)一次选定，不宜小于70mm^2。

(2) 市区和工厂10kV及以下架空线路，遇下列情况可采用绝缘铝绞线：

① 线路走廊狭窄，与建筑物之间的距离不能满足安全要求的地段；

② 高层建筑邻近地段；

③ 繁华街道或人口密集地区；

④ 游览区和绿化区；

⑤ 空气严重污秽地段；

⑥ 建筑施工现场。

(3) 城市和工厂的低压架空线路宜采用铝芯绝缘线，主干线截面宜采用150mm^2，一次建成；次干线宜采用120mm^2，分支线宜采用50mm^2。农村的低压架空线路可采用钢芯铝绞线或铝芯绝缘线，其主干线亦宜一次建成。

(4) 架空线路导线的持续允许载流量，应按周围空气温度进行校正。周围空气温度(环境温度)应采用当地10年或以上的最热月的每日最高温度的月平均值。

(5) 从供电变电所二次侧出口到线路末端变压器一次侧入口的6～10kV架空线路的电压损耗，不宜超过供电变电所二次侧额定电压的5%。

(6) 住宅供电系统导线的选择。GB50096-1999《住宅设计规范》规定：住宅供电系统(220/380V)的电气线路应采用符合安全和防火要求的敷设方式配线，导线应采用铜线，每套住宅的进户线截面不应小于10mm²，分支回路导线截面不应小于2.5mm²。

2) 电缆型号的选择原则

(1) 电缆型号应根据线路的额定电压、环境条件、敷设方式和用电设备的特殊要求等进行选择。

(2) 电缆的持续允许载流量，应按敷设处的周围介质温度进行校正：

① 当周围介质为空气时，空气温度应取敷设处10年或以上的最热月的每日最高温度的月平均值。

② 在生产厂房、电缆隧道及电缆沟内，周围空气温度还应计入电缆发热、散热和通风等因素的影响。当缺乏计算资料时，可按上述空气温度加5℃。

③ 当周围介质为土壤时，土壤温度应取敷设处历年最热月的平均温度。电缆的持续允许载流量，还应按敷设方式和土壤热阻系数等因素进行校正。

(3) 沿不同冷却条件的路径敷设电缆时，当冷却条件最差段的长度超过10m时，应按该段冷却条件来选择电缆截面。

(4) 电缆应按短路条件验算其热稳定度。

(5) 农村电网中各级配电线路不宜采用电缆线路。

2. 导线与电缆截面的选择原则

导线和电缆截面的选择必须满足安全、可靠和经济的条件。

1) 按允许载流量选择导线和电缆截面

按允许载流量选择导线和电缆截面也称为按发热条件选择导线和电缆截面。在导线和电缆(包括母线)通过正常最大负载电流(即计算电流)时，其发热温度不应该超过正常运行时的最高允许温度，以防止导线或电缆因过热而引起绝缘损坏或老化。这就要求通过导线或电缆的最大负荷电流不应大于其允许载流量。

按发热条件选择三相系统中的相线截面的方法：应使导线的允许载流量I_{al}不小于通过相线的计算电流I_{30}，即

$$I_{al} \geqslant I_{30} \tag{6-16}$$

导线的允许载流量与环境温度和敷设条件有关。当导线实际敷设地点的环境温度与导线允许载流量所采用的环境温度不同时，则允许载流量应乘以温度校正系数，即

$$K_\theta = \sqrt{\frac{\theta_{al} - \theta_0'}{\theta_{al} - \theta_0}} \tag{6-17}$$

式中，θ_{al}——导线额定负荷时的最高允许温度；

θ_0——导线允许载流量所采用的环境温度；

θ_0'——导线敷设地点实际的环境温度。

此时，按发热条件选择截面的条件为

$$K_\theta I_{al} \geqslant I_{30} \tag{6-18}$$

环境温度的规定：在室外，取当地最热月平均气温；在室内，取当地最热月平均气温加5℃。对埋入土中的电缆，取当地最热月地下0.8～1m深处的土壤月平均气温。

铜、铝导线的等效换算：若近似认为铜、铝导线的散热情况相同，则其发热温度相同时，可认为其功率损耗相同，即

$$I^2_{Cu}R_{Cu} \approx I^2_{Al}R_{Al} \text{或} I^2_{Cu}\frac{l}{\gamma_{Cu}A} \approx I^2_{Al}\frac{l}{\gamma_{Al}A} \tag{6-19}$$

$$\therefore \frac{I_{Cu}}{I_{Al}} = \sqrt{\frac{\gamma_{Cu}}{\gamma_{Al}}} = \sqrt{\frac{0.053}{0.032}} \approx 1.3 \quad \therefore I_{Cu} \approx 1.3 I_{Al}$$

即铜导线允许载流量为同截面铝导线允许载流量的1.3倍。

2) 按允许电压损失选择导线和电缆截面

在导线和电缆(包括母线)通过正常最大负荷电流(即计算电流)时，线路上产生的电压损失不应超过正常运行时允许的电压损失，以保证供电质量。这就要求按允许电压损失选择导线和电缆截面。

3) 按经济电流密度选择导线和电缆截面

经济电流密度是指使线路的年运行费用支出最小的电流密度。按这种原则选择的导线和电缆截面称为经济截面。对35kV及以上的高压线路及电压在35kV以下但距离长、电流大的线路，宜按经济电流密度选择，对10kV以下线路通常不按此原则选择。

4) 按机械强度选择导线和电缆截面

这是对架空线路而言的，要求所选截面不小于其最小允许截面。对电缆不必校验其机械强度。

5) 满足短路稳定的条件

架空线路因其散热性较好，可不做短路稳定校验，电缆应运行热稳定校验，母线也要校验其热稳定，其截面不应小于短路热稳定最小截面。

选择导线截面时，要求在满足上述5个原则的基础上选择其中最大的截面。

6.3 断路器的选择

6.3.1 高压断路器的分类

开关电器是电力系统的重要设备之一，其中尤以断路器的地位最重要，结构也最复杂。对断路器的基本要求是：在各种情况下应具有足够的开断能力，尽可能短的动作时间和高度的工作可靠性。断路器最重要的任务就是熄灭电弧。所以，各种断路器都有不同结构的灭弧装置。

高压断路器(或称高压开关)是变电所主要的电力控制设备，具有灭弧特性，当系统正常运行时，它能切断和接通线路及各种电气设备的空载和负载电流；当系统发生故障时，它和继电保护配合，能迅速切断故障电流，以防止扩大事故范围。

1. 高压断路器的结构

高压断路器由开断元件、绝缘支撑元件、传动元件、基座、操动机构等部分组成。结构图如图6-11所示。

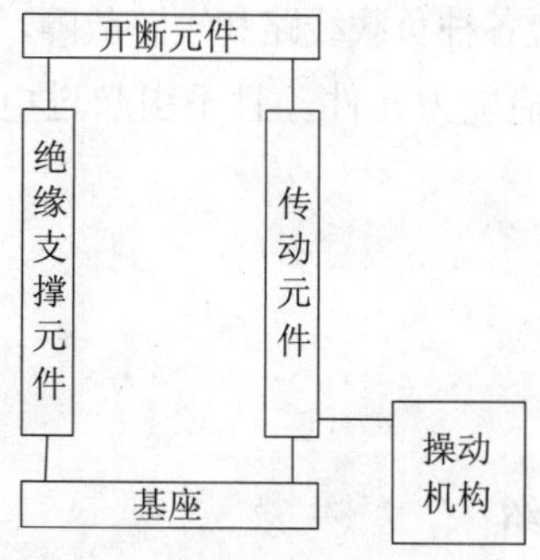

图6-11　高压断路器结构图

各部分功能如下。

(1) 开断元件。开断、关合电路和安全隔离电源，包括导电回路、动静触头和灭弧装置。

(2) 绝缘支撑元件。支撑开关的器身，承受开断元件的操动力和各种外力，保证开断元件的对地绝缘，包括瓷柱、瓷套管和绝缘管。

(3) 传动元件。将操作命令和操作动能传递给动触头，包括连杆、拐臂、齿轮、液压或气压管道。

(4) 基座。用来支撑和固定开关。

(5) 操动机构。用来提供能量，操动开关分、合闸，有电磁、液压、弹簧、气动等。

2. 高压断路器的分类

(1) 按灭弧介质或灭弧原理分为油断路器、压缩空气断路器、SF_6断路器、真空断路器、磁吹断路器和固体产气断路器。

(2) 按照控制、保护对象分为发电机断路器、输变电断路器、馈电断路器和特殊用途断路器。

(3) 按电压等级分为中压断路器、高压断路器和超高压断路器。

3. 高压断路器的作用

(1) 控制作用。根据电网运行需要，将部分电器设备或线路投入或退出运行。

(2) 保护作用。在电气设备或电力线路发生故障时，继电保护装置动作发出跳闸信号时，断路器跳闸，保护无故障部分继续运行。

(3) 安全隔离作用。

4. 对高压断路器的要求

1) 开断、关合功能

(1) 能快速可靠地开断、关合各种负载线路和短路故障，且能满足断路器的重合闸要求；

(2) 能可靠地开断、关合其他电力元件，且不引起过电压。

2) 电气性能

(1) 载流能力；

(2) 绝缘性能；

(3) 机械性能。

5. 几种常用高压断路器介绍

1) 油断路器

油断路器是一种自能式断路器，利用电弧本身的能量来熄灭电弧。

(1) 多油断路器。多油断路器是以绝缘油为灭弧介质及主要绝缘介质的高压断路器，其结构简单、工艺要求低。但体积大，维修工作量大，用钢材和绝缘油都比较多，在电压较高时尤其如此，动作时间长，开断电流小，不适于多次重合闸，不适于用在严寒地区(油少易凝冻；油量少，需要一套油处理装置)，所以已经逐渐被少油式断路器或空气断路器所代替。

(2) 少油断路器。与多油断路器相比：油量少，体积小，重量轻，安装、维修方便，结构简单，动作快，可靠性高。

油断路器存在的缺陷：

变压器油在灭弧过程中容易碳化，所以检修周期短，维护工作量大；再加上油会造成对环境的污染，而且容易引发火灾。断路器的发展趋势为无油化，即被SF_6和真空断路器取代。

2) 真空断路器

真空断路器是指在真空容器中进行电流开断与关合的断路器。

(1) 灭弧原理。根据真空电弧中生成带电粒子和金属蒸汽具有很高扩散速度的特性，在电弧电流过零，电弧暂时熄灭时，使触头间隙介质强度能很快恢复而实现灭弧。真空间隙内气体稀薄，分子的自由行程大，发生碰撞几率很小，击穿电压高，绝缘强度高。

(2) 真空灭弧室的基本结构。真空灭弧室是真空断路器的核心元件，具有开断、导电和绝缘的功能，主要由陶瓷外壳、动静触头、屏蔽筒和波纹管组成。灭弧室结构如图6-12所示。

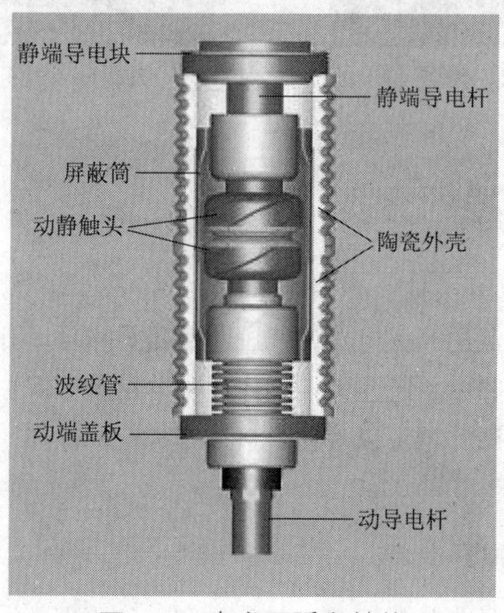

图6-12 真空灭弧室结构

3) SF_6断路器

SF_6断路器是利用六氟化硫 (SF_6)气体作为灭弧介质和绝缘介质的一种断路器。六氟化硫用做断路器中灭弧介质始于20世纪50年代初。由于这种气体的优异特性，使这种断路器单断口在电压和电流参数方面大大高于压缩空气断路器和少油断路器，并且不需要高的气压和相当多的串联断口数。SF_6断路器适用于频繁操作及要求高速开断的场合，但不适用于高寒地区。

(1) 灭弧原理。分闸时，操动机构通过拉杆使动触头、动弧触头、绝缘喷嘴和压气缸运动，在压力活塞与压气缸之间产生压力；当动静触头分离触头间产生电弧，压气缸内SF_6气体在压力作用下，使电弧熄灭；当电弧熄灭后，触头在分闸位置。

(2) SF_6断路器的分类。SF_6断路器的结构按照对地绝缘方式的不同可以分为瓷柱式SF_6断路器和落地罐式SF_6断路器。瓷柱式SF_6断路器如图6-13所示。落地罐式SF_6断路器如图6-14所示。

图6-13　瓷柱式SF_6断路器

图6-14　落地罐式SF_6断路器

6.3.2 低压断路器的分类

低压断路器(亦称自动开关)是一种不仅可以接通和分断正常负荷电流和过负荷电流，还可以接通和分断短路电流的开关电器。低压断路器曾称自动开关、空气开关或自动空气断路器。低压断路器在电路中除起通断控制作用外，还具有保护功能，如过负荷、短路、欠压和漏电保护等。低压断路器可以手动直接操作和电动操作，有的还可以实现远程遥控操作。

1. 低压断路器工作原理

低压断路器的形式、种类虽然很多，但结构和工作原理基本相同，主要由触点系统、灭弧系统、各种脱扣器(包括电磁式过电流脱扣器、失压(欠压)脱扣器、热脱扣器和分励脱扣器)、操作机构和自由脱扣机构几部分组成。低压断路器原理图如图6-15所示。

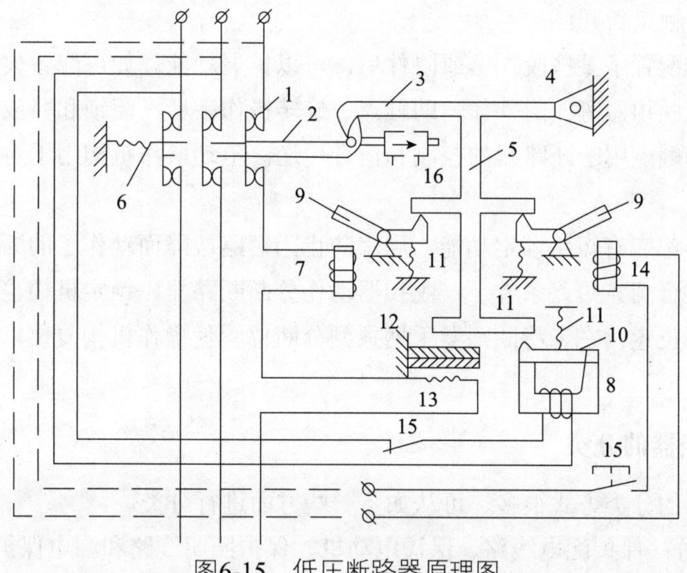

图6-15　低压断路器原理图

1–主触点　2–锁键　3–搭钩(代表自由脱扣机构)　4–转轴　5–杠杆　6–复位弹簧　7–过电流脱扣器

8–欠电压脱扣器　9，10–衔铁　11–弹簧　12–热脱扣器双金属片　13–热脱扣器热元件

14–分励脱扣器　15–按钮　16–电磁铁(DZ型无)

断路器主触点1串联在三相主电路中。主触点可由操作机构手动或电动合闸，当开关操作手柄合闸后，主触点1由锁键2保持在合闸状态。锁键2由搭钩3支持着，搭钩3可以绕轴4转动。如果搭钩3被杠杆5顶开，则主触点1就被复位弹簧6拉开，电路断开。

过电流脱扣器7的线圈和热脱扣器的热元件13与主电路串联。当电路发生短路或严重过载时，过电流脱扣器线圈7所产生的吸力增加，将衔铁9吸合，并撞击杠杆5，使自由脱扣机构动作，从而带动主触点断开主电路。当电路过载时，热脱扣器(过载脱扣器)的热元件13发热使双金属片12向上弯曲，推动自由脱扣机构动作。过电流脱扣器的动作特性具有反时限特性。当低压断路器由于过载而断路后，一般应等待2～3分钟才能重新合闸，以使热脱扣器恢复原位，这也是低压断路器不能连续频繁地进行通断操作的原因之一。过电流脱扣器和热脱扣器互相配合，热脱扣器担负主电路的过载保护功能，过电流脱扣器担负断路和严重过载保障保护功能。

欠电压脱扣器8的线圈和电源并联。当电路欠电压时，欠电压脱扣器的衔铁释放，也使自由脱扣机构动作，断开主电路。

分励脱扣器14用于远距离控制，实现远方控制断路器切断电源。在正常工作时，其线圈是断电的，当需要远距离控制时，按下启动按钮15，使线圈通电，衔铁会带动自由脱扣机构动作，使主触点断开。

低压断路器配置了某些脱扣器或附件后，可以扩展功能。如可配备欠压脱扣器、分励脱扣器、过电流脱扣器等；附件如辅助触点、旋转操作手柄、闭锁和释放电磁铁和电动操作机构等。辅助触点用于断路器的控制和信号传送。电动操作机构用于对断路器进行远距离操作分、合闸。

一般断路器都应有短路锁定功能，用来防止因短路故障而动作了的断路器在短路故障未排除时发生再合闸。短路条件下，脱扣器动作分断断路器，锁定机构也动作使断路器的机构保持在分断位置，在未将断路器手柄扳到分断位置使操作机构复位以前，断路器拒绝复位合闸。

2. 低压断路器的分类

低压断路器的分类方式很多，可从如下一些方面进行分类。

(1) 按用途分：保护配电线路、保护电动机、保护照明线路和漏电保护断路器。

(2) 按结构形式分：万能式/框架式和装置式/塑料外壳式断路器。

(3) 按极数分：四极、三极、二极和单极断路器。

(4) 按限流性能分：普通式和限流式断路器。

(5) 按操作方式分：直接手柄操作式、杠杆操作式、电磁铁操作式和电动机操作式断路器。

(6) 按所采用灭弧介质分：空气断路器(俗称空气开关)、真空断路器、SF_6断路器、油断路器。

(7) 按使用类别分：非选择型(A型)和选择型(B型)两类。

(8) 按动作速度分：快速型和一般型。

6.3.3 断路器的选择原则

1. 断路器的一般选用原则

(1) 断路器的额定工作电压≥线路额定电压。

(2) 断路器的额定电流≥线路负载电流。

(3) 断路器的额定短路通断能力≥线路中可能出现的最大短路电流(按有效值计算)。

(4) 线路末端单相对地短路电流≥1.25倍断路器瞬时脱扣器整定电流。

(5) 断路器的欠电压脱扣器额定电压=线路额定电压。

(6) 断路器分励脱扣器额定电压=控制电源电压。

(7) 电动传动机的额定工作电压=控制电源电压。

(8) 校核断路器允许的接线方向。有些型号断路器只允许上进线，有些型号允许上进线或下进线。

2. 配电用断路器的选用原则

(1) 断路器长延动作电流整定值≤导线容许载流量。对于采用电线电缆的情况，可取电线电缆容许载流量的80%。

(2) 3倍长延时动作电流整定值的可返回时间≥线路中最大起动电流的电动机的起动时间。

(3) 瞬时电流整定值≥$1.1\times(I_{jx}+k_1kIedm)$

I_{jx}——线路计算负载电流；

k_1——电动机起动电流的冲击系数，一般取k_1=1.7～2；

k——电动机起动电流倍数；

$Iedm$——最大一台电动机的额定电流。

3. 低压断路器的选用原则

(1) 根据线路对保护的要求确定断路器的类型和保护形式，确定选用框架式、装置式或限流式等。

(2) 断路器的额定电压U_N应≥被保护线路的额定电压。

(3) 断路器欠压脱扣器额定电压应=被保护线路的额定电压。

(4) 断路器的额定电流及过流脱扣器的额定电流应≥被保护线路的计算电流。

(5) 断路器的极限分断能力应＞线路的最大短路电流的有效值。

(6) 配电线路中的上、下级断路器的保护特性应协调配合，下级的保护特性应位于上级保护特性的下方且不相交。

(7) 断路器的长延时脱扣电流应＜导线允许的持续电流。

6.4 开关的选择

6.4.1 高压负荷开关

高压负荷开关是一种功能介于高压断路器和高压隔离开关之间的电器，高压负荷开关常与高压熔断器串联配合使用，用于控制电力变压器。高压负荷开关具有特殊的灭弧装置，因而能通断一定的负荷电流和过负荷电流，但是它不能断开短路电流，所以它一般与高压熔断器串联使用，借助熔断器来进行短路保护。它用于10kV及以下的额定电压等级。

1. 高压负荷开关的作用

隔离高压电源，以保证其他电气设备和线路的安全检修及人身安全。

2. 高压负荷开关的分类

高压负荷开关种类很多，有压气式、油浸式、真空式、SF_6式等。其中应用最多的是户内压气式高压负荷开关。按安装地点不同分为户内式和户外式两类，主要用于6～10kV等级电网。

3. 高压负荷开关的功能

在规定的使用条件下，可以接通和断开一定容量的空载变压器(室内315kVA，室外500kVA)；可以接通和断开一定长度的空载架空线路(室内5km，室外10km)；可以接通和断开一定长度的空载电缆线路。

4. 高压负荷开关的特点

(1) 可以隔离电源，有明显的断开点，多用于固定式高压设备。

(2) 具有灭弧装置和一定的分合闸速度，在合闸状态下可以通过正常工作电流和规定的短路电路。

(3) 严禁带负荷接通和断开电路，常与高压熔断器串联使用(功能接近于高压断路器，可以简化配电装置及继电保护，降低设备费用)。

6.4.2 高压隔离开关

高压隔离开关是高压开关设备的一种，又称为刀闸，它由操作机构驱动本体刀闸进行分、合，分闸后形成明显的电路断开点。高压隔离开关没有灭弧装置，不能用来直接接通、切断负荷电流，隔离开关通常与断路器配合使用。

1. 高压隔离开关的结构组成

高压隔离开关主要由支持底座、导电部分、绝缘子、传动机构以及操动机构五部分组成，各部分作用如下。

(1) 支持底座。该部分主要起支撑和固定作用。

(2) 导电部分。主要包括触头、刀闸、接线座，其作用就是传导电路中的电流。

(3) 绝缘子。主要包括支持绝缘子、操作绝缘子。其作用是将带电部分和接地部分绝缘起来。

(4) 传动机构。高压隔离开关中的传动机构就是用来接受操动机构的力矩，并通过拐臂、轴承、连杆、齿轮等将运动传给触头，从而完成隔离开关的分合闸动作。

(5) 操动机构。该部分的作用主要是为分合闸提供能源。

2. 高压隔离开关的分类

高压隔离开关可根据装设地点、电压等级、级数和构造进行分类，主要有以下几种类型：按照装设地点可分为户内和户外；按照级数可分为单极和三级；按照绝缘支柱可分为单柱式、双柱式、三柱式；按照隔离开关的动作方式分为旋转式、刀闸式、插入式；按照有无接地刀可分为有接地和无接地隔离开关；按照所配操动机构可分为电动式、手动式、气动式、液压式。

3. 高压隔离开关的作用

高压隔离开关具有明显的分段间隙，因此它主要用来隔离高压电源，保证安全检修，并能够通断一定的小电流。它主要具有如下几个方面的作用。

(1) 隔离电源。在电气设备停电或检修时，用隔离开关将需停电设备与电流隔离，形成明显可见的断开点，以保证工作人员和设备安全。

(2) 倒闸操作(改变运行方式)。将运用中的电气设备进行三种形式状态(运行、备用、检修)下的改变，将电气设备由一种工作状态改变成另一种工作状态。

(3) 拉合无电流或小电流电路的设备。高压隔离开关虽然没有特殊灭弧装置，但触头间的拉合速度及开距应具备小电流和拉长拉细电弧灭弧能力，对以下电路具备拉合。

① 拉、合电压互感器与避雷器回路。

② 拉、合空母线和直接与母线相连接设备的电容电流。

③ 拉、合励磁电流小于2A的空载变压器：一般电压为35kV，容量为1000kVA及以下变压器；电压为110kV容量为3200kVA及以下变压器。

④ 拉、合电容电流不超过5A的空载线路：一般电压为10kV，长度为5km及以下的架空线路；电压为35kV，长度为10km及以下的架空路线。

4. 高压隔离开关的常见故障

(1) 高压隔离开关由于高压机构及传动系统问题造成分合困难。

(2) 电气故障引起拒分拒合运行问题。

(3) 高压隔离开关分、合闸不到位或三相不同步问题。

(4) 高压回路发生过热问题。

(5) 发生自动掉落合闸问题。

(6) 锈蚀故障。

(7) 瓷柱断裂故障。

6.5 熔断器的选择

熔断器是一种用易熔元件断开电路的过电流保护器件，当过电流通过易熔元件时，就将其加热并熔断。根据这个定义，可以认为，熔断器响应电流，并对系统过电流提供保护。熔断器主要由熔体和安装熔体的绝缘管(绝缘座)组成。

1. 熔断器的分类

常用的熔断器有瓷插式、螺旋式、有填料密封管式、无填料管式等几种类型。

熔断器又分为高压和低压两大类。用于3kV～35kV的为高压熔断器；用于交流220V、380V和直流220V 、440V的为低压熔断器。低压熔断器常见有插入式、管式、螺旋式三大类。又可分为开启式、半封闭式和封闭式三种。开启式不单独使用，常与闸刀开关组合使用；半封闭管式的一端或两端开启，熔体熔化粒子喷出有一定方向，使用时要注意安全；封闭式常见有插入式、无填料管式、有填料管式和有填料螺旋式。

高压熔断器又分为户内式和户外式两种。

2. 熔断器的作用

当电路发生故障或异常时，电流不断升高，升高的电流有可能损坏电路中的某些重要器件或贵重器件，也有可能烧毁电路甚至造成火灾。若电路中正确地安置了熔断器，那么，熔断器就会在电流异常升高到一定的高度和一定的时候，自身熔断切断电流，从而起到保护电路安全运行的作用。最早的保险丝于一百多年前由爱迪生发明，由于当时的工业技术不发达白炽灯很贵重，所以，最初是将它用来保护价格昂贵的白炽灯的。

3. 熔断器的选择

1) 熔断器的选择原则

(1) 按照线路要求和安装条件选择熔断器的型号。容量小的电路选择半封闭式或无填料封闭式；短路电流大的选择有填料封闭式；对半导体元件进行保护选择快速熔断器。

(2) 按照线路电压选择熔断器的额定电压。

(3) 根据负载特性选择熔断器的额定电流。

(4) 选择各级熔体需相互配合，后一级要比前一级小，总闸和各分支线路上电流不一样，选择熔丝也不一样。如线路发生短路，15A 和 25A 熔件会同时熔断，保护特性就失去了选择性。因此只有总闸和分支保持2～3级差别，才不会出现这类现象。如一台变压器低压侧出口为 $RT_0$1000/800，电机为 $RT_0$400/250 或$RT_0$400/350 ，上下级间额定电流之比分别为 3.2 和 2.3，故选择性好，即使支路发生短路，支路保险熔断也不会影响总闸供电。

(5) 熔体不能选择太小。如选择过小，易出现一相保险丝熔断后，造成电机单相运转而烧坏；据统计60%烧坏的电机均系保险配置不合适造成的。

2) 熔体额定电流的选择方法

(1) 保护无起动过程的平稳负载如照明线路、电阻、电炉等时，熔体额定电流略大于或等于负荷电路中的额定电流。

(2) 保护单台长期工作的电机熔体电流可按最大起动电流选取，也可按式(6-20)选取

$$I_{RN} \geqslant (1.5\sim2.5)I_N \tag{6-20}$$

式中，I_{RN}——熔体额定电流；

I_N——电动机额定电流。

如果电动机频繁起动，式中系数可适当加大至3～3.5，具体应根据实际情况而定。

(3) 保护多台长期工作的电机(供电干线)

$$I_{RN} \geqslant (1.5\sim2.5)I_{Nmax}+\sum I_N \tag{6-21}$$

式中，I_{Nmax}——容量最大单台电机的额定电流；

$\sum I_N$——其余电动机额定电流之和。

3) 熔断器的安秒特性

熔断器的动作是靠熔体的熔断来实现的，当电流较大时，熔体熔断所需的时间就较

短。而电流较小时，熔体熔断所需用的时间就较长，甚至不会熔断。因此对熔体来说，其动作电流和动作时间特性即熔断器的安秒特性，为反时限特性，如图6-16所示。

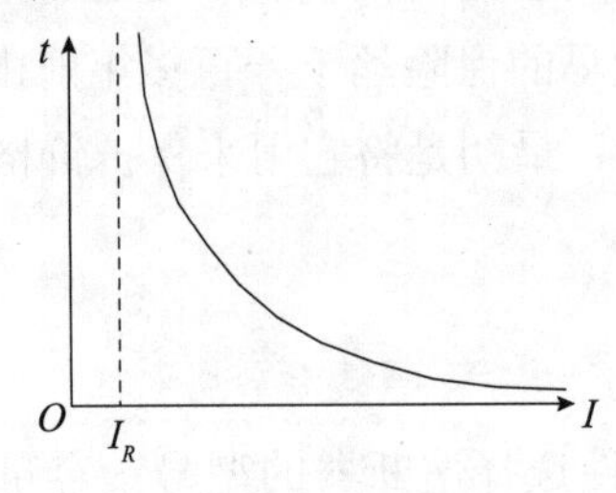

图6-16　熔断器的安秒特性

每一熔体都有一最小熔化电流。相对于不同的温度，最小熔化电流也不同。虽然该电流受外界环境的影响，但在实际应用中可以不加考虑。一般定义熔体的最小熔断电流与熔体的额定电流之比为最小熔化系数，常用熔体的熔化系数大于1.25，也就是说额定电流为10A的熔体在电流12.5A以下时不会熔断。熔断电流与熔断时间之间的关系如表6-1所示。

表6-1　熔断电流与熔断时间之间的关系

熔断电流	1.25～1.3I_N	1.6I_N	2I_N	2.5I_N	3I_N	4I_N
熔断时间	∞	1h	40s	8s	4.5s	2.5s

从这里可以看出，熔断器只能起到短路保护作用，不能起过载保护作用。如确需在过载保护中使用，必须降低其使用的额定电流，如8A的熔体用于10A的电路中，作短路保护兼作过载保护用，但此时的过载保护特性并不理想。

本章习题

6.1 简述变压器的结构及其工作原理。

6.2 导线和电缆的种类分别有哪些？

6.3 简述高压断路器的结构及其功能。

6.4 简述高压负荷开关的功能。

6.5 高压隔离开关的常见故障有哪些？

6.6 熔断器的作用是什么？

第7章

安全用电

本章将介绍安全用电所涉及的相关概念，包括触电方式，电流对人体的伤害，触电的急救措施，接地保护的原理等，使读者能了解安全用电的各种技术和方法。

7.1 触电方式

人体是带电的导体，当人体接触带电部位而构成电流回路时，就会有电流流过人体。流过人体的电流会对人体造成不同程度的伤害，这就是触电。人体触电的方式多种多样，主要可分为直接接触触电和间接接触触电两种。此外，还有高压电场、高频电磁场、静电感应等会对人体造成伤害。

7.1.1 直接接触触电

人体直接触电或过分靠近电气设备及线路的带电导体而发生的触电现象称为直接接触触电。单相触电、两相触电、电弧伤害都属于直接接触触电。

1. 单相触电

当人体直接接触带电设备或线路的一相导体时，电流通过人体而发生的触电现象称为单相触电，可分为中性点直接接地单相触电和中性点不接地单相触电，如图7-1所示。

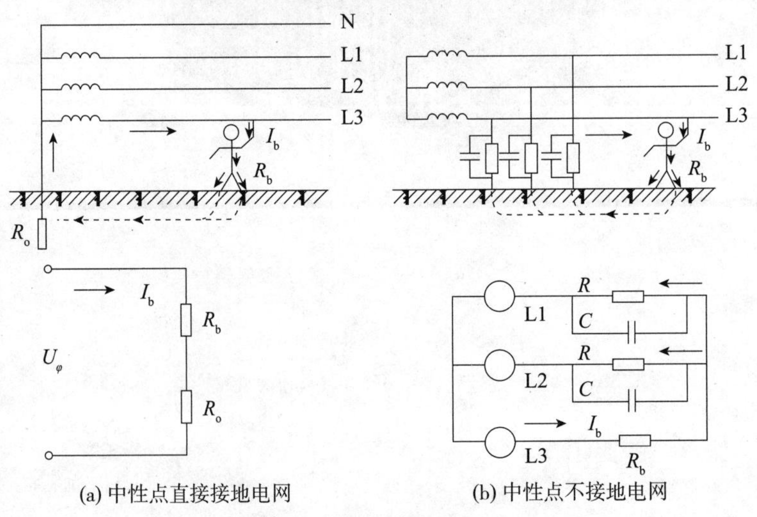

(a) 中性点直接接地电网　　(b) 中性点不接地电网

图7-1　单相触电示意图

1) 中性点直接接地单相触电

在中性点直接接地的电网中发生单相触电的情况如图7-1(a)所示。在中性点直接接地的电网中，通过人体的电流为

$$I_r = \frac{U}{R_r + R_o} \tag{7-1}$$

式中，U为电气设备的相电压，R_o为中性点接地电阻，R_r为人体电阻。因为R_o和R_r相比较，R_o很小，可以忽略不计，因此

$$I_r = \frac{U}{R_r} \tag{7-2}$$

从式(7-2)可以看出，若人体电阻按照1000Ω计算，在220V中性点接地的电网中发生单相触电时，流过人体的电流将达到220mA，已经大大超过人体的承受能力30mA；即使在110V系统中触电，通过人体的电流也将达到110mA，依然可能危及生命。

显然，这种触电的后果与人体和大地间的接触状况有关。如果人体站在干燥绝缘的地板上，人体与大地间有很大的绝缘电阻，通过人体的电流很小，就不会有触电危险。但是如果地板潮湿就有触电危险了。

2) 中性点不接地单相触电

中性点不接地电网中发生单相触电的情况如图7-1(b)所示。这时电流将从电源相线经人体、其他两相的对地阻抗(由线路的绝缘电阻和对地电容构成)回到电源的中性点，从而形成回路。此时，通过人体的电流与线路的绝缘电阻和对地电容的数值有关。在低压电网中，对地电容C很小，通过人体的电流主要取决于线路绝缘电阻。正常情况下，设备的绝缘电阻相当大，通过人体的电流很小，一般不至于对人体造成伤害。但是当线路绝缘下降时，单相触电对人体的危害依然存在。而在高压中性点不接地电网中，特别是对地电容较大的电缆线路上，线路对地电容较大，通过人体的电容电流将危及触电者的安全。

2. 两相触电

人体同时触及带电设备或线路中的两相导体而发生的触电现象称为两相触电，如图7-2所示。

两相触电时，作用于人体上的电压为线电压，电流将从一相导线经人体流入另一相导线，这是很危险的。设线电压为380V，人体电阻按1700Ω考虑，则流过人体内部的电流将达224mA，足以致人死亡。所以两相触电要比单相触电严重得多。

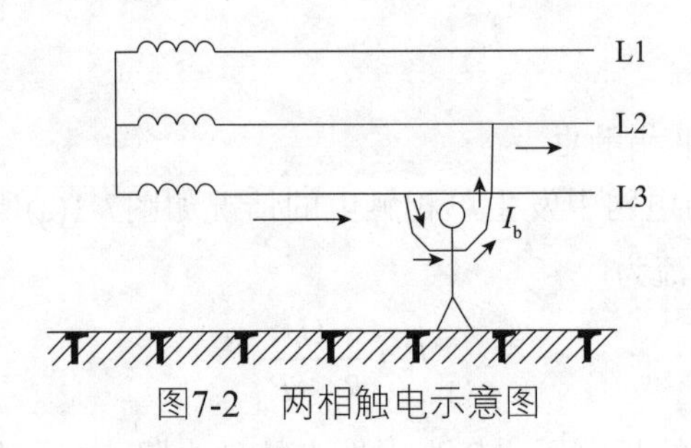

图7-2　两相触电示意图

7.1.2 间接接触触电

电气设备在正常运行时，其金属外壳或结构是不带电的，但是当电气设备绝缘损坏而发生接地短路故障时(俗称“碰壳”或“漏电”)，其金属外壳或结构便带有电压，此时人体触及就会发生触电，这称为间接接触触电。

在低压中性点直接接地的配电系统中，电气设备发生碰壳短路将是一种危险的故障，如果该设备没有采取接地保护，一旦人体接触外壳时，加在人体上的接触电压近似等于电源对地电压，这种触电的危险程度相当于直接接触触电，完全有可能导致人身伤亡。

间接接触触电中有一种比较特殊的情况称为跨步电压触电。当电气设备发生接地故障，接地电流通过接地体向大地流散，在地面上形成电位分布时，若人在接地短路点周围行走，其两脚之间的电位差，就是跨步电压。由跨步电压引起的人体触电，称为跨步电压触电。

跨步电压的大小受接地电流大小、人体所穿的鞋和地面特征、两脚之间的跨距、两脚的方位以及离接地点的远近等很多因素的影响。由于跨步电压受很多因素的影响，以及由于地面电位分布的复杂性，几个人在同一地带遭到跨步电压触电完全可能出现截然不同的后果。

人体受到跨步电压触电时，电流是沿着人的身体、从脚到脚与大地形成回路，使双脚发麻或抽筋并很快倒地，跌倒后由于头脚之间的距离大，使作用于人身体上的电压增高，电流相应增大，并有可能使电流通过人体内部重要器官而出现致命的危险。

7.1.3 剩余电荷触电

电气设备的相间绝缘和对地绝缘都存在电容效应。由于电容器具有存储电荷的性能，因此在刚断开电源的停电设备上，都会保留一定量的电荷，称为剩余电荷。如果此时有人触及停电设备，就可能遭受剩余电荷电击。另外，大容量电力设备和电力电缆、并联电容器等在耐压试验后都会有剩余电荷的存在。设备容量越大、电缆线路越长，这种剩余电荷的积累电压越高。因此在耐压试验工作结束后，必须注意充分放电，以防剩余电荷电击。

7.2 电流对人体的伤害

7.2.1 作用机理和征象

1. 作用机理

电流通过人体时破坏人体内细胞的正常工作，主要表现为生物学效应。电流的生物学效应主要表现为使人体产生刺激和兴奋行为，使人体组织发生变异。由于电流引起神经细胞激动，产生脉冲形式的神经兴奋波，当这种兴奋波迅速地传到中枢神经系统后，神经中枢系统会发出不同的指令，使人体各部位作相应的反应。因此，当人体触及带电体时，一些没有电流通过的部位也有可能受到刺激，发生强烈的反应，重要器官的工作可能受到破坏。

电流通过人体还有热作用。电流所经过的血管、神经、心脏、大脑等器官将因为热量增加而导致功能障碍。电流通过人体，还会引起机体内液体物质发生离解、分解导致破坏。

2. 作用征象

小电流通过人体，会引起麻感、针刺感、压迫感、打击感、痉挛、疼痛、呼吸困难、血压异常、昏迷、心律不齐、窒息、心室颤动等症状。数安以上的电流通过人体，还可能导致严重的烧伤。

小电流电击使人致命的最危险、最主要的原因是引起心室颤动。麻痹和呼吸终止、电休克虽然也可能导致死亡，但其危险性比引起心室颤动要小得多。发生心室颤动时，心脏每分钟颤动1000次以上，但是幅值很小，而且没有规则，血液实际上终止循环。在心室颤动状态下，如果不及时抢救，心脏很快将停止跳动，并导致生物性死亡。

人体工频电流试验的典型资料如表7-1所示。

表7-1　单手—双脚电流途径的实验资料　mA

感觉情况	被试者百分数		
	5%	50%	95%
手表面有感觉	0.9	2.2	3.5
手表面有麻痹似的针刺感	1.8	3.4	5.0
手关节有轻度压迫感，有强烈的连续针刺感	2.9	4.8	6.7
前肢有受压迫感	4.0	6.0	8.0
前肢有受压迫感，足掌开始有连续针刺感	5.3	7.6	10.0
手关节有轻度痉挛，手动作困难	5.5	8.5	11.5
上肢有连续针刺感，腕部特别是手关节有强度痉挛	6.5	9.5	12.5
肩部以下有强度连续针刺感，肘部以下僵直，可以摆脱带电体	7.5	11.0	14.5
手指关节、踝骨、足踝有压迫感，手的大拇指全部痉挛	8.8	12.3	15.8
只有尽最大努力才可能摆脱带电体	10.0	14.0	18.0

7.2.2 作用影响因素

1. 电流大小的影响

通过人体的电流越大，人的生理反应和病理反应越明显，引起心室颤动所用的时间越短，致命的危险性越大。按照人体呈现的状态，可将预期通过人体的电流分为三个级别。

1) *感知电流*

在一定概率下，通过人体引起人有任何感觉的最小电流(有效值)称为该概率下的感知电流。概率为50%时，成年男子平均感知电流约为1.1mA，成年女子约为0.7mA。感知电流一般不会对人体构成伤害，但是当电流增大时，感觉增强，反应加剧，可能导致坠落等二次事故。

2) *摆脱电流*

当通过人体的电流超过感知电流时，肌肉收缩增加，刺痛感觉增强，感觉部位扩展。当电流增大到一定程度时，由于中枢神经反射和肌肉收缩，痉挛，触电人员将不能自行摆脱带电体。在一定概率下，人体触电后能够自行摆脱带电体的最大电流称为该概率下的摆脱电流。概率为50%时，成年男子和成年女子的摆脱电流分别为16mA和10.5mA；摆脱概率为99.5%时，成年男子和成年女子的摆脱电流分别为9mA和6mA。

摆脱电流是人体可以忍受但是一般不致于造成不良后果的电流。电流超过摆脱电流以后，会感觉异常痛苦、恐慌和难以忍受；如果时间过长，则可能昏迷、窒息，甚至死亡。因此可以认为摆脱电流是有较大危险的界限。

3) 室颤电流

通过人体引起心室发生纤维性颤动的最小电流称为室颤电流。电击致死的原因是比较复杂的。例如，高压触电事故中，可能因为强电弧或很大的电流导致的烧伤使人致命；低压触电事故中，可能因为心室颤动，也可能因为窒息时间过长使人致命。一旦发生心室颤动，数分钟内即可导致死亡。因此，在小电流(不超过数百毫安)的作用下，电击致命的主要原因是电流引起心室颤动，可以认为室颤电流是短时间作用的最小致命电流。

2. 电流持续时间的影响

电击持续时间越长，电击危险性越大。电流持续时间对人体的影响如表7-2所示。电流持续时间越长，体内积累局外电能越多，中枢神经反射越强烈，电击危险性越大。

表7-2 电流持续时间对人体的影响

电流/mA	电流持续时间	生理效应
0～0.5	连续通电	没有感觉
0.5～5	连续通电	开始有感觉，手指手腕等处有麻感，没有痉挛，可以摆脱带电体
5～30	数分钟以内	痉挛，不能摆脱带电体，呼吸困难，血压升高，是可以忍受的极限
30～50	数秒至数分钟	心脏跳动不规则，昏迷，血压升高，强烈痉挛，时间过长即引起心室颤动
50～数百	低于心脏搏动周期	受强烈刺激，但未发生心室颤动
	超过心脏搏动周期	昏迷，心室颤动，接触部位留有电流流过的痕迹
超过数百	低于心脏搏动周期	在心脏易损期触电时，发生心室颤动，昏迷，接触部位留有电流流过的痕迹
	超过心脏搏动周期	心脏停止跳动，昏迷，可能致命的电灼伤

3. 电流途径的影响

人体在电流的作用下，没有绝对安全的途径。电流通过心脏会引起心室颤动及心脏停止跳动而导致死亡；电流通过中枢神经及有关部位，会引起中枢神经强烈失调而导致死亡；电流通过头部，严重损伤大脑，也可能使人昏迷不醒而死亡；电流通过脊髓会使人截瘫；电流通过人的局部肢体也可能引起中枢神经强烈反射而导致严重后果。流过心脏的电流越多、电流路线越短的途径是电击危险性越大的途径。

4. 电流种类的影响

不同种类电流对人体构成的伤害不同，危险程度也不同，但是各种电流对人体都有致命危险。

1) 直流电流的作用

在接通和断开瞬间，直流平均感知电流约为2mA。300mA以下的直流电流没有确定的摆脱电流值；300mA以上的直流电流将导致不能摆脱或数秒至数分钟以后才能摆脱带电体。电流持续时间超过心脏搏动周期时，直流室颤电流为交流的数倍；电流持续时间200ms以下时，直流室颤电流与交流大致相同。

2) 100Hz以上电流的作用

通常引进频率因数评价高频电流电击的危险性。频率因数是通过人体的某种频率电流与有相应生理效应的工频电流之比。100Hz以上电流的频率因数都大于1。

7.3 触电的急救措施

人体触电后，会遭到严重的损害，触电时间越长，危险性越大。当通过人体电流为100mA以上时，可使人的心脏立即停止跳动，呼吸停止，呈现昏迷不醒的“假死状态”。若能及时采取正确的抢救措施，可使触电者得救，降低死亡率。

7.3.1 脱离电源

发现有人触电要因地制宜，在保护自身安全的情况下，用最快的速度使触电者脱离电源。

1. 脱离低压电源

使触电者脱离低压电源的办法有：切断电源开关、挑开触电导线、绝缘隔离等。

(1) 拉开触电地点附近的电源开关，但应注意，普通的电灯开关只能断开一根导线，有时由于安装不符合标准，可能只断开零线，而不能断开电源，人身触及的导线仍然带电，不能认为已切断电源。

(2) 如果距开关较远，或者断开电源有困难，可用带有绝缘柄的电工钳，或有干燥木柄的斧头、铁锹等利器将电源线切断，此时，应防止带电导线断落触及其他人体。

(3) 当导线搭落在触电者身上或压在身下时，可用干燥的木棒、竹竿等挑开导线，或用干燥的绝缘绳索套拉导线或触电者，使其脱离电源。

(4) 如触电者由于肌肉痉挛，手指紧握导线不放松或导线缠绕在身上时，可以先用干燥的木板塞进触电者身下，使其与地绝缘，然后再采用其他办法切断电源。

(5) 触电者的衣服如果是干燥的，又没有紧缠在身上，不致于使救护人员直接触及触电者的身体时，救护人员才可以用一只手抓住触电者的衣服，将其拉脱电源。

(6) 救护人员可以用几层干燥的衣服将手裹住，或者站在干燥的木板、木桌椅或绝缘橡胶垫等绝缘物上，用一只手拉触电者的衣服，使其脱离电源，千万不能直接去拉触电者，防止造成群伤触电事故。

2. 脱离高压电源

高压电源电压高，一般绝缘物对抢救者不能保证安全；电源开关距离远，不易切断电源；高压电源保护装置比低压电源保护装置灵敏度高，因此脱离电源的方法也不同。

(1) 立即通知有关部门停电。

(2) 戴上绝缘手套，穿上绝缘鞋，使用相应电压等级的绝缘工具，拉开高压跌开式熔断器或高压断路器。

(3) 抛掷裸金属软导线，使线路短路，迫使继电保护装置动作，切断电源，但应保证抛掷的导线不触及触电者和其他人员。

3. 注意事项

(1) 应防止触电者脱离电源后可能出现的摔伤事故。当触电者站立时，要注意触电者倒下的方向，防止摔伤；当触电者位于高处时，应采取措施防止其脱离电源后坠落摔伤。

(2) 未采取任何绝缘措施，救护人员不得直接接触触电者的皮肤和潮湿衣服。

(3) 救护人员不得使用金属和其他潮湿的物品作为救护工具。

(4) 在使触电者脱离电源的过程中，救护人员最好用一只手操作，以防救护人员触电。

(5) 夜间发生触电事故时，应解决临时照明问题，以便在切断电源后进行救护，同时应防止出现其他事故。

7.3.2 现场对症救治

触电者脱离电源后，应立即就近移至干燥通风的场所，再根据情况迅速进行现场救护，同时应通知医务人员到现场，并做好送往医院的准备工作。

现场救护可以按以下办法进行。

1. 触电者所受伤害不太严重

如触电者是清醒的，只是有些心慌、四肢发麻、全身无力，一度昏迷但未失去知觉，此时应使触电者静卧休息，不要走动，同时应严密观察，如果在观察过程中发现呼吸或心跳很不规律甚至接近停止时，应赶快进行抢救，请医生前来或送医院诊治。

2. 触电者的伤害情况较严重

如果触电者无知觉、无呼吸但心脏有跳动，应立即进行人工呼吸；如有呼吸但是心脏跳动停止，则应立即采用胸外心脏挤压法。

3. 触电者伤害很严重

如果触电者心脏和呼吸都已经停止、瞳孔放大、失去知觉，这时必须同时采用人工呼吸和人工胸外心脏挤压两种方法。做人工呼吸要有耐心，尽可能坚持抢救，直到把人救活，或者一直抢救到确诊死亡时为止；如需送医院抢救，在送治途中也不能中断急救措施。

触电急救用药应注意以下两点。

(1) 任何药物都不能代替人工呼吸和胸外心脏挤压抢救。人工呼吸和胸外心脏挤压是基本的急救方法，是第一位的急救方法。

(2) 应慎重使用肾上腺素。肾上腺素有使停止跳动的心脏恢复跳动的作用，即使出现心室颤动，也可以使细的颤动转变为粗的颤动从而有利于除颤；另一方面，肾上腺素可能使衰弱的、跳动不正常的心脏变为心室颤动，并由此导致心脏停止跳动而死亡。因此，对于用心电图仪观察尚有心脏跳动的触电者不得使用肾上腺素，只有在触电者已经经过人工呼吸和胸外心脏挤压的急救、用心电图仪鉴定心脏确实已经停止跳动，又备有心脏除颤装置的条件下，才可以考虑注射肾上腺素。

7.3.3 人工呼吸法和胸外心脏挤压法

人体触电后的假死状态，是由于工频电流的刺激引起呼吸和心脏跳动骤停而造成的。实践证明，多数呈现假死状态的人可以通过及时、正确的人工呼吸和胸外心脏挤压恢复正常。

1. 人工呼吸法

人工呼吸法具体操作过程如下。

(1) 头部后仰。触电者脱离电源后，很快清理掉他们嘴里的东西，使头尽量后仰，让鼻孔朝天，如图7-3所示。这样舌头根部就不会阻塞气道；同时很快解开触电者的领口和衣服。注意头下不要垫枕头，否则影响通气。

(2) 捏鼻掰嘴。救护人员在触电者的头部左边或右边，用一只手捏紧触电者的鼻孔，另一只手的拇指和食指掰开触电者的嘴巴，如图7-4所示。如果掰不开嘴巴，可用口对鼻人工呼吸法，捏紧嘴巴，紧贴鼻孔吹气。

(3) 贴紧吹气。深呼吸后，紧贴触电者掰开的嘴巴吹气，如图7-5所示，也可以隔一层布吹；吹气时要使触电者的胸部膨胀，每5秒钟吹一次，吹2秒，放松3秒。

(4) 放松换气。救护人员换气时，放松触电者的嘴和鼻，让触电者自动呼吸，如图7-6所示。

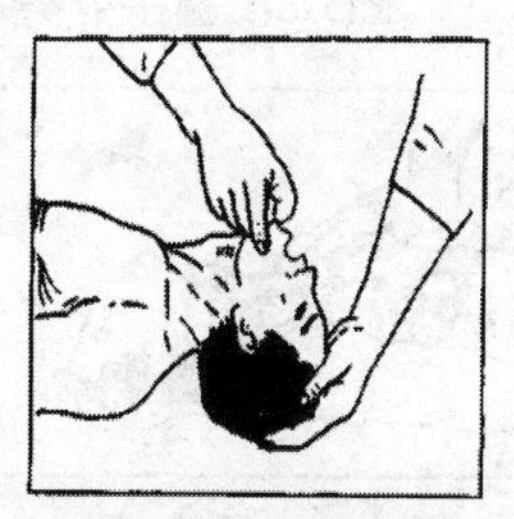

图7-3 头部后仰

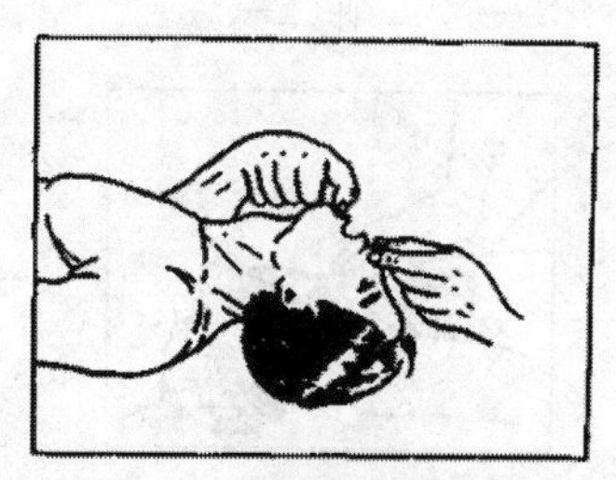

图7-4 捏鼻掰嘴

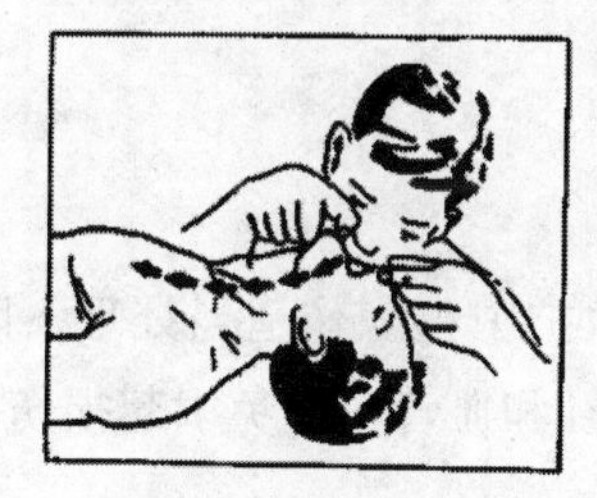

图7-5 贴紧吹气

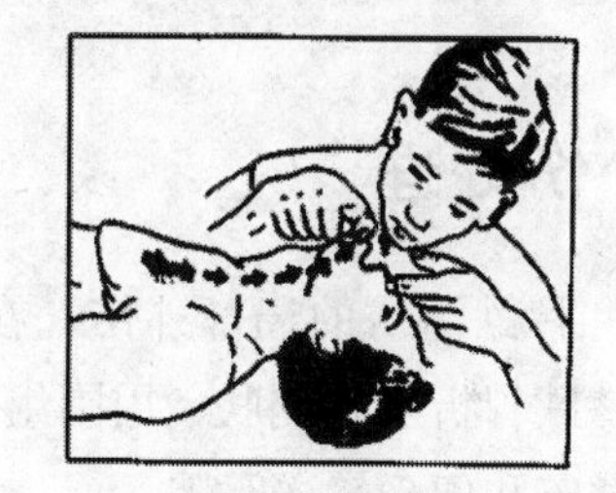

图7-6 放松换气

2. 胸外心脏挤压法

(1) 正确压点。将触电者衣服解开，仰卧在地上或硬板上，不可躺在软的地方，找到正确的挤压点，如图7-7所示。

(2) 叠手姿势。救护人员跨腰跪在触电者的腰部，如图7-8所示(救护儿童时用一只手)，手掌根部放在心口窝稍高一点的地方，掌根放在胸骨下的三分之一部位。

(3) 向下挤压。掌根用力下压，即向脊背的方向挤压，压出心脏里面的血液，如图7-9所示。成人压陷到3～5cm，每秒钟挤压一次，对儿童用力要轻一些。

(4) 迅速放松。挤压后掌根很快全部放松，如图7-10所示，让触电者胸廓自动复原，血液充满心脏。每次放松时掌根不必完全离开胸壁。

施行上述两种急救方法时，如双人抢救，每按压5次后由另一人吹气1次(5∶1)，反复进行；如果只有一人抢救，又需要同时采用两种方法，可以轮番进行，挤压15次后，吹气

2次(15∶2)。

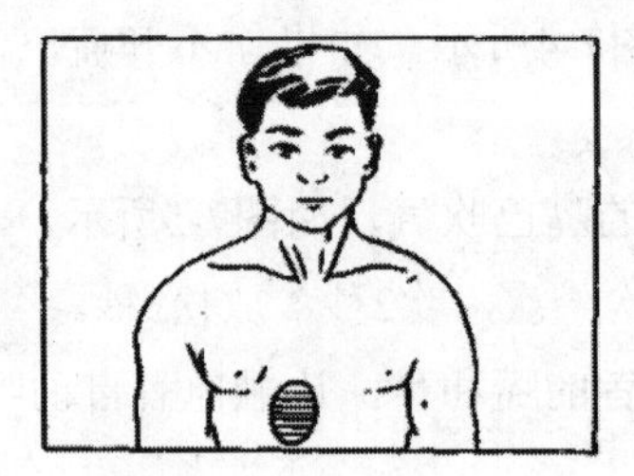

图7-7　正确压点

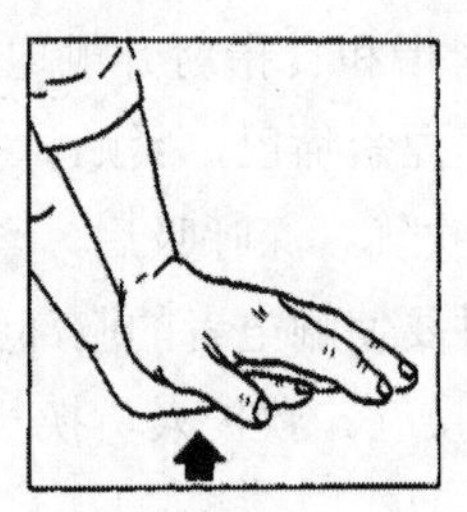

图7-8　叠手姿势

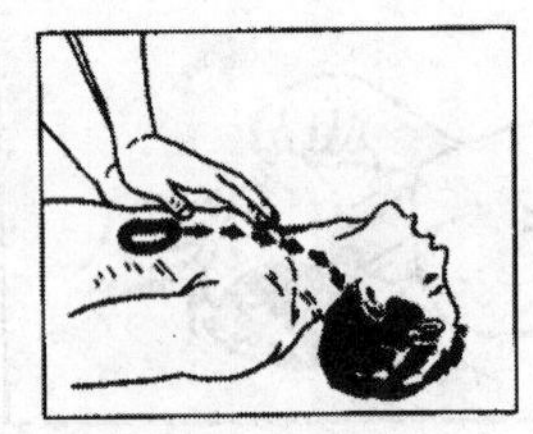

图7-9　向下挤压

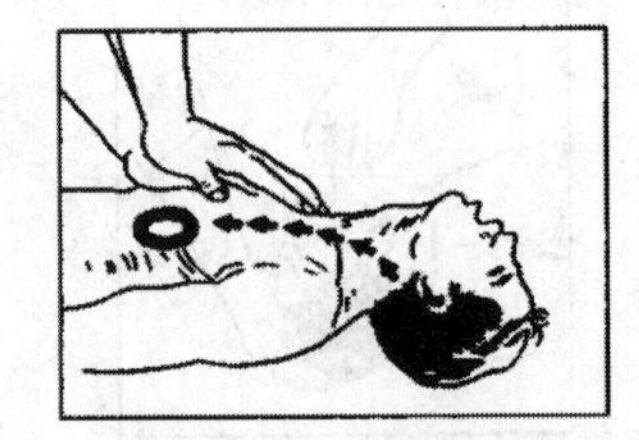

图7-10　迅速放松

7.3.4　外伤处理

对于电伤和摔跌造成的局部外伤，在现场救护中也应作适当处理，防止细菌侵入感染，同时防止摔跌骨折刺破皮肤、周围组织、神经和血管，避免引起损伤扩大，同时可以减轻触电者的痛苦和便于转送医院。

伤口出血，以动、静脉出血的危险性为最大。动脉出血，血色鲜红且状如泉涌；静脉出血，血色暗红且持续溢出。人体总血量大致有4000～5000ml左右，如果出血量超过1000ml，可能引起心脏跳动停止而死亡，因此要立即设法止血。

常用的外伤处理方法包括如下几点。

(1) 一般性的外伤表面，可以用无菌生理盐水或清洁的温开水冲洗后，再用适量的消毒纱布、防腐绷带或干净的布类包扎，经现场救护后送医院处理。

(2) 处理动、静脉出血最迅速的止血法是压迫止血法，就是用手指、手掌或止血橡皮带在出血处供血端将血管压瘪在骨骼上而止血，同时迅速送往医院处理。

(3) 如果伤口出血不严重，可用消毒纱布或干净的布类叠几层盖在伤口处压紧止血。

(4) 对触电摔伤四肢骨折的触电者，应首先止血、包扎，然后用木板、竹竿、木棍等物品，临时将骨折肢体固定并迅速送往医院处理。

(5) 高压触电时，可能会造成大面积严重的电弧灼伤，往往深达骨骼，处理十分复杂。现场可用无菌生理盐水或清洁的温开水冲洗，再用酒精全面涂擦，然后用消毒被单或干净的布类包裹送往医院处理。

7.4 保护接地

保护接地的作用就是将电气设备不带电的金属部分与接地体之间作良好的金属连接，降低接点的对地电压，避免人体触电危险。

7.4.1 中性点不接地电网中电气设备不接地的危险

中性点不接地电网如图7-11(a)所示。图中的电动机外壳不接地。当电动机正常运行时，电动机外壳不带电，触及外壳的人没有危险。当电动机的绝缘击穿碰壳时，其外壳便带有电压。这时如有人触及电动机外壳，将有电流经人体和电网对地绝缘阻抗形成回路，如图7-11(b)所示。

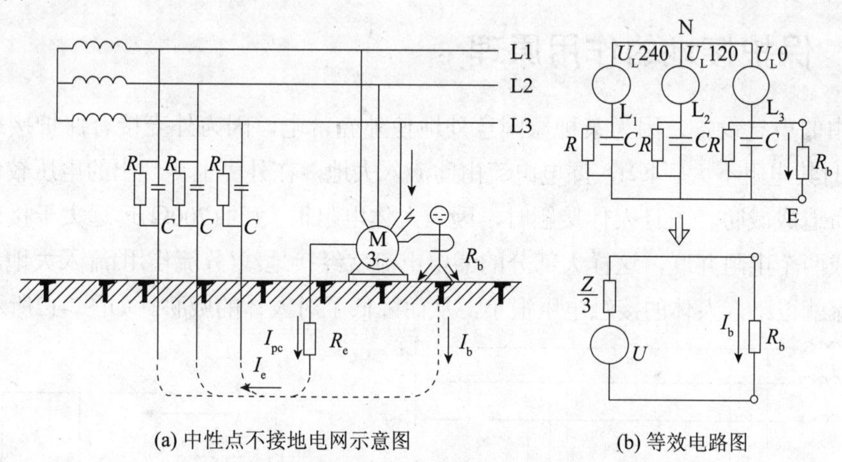

(a) 中性点不接地电网示意图　　(b) 等效电路图

图7-11　中性点不接地电网发生单相碰壳故障

根据图7-11(b)所示的等效电路，可求出流经人体的电流的有效值为

$$I_b = \frac{3U}{|Z + 3R_b|} \tag{7-3}$$

式中，U为电网相电压，R_b为人体电阻，Z为电网每相导线对地绝缘阻抗，人体所承受的电压为

$$U_b = I_b R_b = \frac{3UR_b}{|Z+3R_b|} \tag{7-4}$$

由公式7-3可见，流过人体的电流或人体所承受的电压与电网相电压、线路对地绝缘电阻和线路对地电容有关。在线路绝缘良好的情况下，设备对地电压很小，一般不至于发生危险。但是当线路绝缘变坏时，则有可能出现危险电压。例如在中性点不接地的380/220V电网中，由于电网对地电容较小，且电网电压较低，可以忽略电网对地电容的影响，于是流过人体的电流为

$$I_b = \frac{3U}{|R+3R_b|} \tag{7-5}$$

在线路绝缘良好的情况下，若取人体电阻R_b为1700Ω，则流经人体的电流为1.31mA，人体承受的电压为2.23V。流过人体的电流远小于安全电流30mA，人体所承受的电压也只有2.23V，可见在线路绝缘良好的情况下，是不会有触电危险的。

如果电网绝缘不良，则流过人体的电流会增至65mA，加于人体的电压会增至110V，这对触电者是相当危险的。

7.4.2 保护接地的作用原理

运行中的电气设备，因为某种原因意外地使外壳带电，因为外壳接有保护接地线且接地电阻很低(其电阻不大于4Ω)，漏电电流由此流入大地，在外壳上呈现出的电压较低，不足以给人生命造成威胁。一旦人体接触时，因为人体电阻很大(约1700Ω)远远大于接地电阻，此时可看成两个电阻并联，这样大部分的漏电电流就经接地线(分流作用)流入大地，而流经人体的电流就很小，人体的接触电压很小，从而降低了对人体的威胁。如图7-12所示。

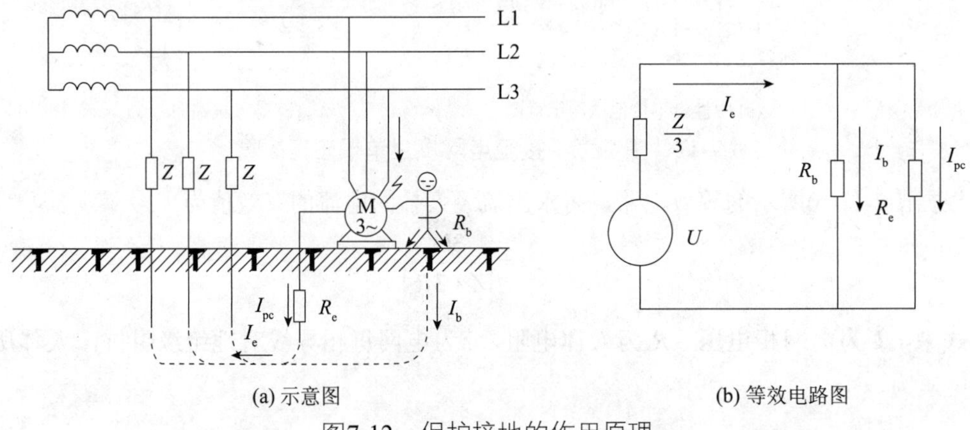

(a) 示意图　　(b) 等效电路图

图7-12　保护接地的作用原理

7.4.3 保护接地的应用范围

保护接地适用于各种不接地配电网，包括低压不接地配电网(如井下配电网)和高压不接地配电网，还包括不接地直流配电网。在这些电网中，凡由于绝缘损坏或其他原因而可能带危险电压的正常不带电金属部分，除另有规定外，均应接地。应当接地的具体部位有：

(1) 电动机、变压器、开关设备、照明器具、移动式电气设备的金属外壳或金属构架；

(2) 配电装置的金属构架、控制台的金属框架及靠近带电部分的金属遮拦和金属门；

(3) 配线的金属管；

(4) 电气设备的传动装置；

(5) 电缆金属接头盒、金属外皮和金属支架；

(6) 架空线路的金属杆塔；

(7) 电压互感器和电流互感器的二次线圈。

直接安装在已经接地金属底座、框架、支架等设施上的电气设备的金属外壳一般不必另行接地；有木质、沥青等高阻导电地面，无裸露接地导体，并且干燥的房间，额定电压交流380V和直流440V以下的电气设备的金属外壳一般也不必接地；安装在木结构或木杆塔上的电气设备的金属外壳一般也不必接地。

本章习题

7.1 什么是直接接触触电？

7.2 电流对人体作用的影响因素有哪些？

7.3 保护接地的作用原理是什么？

第 8 章

电气控制技术及可编程序控制器

本章主要介绍电气控制技术及可编程序控制器。在常用的低压电器中，主要介绍了主令电器、接触器、继电器、熔断器、断路器；在基本的电器控制电路中，介绍了用低压电器去控制三相交流电动机的起动、停止、正反转及反接制动环节；本章最后，介绍了可编程序控制器的基本概念、功能特点、组成及工作原理。通过本章的学习，可以使学生初步掌握低压电气的控制及PLC的基本知识。

8.1 常用低压电器

低压电器包括配电电器和控制电器两大类，通常是指应用于额定电压在直流DC1200V、交流AC1500V及以下的电路中的电器，实现电路中被控制对象的控制、调节、变换、检测、保护等作用，是组成成套电气设备的基础配套元件。

低压电器的种类繁多，功能多样，用途广泛，常见的分类方法可用图8-1表示。

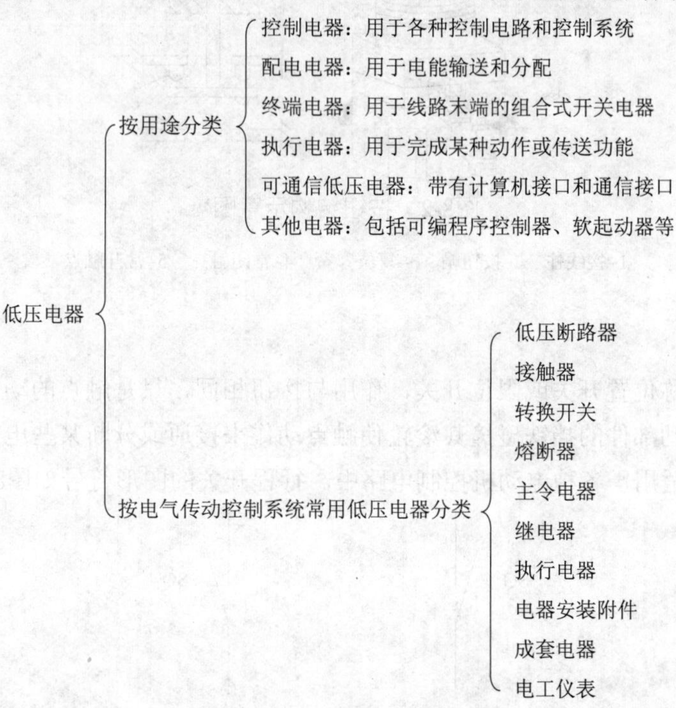

图8-1　低压电器常见分类方法

8.1.1 主令电器

主令电器是电气自动控制系统中用于发送或转换控制指令的电器，利用它控制电路的接通、分断来实现对生产过程的自动控制。主令电器种类繁多，应用广泛，常用的有按钮、行程开关、万能转换开关、接近开关等。

1. 按钮

按钮是一种靠外力操作接通或断开电路的电气元件，用于短时接通或分断小电流电路。按钮主要由按钮帽、复位弹簧、常开触点、常闭触点、接线柱、外壳等组成，结构图如图8-2所示。按下按钮时，动触点先和上面的常闭触点分离，然后和下面的常开触点接触，手松开后，靠弹簧复位。

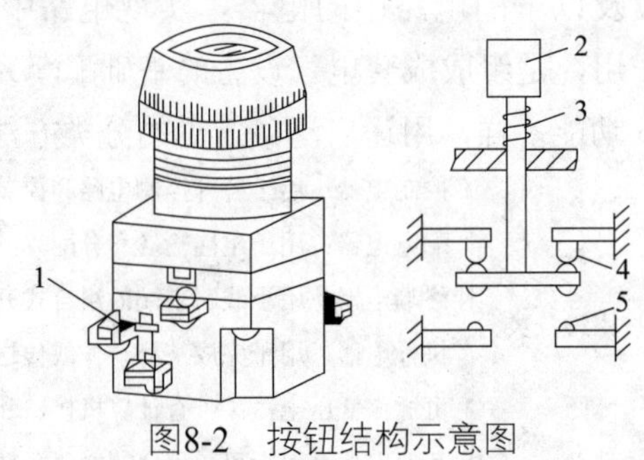

图8-2 按钮结构示意图

1–接线柱 2–按钮帽 3–复位弹簧 4–常闭触点 5–常开触点

2. 行程开关

行程开关又称位置开关或限位开关，作用与按钮相同，只是触点的动作不是靠手动操作，而是利用运动部件的挡铁碰撞其滚轮使触点动作来接通或分断某些电路，使之达到一定的控制要求，适用于各种电动机控制电路中。行程开关的图形符号如图8-3所示。

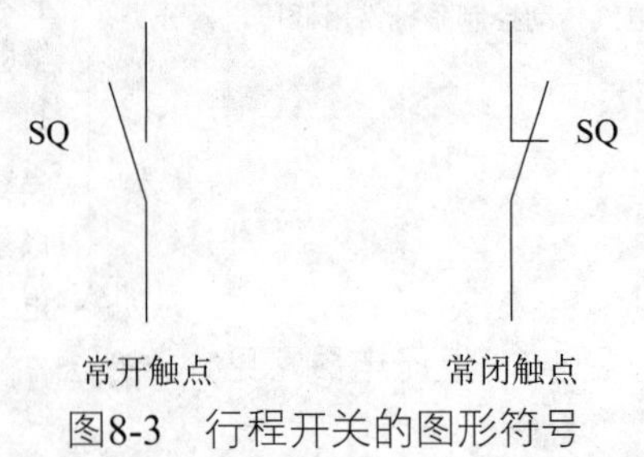

图8-3 行程开关的图形符号

3. 万能转换开关

万能转换开关是由多组相同结构的触点组件叠装而成的多回路控制电器，借助于不同形状的凸轮使其触点按一定的次序接通和分断，能转换多种和多数量的电气控制电路，可用于机床控制电路中进行换接，也可用于小容量电动机的起动与换向。

万能转换开关主要由手柄、转轴、带号码牌的触点盒等构成。中间转轴带动凸轮转动，使对应的触点接通或断开。

4. 接近开关

接近开关是一种不必与运动部件进行接触就可以动作的位置开关，当物体与接近开关感应面的距离小于动作距离时，不需要接触及施加任何压力即可开关动作，从而驱动交流或直流电器或给计算机装置提供控制指令。接近开关是开关型传感器(即无触点开关)，它既有行程开关、微动开关的特性，又具有传感性能，且动作可靠，性能稳定，抗干扰能力强。

接近开关按供电方式可分为直流型和交流型，按输出方式可分为直流两线制、直流三线制、直流四线制、交流两线制和交流三线制。

8.1.2 接触器

接触器是一种自动电磁式开关，适用于远距离频繁接通或断开交直流主电路及大容量控制电路，主要控制对象是电动机。接触器不仅能实现远距离自动操作和欠电压释放保护功能，而且具有控制容量大、工作可靠、使用寿命长等优点，在电力拖动系统中得到广泛应用。接触器可分为交流接触器和直流接触器。

1. 交流接触器

接触器主要由电磁系统、触点系统、灭弧装置及辅助部件等组成，结构如图8-4所示。当吸引线圈通电后，动铁芯被吸合，所有的常开触点都闭合，常闭触点都断开。当吸引线圈断电后，在恢复弹簧的作用下，动铁芯和所有触点都恢复到原来的状态。接触器适用于远距离频繁接通和切断电动机或其他负载主电路，由于具备欠电压释放功能，还可以当做保护电器使用。

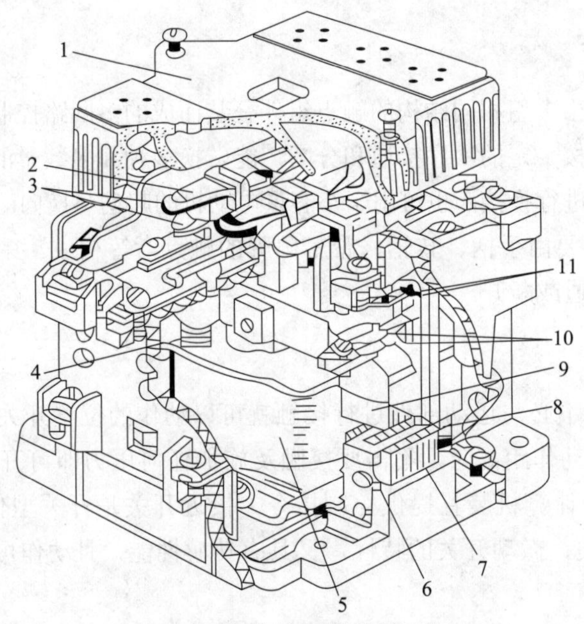

图8-4 交流接触器的结构图

1–灭弧罩 2–触点压力弹簧片 3–主触点 4–反作用弹簧 5–线圈

6–短路环 7–静铁心 8–弹簧 9–动铁心 10–辅助动合触点 11–辅助动断触点

1) 电磁系统

交流接触器的电磁系统主要由线圈、铁芯和衔铁三部分组成，主要作用是将电磁能量转换成机械能量，利用电磁线圈的通电或断电，使衔铁和铁芯吸合或释放，从而带动动触点和静触点闭合或分断，完成接通或分断电路的功能。常用的电磁系统如图8-5所示。

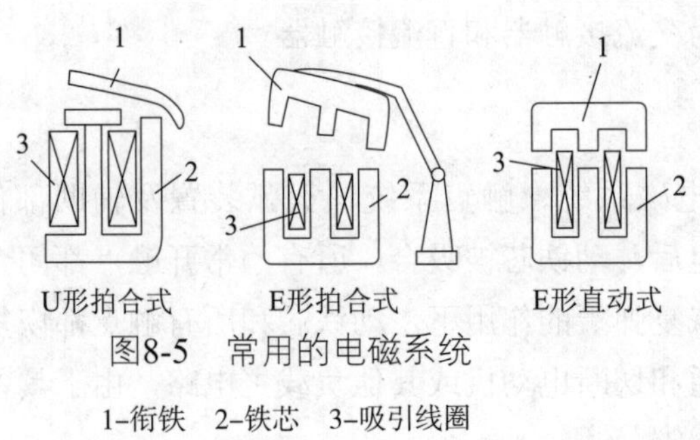

图8-5 常用的电磁系统

1–衔铁 2–铁芯 3–吸引线圈

2) 触点系统

触点是电器的执行部分，作用是接通和分断电路。交流接触器的触点系统按触点情况可分为点接触式、线接触式和面接触式三种。接触点的结构形式可分为桥式触点和指形触点两种。小容量触点系统可采用桥式结构，以增加绝缘间隙；大容量触点系统多采用指形触点，使用闭合时的滑擦动作能擦去可能产生的氧化层。

3) 灭弧装置

交流接触器在断开大电流或高压电路时，在动、静触点之间会产生很强的电弧。电弧是触点间气体在强电场作用下产生的放电现象。电弧的产生一方面会灼伤触点，另一方面会使电路切断时间延长，甚至引起事故，因此触点间的电弧应尽快熄灭。低压电器中通常采用拉长电弧、冷却电弧或将电弧分成多段等措施，促使电弧尽快熄灭。常用的灭弧方法有电动力灭弧、双断口灭弧、纵缝灭弧、栅片灭弧等。

4) 辅助部件

交流接触器的辅助部件有反作用弹簧、缓冲弹簧、触点压力弹簧、传动机构及底座、接线柱、外壳等。

2. 直流接触器

直流接触器与交流接触器的基本结构及动作原理基本相同，也是主要由电磁系统、触点系统、灭弧装置及辅助部件等组成，但是电磁系统和灭弧装置有些不同。

1) 电磁系统

直流接触器的电磁系统主要由线圈、铁芯和衔铁三部分组成。与交流接触器的不同之处在于吸引线圈由直流电源供电。由于通入的是直流电，铁芯内不产生涡流损耗，铁芯不发热，所以铁芯和衔铁多采用软钢和工程铸铁制成，没有短路环，但有非磁性垫片以减小剩磁影响。

2) 触点系统

直流电弧与交流电弧相比，不容易熄灭，为了能断开较大容量的直流电路，多采用指形触点。直流接触器的主触点有单双之分，单触点接触器主要用于发电—电动系统或其他独立变流系统，双触点接触器则用于非独立供电系统、可逆系统等。

3) 灭弧装置

直流接触器分断时感性负载存储的磁场能量瞬时释放，断点处会产生高能电弧，因此要求直流接触器具有一定的灭弧功能。中大容量直流接触器常采用单断点平面布置结构，其特点是分断时电弧距离长，灭弧罩内含灭弧栅。小容量直流接触器采用双断点立体布置结构，多采用磁吹式灭弧。

8.1.3 继电器

继电器是一种根据输入信号的变化接通或断开小电流电路，实现自动控制和保护电力拖动装置的电器，主要由感测机构、中间机构和执行机构三部分组成。继电器一般不直接控制主电路，而是反映控制信号。与接触器相比，继电器具有触点分断能力小、结构简单、反应灵敏、动作准确等特点。

继电器的种类很多，根据用途可分为控制继电器和保护继电器；根据反映信号的不同可分为电压继电器、电流继电器、中间继电器、时间继电器、速度继电器、温度继电器和压力继电器等；按工作原理可分为电磁式继电器、电动式继电器、感应式继电器、晶体管式继电器和热继电器；按输出方式可分为有触点式和无触点式。

1. 热继电器

热继电器是利用感受热元件的热量而动作的一种保护继电器，由热元件、触点系统、动作机构、复位机构和电流调整装置组成，主要对电动机实现过载保护、断相保护、电流不平衡运行保护，有两相结构、三相结构和三相带断相保护装置三种类型。

热继电器动作原理如图8-6所示。使用时，将热继电器的三相热元件分别串接在电动机的三相主电路中，常闭触点串接在控制电路的接触器线圈回路中。当电动机过载时，流过串联在定子电路中的电阻丝的电流超过热继电器的整定电流，电阻丝发热，双金属片受热膨胀，因膨胀系数不同，膨胀系数较大的左边一片的下端向右弯曲，通过导板推动补偿双金属片使推杆绕轴转动，带动杠杆使其绕轴转动，将常闭触点断开。使接触器线圈断电，接触器主触点释放，将电源切除起保护作用。动触点与常闭静触点分开，电源切除后，主双金属片逐渐冷却恢复原位，动触点在失去作用力的情况下，靠弹簧的弹性自动复位。

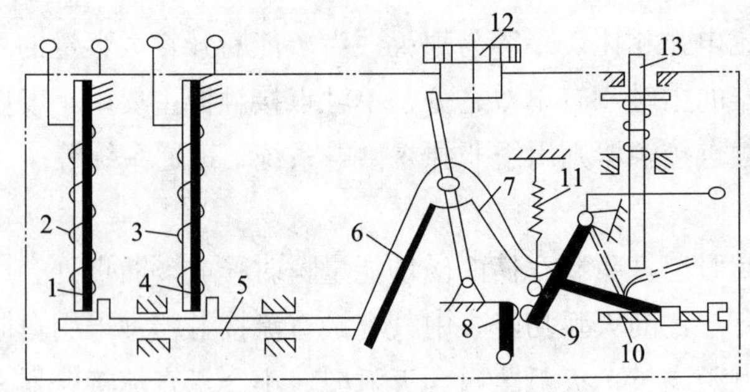

图8-6 热继电器动作原理图

1、4–主双金属片 2、3–发热元件 5–导板 6–温度补偿片 7–推杆 8–静触头 9–动触头 10–螺钉 11–弹簧 12–凸轮 13–复位按钮

2. 速度继电器

速度继电器是利用转轴的转速来切换电路的自动电器，通常与接触器配合，实现对电动机的反接控制。速度继电器主要由永久磁铁制成的转子、用硅钢片叠成的铸有笼形绕组的定子、支架、胶木摆杆和触点系统等组成，其中转子与被控电动机的转轴相连接。

当电动机转动时，速度继电器的转子随之转动，绕组切割磁场产生感应电动势和电流，此电流和永久磁铁的磁场作用产生转矩，使定子向轴的转动方向偏摆，通过胶木摆杆拨动簧片，使常闭触点断开、常开触点闭合。当电动机转速下降到接近零时，转矩减小，胶木摆杆在弹簧力的作用下恢复原位，触点也复位。

3. 电磁式继电器

中间继电器、电流继电器和电压继电器均属于电磁式继电器，它们的结构、工作原理与接触器相似，主要由电磁系统和触点系统两部分组成。电磁式继电器的基本结构如图8-7所示。

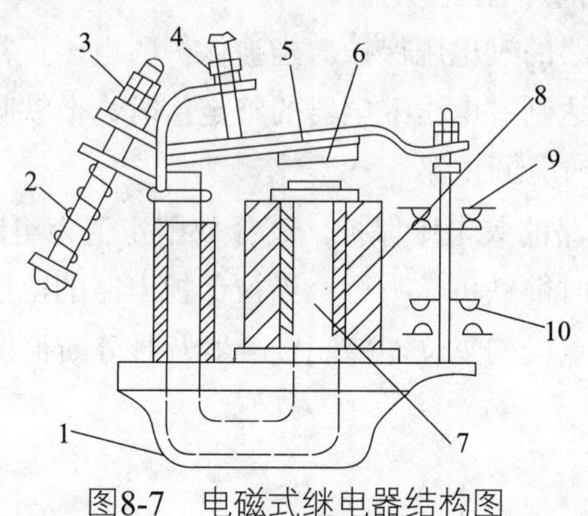

图8-7　电磁式继电器结构图

1-磁轭　2-弹簧　3-调节螺母　4-调节螺钉　5-衔铁　6-非磁性垫片　7-铁芯　8-线圈　9-常闭触点　10-常开触点

1) 中间继电器

中间继电器是用来增加控制电路中的信号数量或将信号放大的继电器，其输入信号是线圈的通电和断电，输出信号是触点的动作。由于触点的数量较多，可以用来控制多个元件或回路。当外界信号较弱，不足以直接驱动接触器时，就需要用中间继电器对信号进行放大；当电路比较复杂，连锁控制部分较多，接触器上的辅助触点不够时，可使用接触器上的一对触点控制中间继电器，中间继电器的触点就相当于接触器的辅助触点。

2) 电流继电器

电流继电器主要用于过载及短路保护。电流继电器的线圈串联接入主电路，其线圈匝数少，导线粗、阻抗小，用来感测主电路的电流，触点接于控制电路，作为执行元件。电流继电器反映的是电流信号，常用的电流继电器有欠电流继电器和过电流继电器。

欠电流继电器用于欠电流保护。在电路正常工作时，欠电流继电器的衔铁是吸合的，常开触点闭合，常闭触点断开。只有当电流降低到某一整定值时，衔铁释放，控制电路断电，控制接触器及时分断电路。

过电流继电器在电路正常工作时不动作，整定范围通常为额定电流的1.1～3.5倍。当被保护线路的电流高于额定值，并达到过电流继电器的整定值时，衔铁吸合，触点机构动作，控制电路断电，控制接触器及时分断电路，对电路起过电流保护作用。

3) 电压继电器

电压继电器主要用于电力拖动系统的电压保护和控制，其反映的是电压信号。它的线圈并联在被测电路的两端，匝数多，导线细，阻抗大。电压继电器的线圈并联接入主电路，感测主电路的电压；触点接于控制电路，作为执行元件。按吸合电压的大小，电压继电器可分为过电压继电器和欠电压继电器。

过电压继电器用于电路的过电压保护。当被保护的电压正常时衔铁不动作；当被保护电路的电压高于额定值，达到过电压继电器的整定值时，衔铁吸合，触点机构动作，控制电路断电，控制接触器及时分断电路。

欠电压继电器用于电路的欠电压保护，其释放整定值为电路额定电压的10%～60%。当被保护电路的电压正常时衔铁可靠吸合；当被保护电路的电压降至欠电压继电器的释放整定值时，衔铁释放，触点机构复位，控制接触器及时分断被保护电路。

8.1.4 熔断器

熔断器是低压配电网络和电力拖动系统中主要用作短路保护的电器。使用时串联在被保护的电路中，当电路发生短路故障，通过熔断器的电流达到或超过某一规定值时，以其自身产生的热量使熔体熔断，从而自动分断电路，起到保护作用。

熔断器主要由熔体、安装熔体的熔管和熔座三部分组成。熔体是熔断器的主要组成部分，常做成丝状、片状或栅状。熔体的材料通常有两种，一种是由铅、铅锡合金或锌等低熔点的材料制成，多用于小电流电路；另一种是由银、铜等较高熔点的金属制成，多用于大电流电路。熔管是熔体的保护外壳，用耐热绝缘材料制成，在熔体熔断时兼有灭弧作用。熔座是熔断器的底座，作用是固定熔管和外接引线。熔断器可分为以下几类。

1. 螺旋式熔断器RL

螺旋式熔断器在熔断管装有石英砂，熔体埋于其中，熔体熔断时，电弧喷向石英砂及其缝隙，可迅速降温而熄灭。为了便于监视，熔断器一端装有色点，不同颜色表示不同的熔体电流。熔体熔断时，色点跳出，示意熔体已熔断。螺旋式熔断器额定电流为5～200A，主要用于短路电流大的分支电路或有易燃气体的场所。

2. 有填料管式熔断器RT

有填料管式熔断器是一种有限流作用的熔断器，由填有石英砂的瓷熔管、触点和镀银铜栅状熔体组成。填料管式熔断器装在特别的底座上，如带有隔离刀闸的底座或以熔断器为隔离刀的底座上，通过手动机构操作。填料管式熔断器额定电流为50～1000A，主要用于短路电流大的电路或有易燃气体的场所。

3. 无填料管式熔断器RM

无填料管式熔断器的熔丝由纤维物制成，使用的熔体为变截面的锌合金片。熔体熔断时，纤维熔管的部分纤维物因受热而分解，产生高压气体，使电弧很快熄灭。无填料管式熔断器一般与刀开关组成熔断器刀开关组合使用。

4. 有填料封闭管式快速熔断器RS

有填料封闭管式快速熔断器是一种快速动作型的熔断器，由熔断管、触点底座、动作指示器和熔体组成。熔体为银质窄截面或网状形式，熔体为一次性使用，不能自行更换。由于有填料封闭管式快速熔断器具有快速动作性，一般作为半导体整流元件起保护作用。

8.1.5 断路器

低压断路器又称自动空气开关或自动空气断路器，是低压配电网络和电力拖动系统中常用的一种配电电器。断路器在正常情况下可用于不频繁的接通和断开电路以及控制电动机的运行。当电路中发生短路、过载和失压等故障时，能自动切断故障电路，保护线路和电器设备。断路器主要由动触头、静触头、灭弧装置、操作机构、热脱扣器、电磁脱扣器及外壳等部分组成。

低压断路器按结构形式可分为塑壳式(又称装置式)、框架式(又称万能式)、限流式、直流快速式、灭磁式和漏电保护式6类。

断路器的工作原理如图8-8所示。使用时断路器的三副主触头串联在被控制的三相电路中，按下接通按钮时，外力使锁扣克服反作用弹簧的反力，将固定在锁扣上面的动触头与静触头闭合，并由锁扣锁住搭钩使动静触头保持闭合，开关处于接通状态。

当线路发生过载时，过载电流流过过热元件产生一定的热量，使双金属片受热向上弯曲，通过杠杆推动搭钩与锁扣脱开，在反作用弹簧的推动下，动、静触头分开，从而切断电路，使用电设备不至于因过载而烧毁。

当线路发生短路故障时，短路电流超过电磁脱扣器的瞬时脱扣整定电流，电磁脱扣器产生足够大的吸力将衔铁吸合，通过杠杆推动搭钩与锁扣分开，从而切断电路，实现短路保护。

欠压脱扣器的动作过程与电磁脱扣器恰好相反。当线路电压正常时，欠压脱扣器的衔铁被吸合，衔铁与杠杆脱离，断路器的主触头能够闭合；当线路上的电压消失或下降到某一数值时，欠压脱扣器的吸力消失或减小到不足以克服拉力弹簧的拉力时，衔铁在拉力弹簧的作用下撞击杠杆，将搭钩顶开，使触头分断。具有欠压脱扣器的断路器在欠压脱扣器两端无电压或电压过低时不能接通电路。

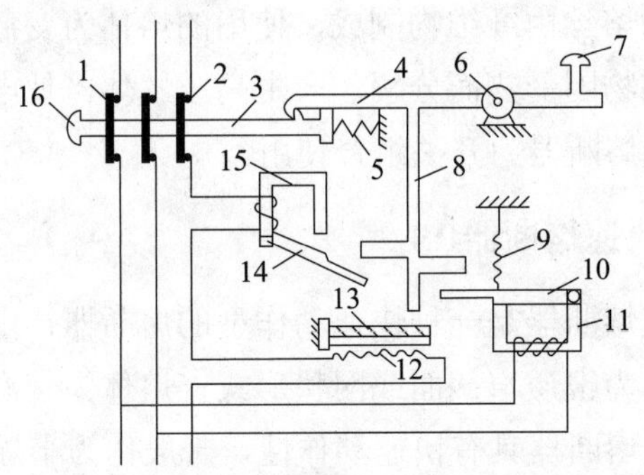

图8-8 低压断路器工作原理示意图

1-动触头 2-静触头 3-锁扣 4-搭钩 5-反作用弹簧 6-转轴座 7-分段按钮 8-杠杆 9-拉力弹簧 10-欠压脱扣器衔铁 11-欠压脱扣器 12-热元件 13-双金属片 14-电磁脱扣器衔铁 15-电磁脱扣器 16-接通按钮

8.1.6 其他低压电器

1. 刀开关和隔离器

刀开关是手动电器中结构最简单的一种，广泛应用于各种配电设备和供电线路，可作为非频繁地接通和分断容量不太大的低压供电线路使用。

隔离器是在电源切除后，将线路与电源明显可见地隔开，以保障检修人员安全的电器。隔离器分断时能将电路中所有电流通路都切断，并保持有效的隔离距离。隔离器一般属于无载通断电器，只能接通或分断母线、连接线和短电缆等的分布电容电流和电压互感器或分压器的电流等，但有一定的载流能力。

刀开关和隔离器按极数可分为单极、双极和三极；按结构可分为平板式和条架式；按操作方式可分为直接手柄操作式、杠杆操作机构式、旋转操作式和电动操作机构式；按转换方式可分为单投和双投。通常，除特殊的大电流刀开关有的采用电动操作方式外，一般都是采用手动操作方式。

2. 漏电保护器

漏电保护电器(通称漏电保护器)是在规定的条件下，当漏电电流达到或超过给定值时能自动断开电路的机械开关电器或组合电器。漏电保护器是用以防止因漏电、触电引起的人身伤亡事故、设备损坏以及火灾的一种安全保护电器，安装在中性点直接接地的三相四线制低压电网中，其主要功能是提供间接接触保护。当其额定动作电流在30mA及以下时，也可以作为直接接触保护的补充保护。

漏电保护器主要由检测元件、中间环节和执行机构组成。检测元件为零序电流互感器(又称漏电电流互感器)，作用是把检测到的漏电电流信号或触电电流信号变换为中间环节可以接收的电压或功率信号。中间环节的功能是对漏电信号进行处理，包括变换、比较和放大。执行机构为触头系统，多为低压断路器或交流接触器，其功能是受中间环节的指令控制，用以切断被保护电路的电源。

3. 起动器

起动器是一种供控制电动机起动、停止、反转用的电器，一般由通用的接触器、热继电器、控制按钮等电器元件按一定方式组合而成，并具有过载、失电压等保护功能。

起动器按起动方式可分为全压直接起动和减压起动两大类；按用途可分为可逆电磁起动器和不可逆电磁起动器；按外壳防护形式可分为开启式和防护式；按操作方式可分为手动、自动和遥控。

4. 电磁铁

电磁铁是一种通电后对磁性物质产生吸力，将电能转换为机械能的电器或电器部件。电磁铁由线圈、铁芯(动、静铁芯)两部分组成。当线圈中通以电流时，静铁芯被磁化而产生吸力，吸引动铁芯动作。电磁铁利用电磁吸力来操纵、牵引机械装置完成预期的动作，可以用于钢铁零件的吸持固定、铁磁物质的起重搬运等。

电磁铁按动铁芯运动方式可分为直动式和转动式；按线圈中通过电流的种类可分为直流电磁铁和交流电磁铁；按动铁芯的行程可分为长行程和短行程；按用途可分为牵引电磁铁、制动电磁铁、起重电磁铁和阀用电磁铁。

8.2 基本电气控制电路

8.2.1 电气原理图的绘图原则

电气原理图表示电气控制线路的工作原理以及各电器元件的作用和相互关系，而不考虑各电器元件实际安装位置和实际连线情况。绘制电气原理图时，一般遵循下面的规则。

(1) 电气控制线路分主电路和控制电路。主电路用粗线绘出，控制线路用细线绘出。主电路画在左侧，控制电路画在右侧。

(2) 电气控制线路中，同一电器的各导电部分如线圈和触头通常不画在一起，但要用同一文字符号标注。

(3) 电气控制线路的全部触头、触点都按“非激励”状态绘出。对接触器、继电器等操作元件来说“非激励”状态是指线圈未通电时触头、触点的状态；对按钮、行程开关等机械操作元件，“非激励”状态是指没有受到外力时的触点状态；对主令控制器，“非激励”状态是指手柄置于“零位”时各触头的状态；对断路器和隔离开关来说，“非激励”状态的触头处于断开状态。

8.2.2 电气控制线路设计的基本规律

在电气控制线路设计的过程中，经常会用到各种典型的控制环节，这些控制环节主要有电路设计的基本控制规律，以及在设计中增加的各种适当的保护措施。电气控制线路的基本规律有：联锁的控制规律和控制过程变化参量的控制规律。

1. 按联锁控制的规律

生产机械或自动生产线由许多运动部件组成，不同运动部件之间有联系又互相制约。

例如，电梯及升降机械不能同时上下运行，机械加工车床的主轴必须在油泵电动机起动，并使齿轮箱有充分的润滑油后才能起动等。这种互相联系而又互相制约的控制称为联锁。联锁控制应用很广，这里通过几个例子来总结具有普遍意义的规律性。

1) 起动、停止和点动

生产机械在正常连续工作的状态下，要求对电动机进行正常起动、停车控制；而当生产机械进行试车、调整或处于单步工作状态时，则要求电动机实现点动控制。

如图8-9所示，点动按钮SB与继电器K的常开触点并联，由继电器K线圈的通断电实现正常起动停车控制。进行点动控制之前，先按下停止按钮SB_1，使继电器K断电，再按下点动按钮SB，实现点动控制。

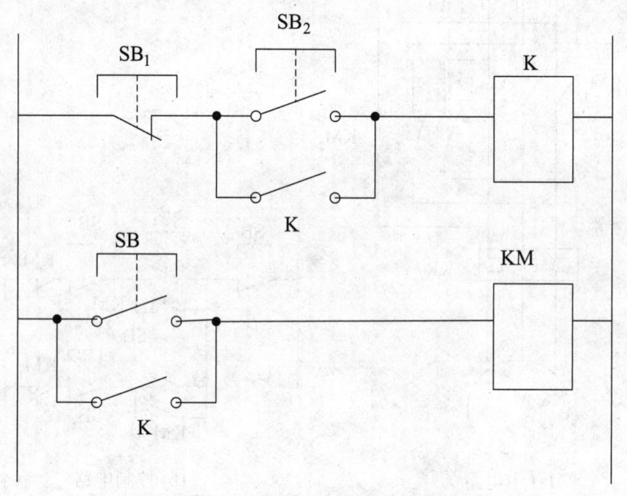

图8-9 采用继电器联锁的点动控制电路

在机床的控制线路中，经常采用手动开关SA作为点动按钮，实现联锁功能。如图8-10所示，在调整机床时，预先打开点动按钮SA，切断KM自锁电路，进行点动控制。调整完毕后，必须闭合SA，使自锁电路恢复，才能实现正常工作时的起动控制。

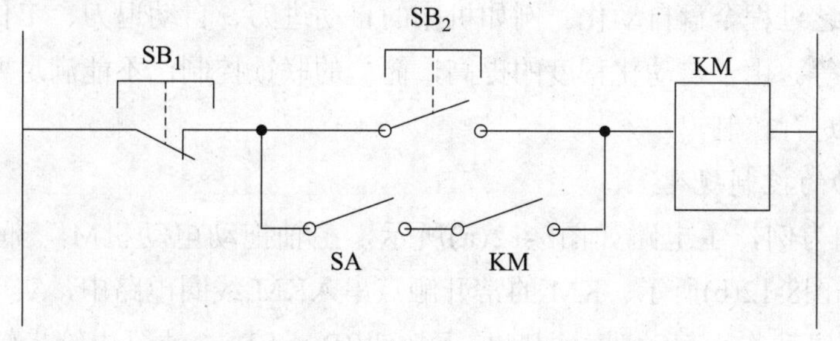

图8-10 采用手动开关的点动控制电路

2) 正反向接触器间的联锁

生产机械要实现具有上下、左右、前后等正反方向的动作，就要求电动机实现正反转控制。实现正反转控制的主电路要接入正向接触器KM_1和反向接触器KM_2。在控制电路中，应当考虑避免出现由于误操作(同时接通KM_1和KM_2)而出现短路的情况。因此，在设计这种线路时，应实现正反向接触器间的联锁。

如图8-11所示，SB为停止按钮，SB_1为起动按钮，SB_2为反向起动按钮。在正向接触器KM_1线圈的电路中，串入反向接触器KM_2的常闭触点，实现正反向接触器间的联锁(互锁)。

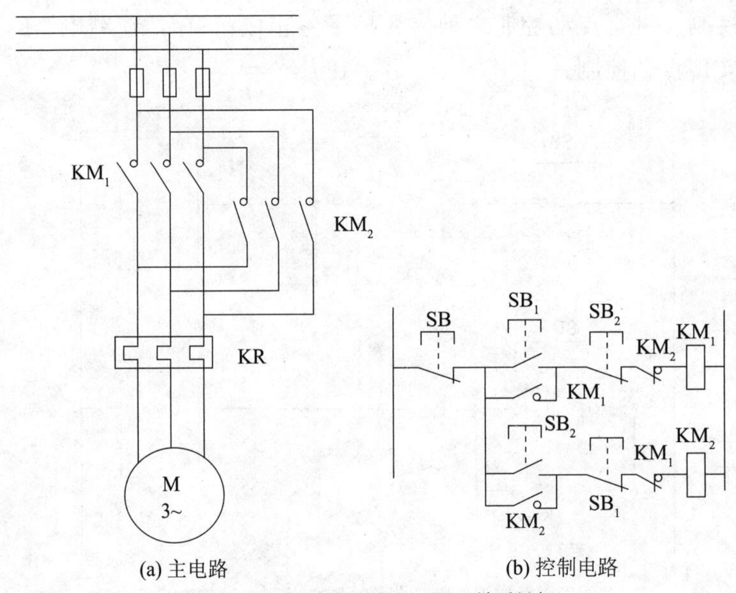

(a) 主电路　　(b) 控制电路

图8-11　正反向接触器间的联锁

2. 按控制过程变化参量的规律

在现代化工业生产中，为了提高劳动生产率、降低成本、减轻工人的劳动负担，要求实现整个生产工艺过程全盘自动化。例如机床的自动进刀、自动退刀、工作台往复循环等加工过程自动化等。由于自动化程度的提高，简单的联锁控制已不能满足要求，需要根据工艺过程特点等进行控制。

1) 顺序起动的控制规律

以车床主轴为例，主电路如图8-12(a)所示，主轴拖动电动机M_1，润滑油泵电动机M_2，控制电路如图8-12(b)所示。KM_2的常开触点串入KM_1线圈电路中，实现先KM_2通电、后KM_1通电的顺序动作。起动时，同时按下按钮SB_2、SB_4，油泵先给齿轮箱供油润滑，KM_2的常开触点闭合，然后才允许主轴拖动电动机起动。

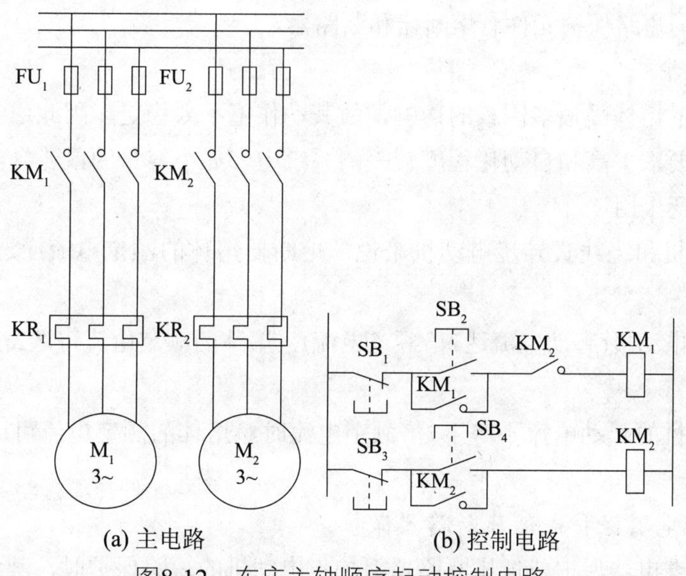

(a) 主电路　　(b) 控制电路

图8-12　车床主轴顺序起动控制电路

2) 联锁控制规律的普遍规则

(1) 制约控制。要求接触器KM_1动作时，KM_2不能动作。将接触器KM_1的常闭触点串接在接触器KM_2的线圈电路中，即逻辑“非”关系。

(2) 顺序控制。要求控制器KM_1动作后，KM_2才能动作。将接触器KM_1的常开触点串接在接触器KM_2的线圈电器中，即逻辑“与”关系。

8.2.3 线路中的保护措施

电气控制系统在能满足工艺要求的同时，必须应该保证其能够长期、安全、可靠、无故障地运行。因此，保护环节在电气控制系统中是不可缺少的重要组成部分，作用是避免由于各种故障或误操作造成的电气设备和机械的损坏，以及保证电动机、电网、电气控制设备及人身安全。

电气控制系统中常用的保护环节有短路保护、过载保护、零电压保护、欠电压保护、弱磁保护、安全接地、工作接地等。

1. 短路保护

电动机、电器以及导线的绝缘损坏或电路发生故障时，都可能造成短路事故。很大的短路电流可能使电动机的电器设备损坏。因此要求一旦发生短路故障时，控制电路能迅速切断电源。常用的短路保护元件有熔断器和断路器。

1) 熔断器保护

由于熔断器的熔体受很多因素的影响，故其动作值不太稳定，因此通常熔断器比较适用于动作准确度要求不高和自动化程度较差的系统中。如小容量的鼠笼异步电机及小容量的直流电机中广泛采用。

对直流电动机和绕线式异步电动机来说，熔断器熔体的额定电流应选1～1.25倍电动机额定电流。

对鼠笼异步电动机(起动电流达7倍额定电流)，熔体的额定电流可选2～3.5倍电动机额定电流。

当鼠笼电动机的起动电流不等于7倍额定电流时，熔体的额定电流可选1/2.5～1/1.6倍电动机起动电流。

2) 过电流继电器保护或低压断路器保护

当用过电流继电器保护或低压断路器保护作电动机的短路保护时，其线圈的动作电流可按下式计算

$$I_{sk}=1.2I_{st}$$

式中，I_{sk}为过电流继电器或低压断路器的动作电流；I_{st}为电动机的起动电流。

应当指出，过电流继电器不同于熔断器和低压断路器，它是一个测量元件。过电流的保护要通过执行元件接触器来完成，因此为了能切断短路电流，接触器触点的容量不得不加大，低压断路器把测量元件和执行元件装在一起。熔断器的熔体本身就是测量和执行元件。

2. 过电流保护

过电流往往是由于不正确的起动和过大的负载引起的，一般比短路电流要小，在电动机运行中产生过电流比发生短路的可能性更大，尤其是在频繁正、反转起动的重复短时工作制电动机中更是如此。直流电动机和绕线转子异步电动机控制电路中，过电流继电器也起着短路保护的作用，一般过电流的动作值为起动电流的1.2倍。

过电流保护广泛用于直流电动机或绕线转子异步电动机，对于三相笼型异步电动机，由于其短时过电流不会产生严重后果，故可不设置过电流保护。

这里必须指出，短路、过电流、过载保护虽然都是电流保护，但由于故障电流、动作值以及保护特性、保护要求以及使用元件的不同，它们之间是不能相互取代的。

3. 过载保护

过载保护也叫热保护，主要用于防止电动机因长期超载运行导致电机绕组的温升超过

允许值而损坏。常用的过载保护元件是热继电器。

由于热惯性的原因，热继电器不会受电动机短时过载冲击电流或短路电流的影响而瞬时动作。当电路有8～10倍额定电流通过时，热继电器需1～3s才动作，这样在热继电器未动作之前，可能使热继电器的发热元件和电路中的其他设备烧毁，因此，在使用热继电器作过载保护时，还必须设有短路保护，并且选作短路保护的熔断器熔体的额定电流不应超过4倍热继电器发热元件的额定电流。

4. 零电压和欠电压保护

在电动机运行时，如果电源电压因某种原因消失而使电动机停转，当电源电压恢复时电动机有可能自行起动，将可能使生产设备损坏或造成人身事故。对供电系统电网来说，如果同时有多个电动机及其他用电设备自行起动也会引起不允许的过电流及瞬间电网电压下降。为了防止电网失电后恢复供电时电动机自行起动的保护叫做零电压保护。

当电动机运行时，电源电压过分降低会引起电动机转速下降甚至停转，甚至产生事故。电网电压过低，如果电动机负载不变，则会造成电动机电流增加，引起电动机发热，严重时甚至烧坏电动机。此外，由于电压降低将引起一些电器的释放，造成电路不正常工作，甚至停转。因此需要在电压下降达到最小允许电压值时将电动机电源切除，这就是欠电压保护。

一般采用欠电压继电器，或零电压继电器来实现。电压继电器的吸合电压通常整定为0.8～0.85U_{RT}，继电器的释放电压通常整定为0.5～0.7U_{RT}。

5. 弱磁场保护

电动机磁通的过度减少会引起电动机的超速，因此需要保护，弱磁场保护采用的元件为电磁式电流继电器。

对并励和复励直流电动机来说，弱磁场保护继电器的吸合电流一般整定在0.8倍的额定励磁电流，这里已考虑了电网电压可能发生的降压和继电器动作的不准确度。至于释放电流，对调速的并励电动机来说应该整定在0.8倍的最小励磁电流。

6. 超速保护

有些控制系统为了防止生产机械运行超过预定允许的速度，如高炉卷扬机和矿井提升机，在线路中设置了超速保护。一般超速保护用离心开关来完成，也有用测速发电机的。

除上述主要保护外，控制系统中还有其他多种保护措施，如行程保护、油压保护和油温保护等，这些一般都是在控制电路中串接一个受这些参量控制的常开触点或常闭触点来实现对控制电路的电源控制。上节中讲到的自锁与互锁控制，实际也是一种保护。

8.2.4 三相交流电动机的起动控制线路

三相笼型异步电动机由于结构简单、价格便宜、坚固耐用等一系列优点获得了广泛应用。它的控制线路大都由继电器、接触器、按钮等有触头、触点的电器组成。起动控制有直接起动和减压起动两种方式。

1. 直接起动控制线路

一些简单机械如小型台钻、砂轮机、冷却泵等的控制要求不高，采用直接开关起动，如图8-13所示。它适用于不频繁起动的小容量电动机，但不能实现远距离控制和自动控制。

图8-14是电动机采用接触器直接起动线路，很多中小型卧式车床的主电动机均采用这种起动方式。其中，KM为自锁触头。其作用为：当放开起动按钮SB_2后，仍可保证KM线圈通电，电动机运行。通常将这种用接触器本身的触头来使其线圈保持通电的环节称为自锁环节。

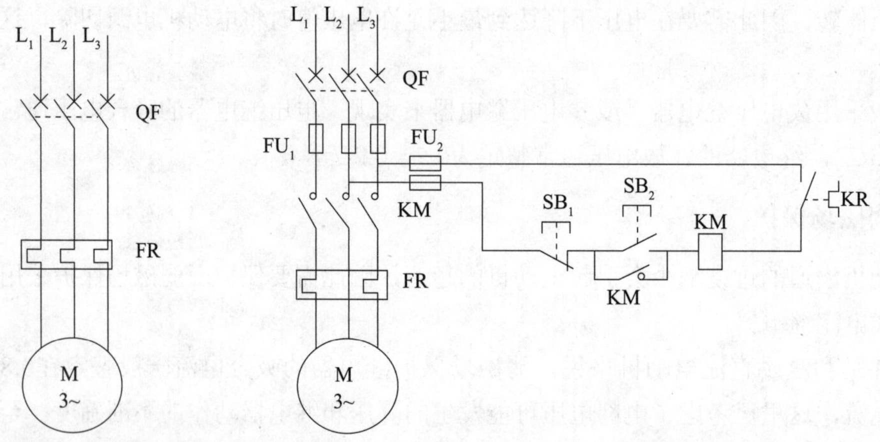

图8-13 用开关直接起动线路　　图8-14 用接触器直接起动线路

2. 减压起动控制线路

对于大容量的电动机，当电动机容量超过其供电变压器的某定值(变压器只供动力用时取25%；变压器供动力和照明公用时取5%)，一般应采用降压起动方式，以防止过大的起动电流引起电源电压的下降。降压起动的方式有星-三角(Y-D)降压起动、定子串电阻降压起动、软起动(固态降压起动器)、延边三角形降压起动及定子串电阻降压起动等。

1) 星-三角(Y-D)降压起动控制线路

正常运行时，电动机定子绕组是接成三角形的，起动时将绕组接成星形，起动即将完毕时再恢复成三角形。

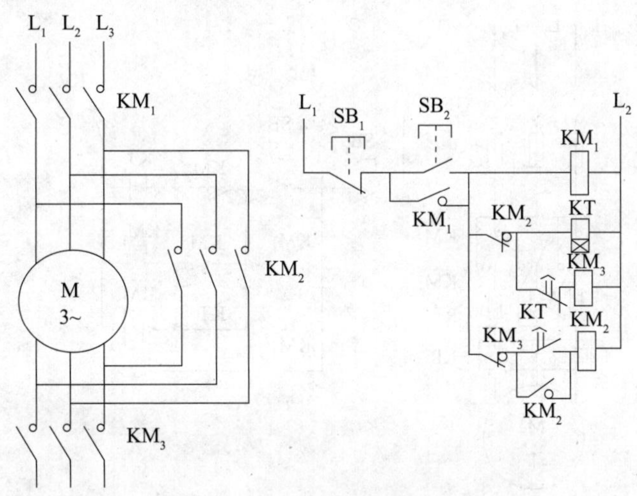

图8-15　Y-△降压起动控制线路

图8-15是Y-△起动线路。从主回路可知，如果控制线路使电动机接成星形(即KM_3主触头闭合)，经过一段时间的延时(起动过程结束)后再转换成三角形(KM_3主触头打开，KM_2主触头闭合)，则电动机就能实现减压起动，之后以正常速度运行。控制线路的工作过程如图8-16所示。

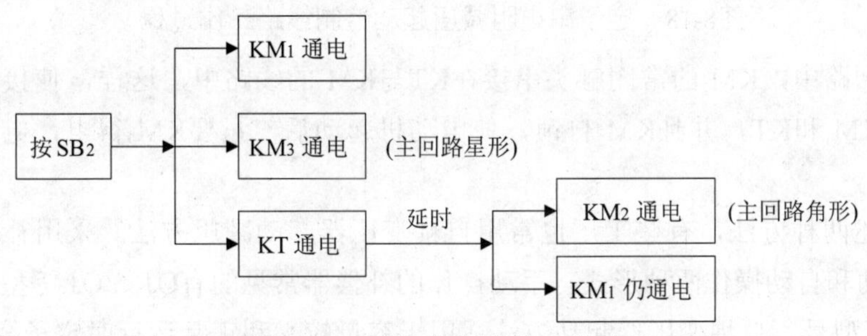

图8-16　Y-△起动线路的工作过程

控制回路中的KM_2与KM_3的常闭触头(动断触头)保证接触器KM_2和KM_3不会同时通电，以防止电源短路(互锁环节)。KM_2的常闭触头同时也使时间继电器KT断电(起动后不需要KT通电)。时间继电器KT计时的时间为起动过程的时间。

2) 定子串电阻减压起动控制线路

图8-17为定子串电阻减压起动控制线路。电动机起动时，在三相定子电路中串接电

阻，使电动机绕组电压降低，起动后再将电阻短接，使电动机在正常电压下运行。这种起动方式不受电动机接线形式的限制，设备简单，因而在中小型生产机械中应用较广。部分中小型机床也常用这种方式限制点动及制动电流。控制线路的工作过程如图8-18所示。

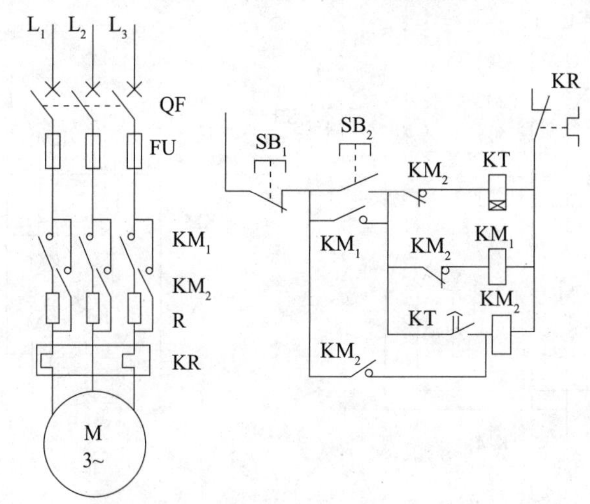

图8-17 定子串电阻减压起动控制线路

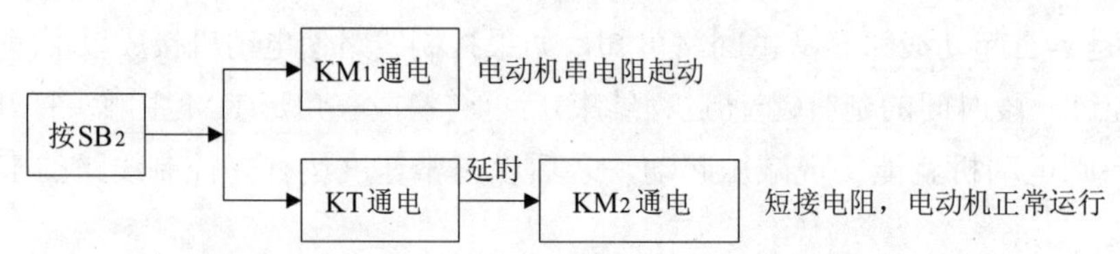

图8-18 定子串电阻减压起动控制线路工作过程

在控制回路中，KM_2的常闭触头串接在KT与KM_1的线路中，这样，使接触器KM_2得电后，切断KM_1和KT，并且KM_2自锁，使电动机起动后，只要KM_2得电，电动机便能正常运行。

除了上述两种方法，有些工厂也常用自耦变压器起动减压方法。采用补偿减压起动器，包括手动和自动操作两种形式。手动操作的补偿器常见的有QJ_3、QJ_5等型号，自动操作的有XJ_{10}等型号。自耦变压器起动方法适用于容量较大和正常运行时定子绕组接成Y型以及不能采用Y-△起动的笼型电动机。但是这种起动方法设备费用大，通常用来起动大型和特殊用途的电动机。

8.2.5 三相交流电动机正反转控制线路

要求电动机能够进行正、反向控制是生产机械的普遍需要，如大多数机床的主轴或进给运动都需要两个方向运行，故要求电动机能够正反转运行。在第4章中，我们知道，只要把电动机定子三相绕组所接电源任意两相对调，电动机定子的相序即可改变，从而电动机就可以改变方向。如果我们用两个接触器KM_1和KM_2来完成电动机定子相序的改变，那么由正转与反转线路组合起来就成了正反转控制线路。

1. 电动机正反转线路

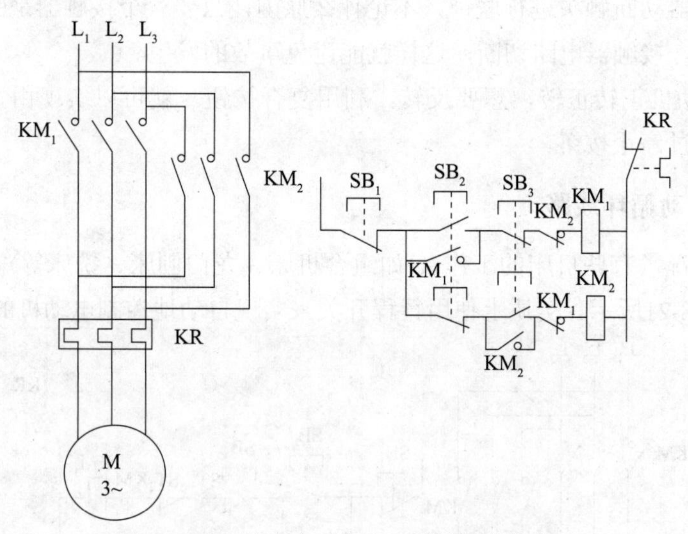

图8-19　异步电动机正反转控制线路

图8-19为异步电动机正反转控制线路。主回路中，KM_1为正转的接触器，KM_2为反转的接触器。控制回路中，我们采用三个按钮，SB_2为正转的按钮，SB_3为反转的按钮，都为复合按钮；SB_1为停止按钮。控制过程如图8-20所示。

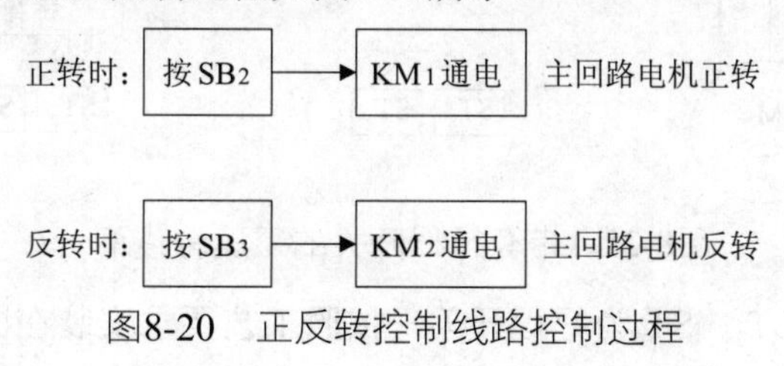

图8-20　正反转控制线路控制过程

需要注意以下几点：

(1) 接触器KM_1和KM_2的常闭触头(动断触头)互相串联在对方的控制回路中进行联锁控制，作用是：当KM_1是常闭触头打开，使KM_2不能通电，此时即使按下SB_2，也不能造成短路，反之也是一样。接触器辅助触头这种互相制约的关系称为“联锁”或“互锁”。

(2) 控制回路中的按钮SB_2与SB_3采用复合按钮，也可以起到联锁作用。由于按下SB_2

时，只有KM_1得电动作，同时KM_2回路被切断；按下SB_3时，只有KM_2得电，同时KM_1回路被切断。我们要注意，如果只用按钮进行联锁，而不用接触器动断触头之间的互锁是不可靠的。因为在实际电路中，可能出现这种情况，由于负载短路或大电流的长期作用，接触器的主触头被强烈的电弧“烧焊”在一起，或者接触器的机构失灵使衔铁卡住总是在吸合状态，这都可能使主触头不能打开，这时如果另一接触器动作，就会造成电源短路事故。如果用的是接触器动断触头进行联锁，不论什么原因，只要一个接触器是吸合状态，它的联锁就必然将另一接触器电路切断，这样就能避免事故的发生。

(3) 如果电动机正转正转，想要反转，利用复合按钮，就可以实现由正转直接变成反转，而不需要经过停止按钮。

2. 正反转自动循环线路

根据实际情况，有些机床的工作台(如组合机床、龙门刨床、铣床等)需要往返循环的控制线路，如图8-21所示。实质上使用行程开关来实现自动地控制电动机的正反转。

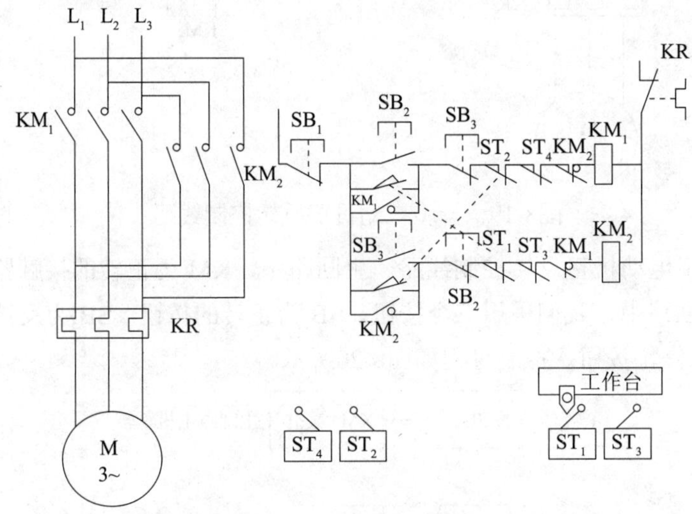

图8-21　带有行程开关的正反转线路

图中，ST_1、ST_2、ST_3、ST_4为行程开关，按照工艺要求安装在固定的位置。当撞块压下行程开关时，其动合触头打开，其实这是按一定的行程用撞块压下行程开关，代替了人工按钮。控制过程如图8-22所示。

KM_1通电后，电动机又正转使工作台前进，这样可一直循环下去。SB_1为停止按钮，SB_2和SB_3为不同方向的复合起动按钮。复合按钮的作用是：为了满足改变工作台方向时，不按停止按钮可直接操作。

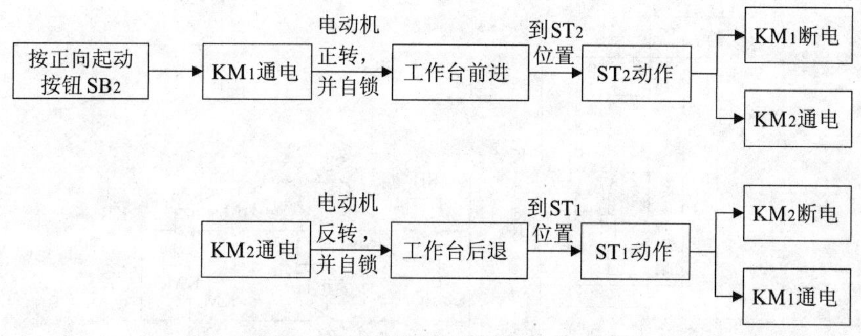

图8-22　正反转循环电路工作过程

限位开关ST_3、ST_4安装在极限位置，当由于某种故障，工作台到达ST_1(或ST_2)位置时，未能切断KM_2(或KM_1)时，工作台将继续移动到极限位置，压下ST_3(或ST_4)，此时最终把控制回路断开，使电动机停止，避免工作台由于超出允许位置所导致的事故。因此，ST_3、ST_4起限位保护作用。

上述这种用行程开关按照部件的位置或机件的位置变化所进行的控制，称做按行程原则的自动控制，或称行程控制。

8.2.6　三相交流电动机制动控制线路

当按下停止按钮后，三相异步电动机的定子绕组脱离电源。由于惯性的作用，转子需经过一定时间后才能停止旋转，这往往不能适应某些生产机械工艺的要求，造成运动部件停位不准确，工作不安全。为此，要求电动机采取有效的制动措施，使其立即停车。一般采用的制动方法有机械制动与电气制动。机械制动采用机械抱闸或液压装置等外加的机械作用力使转子迅速停止转动。电气制动是使电动机工作在制动状态，即使电动机电磁转矩方向与电动机旋转方向相反，迫使电动机转速迅速下降，起到制动作用。常用的电气制动方法有反接制动与能耗制动。

1. 反接制动

反接制动是在制动时利用改变电动机电源的相序，使定子绕组产生的旋转磁场与转子惯性旋转方向相反，因此产生制动作用的一种制动方法。

如图8-23所示，反接制动的过程为：当想要停车时，首先将三相电源切换，然后当电动机转速接近零时，再将三相电源切除。

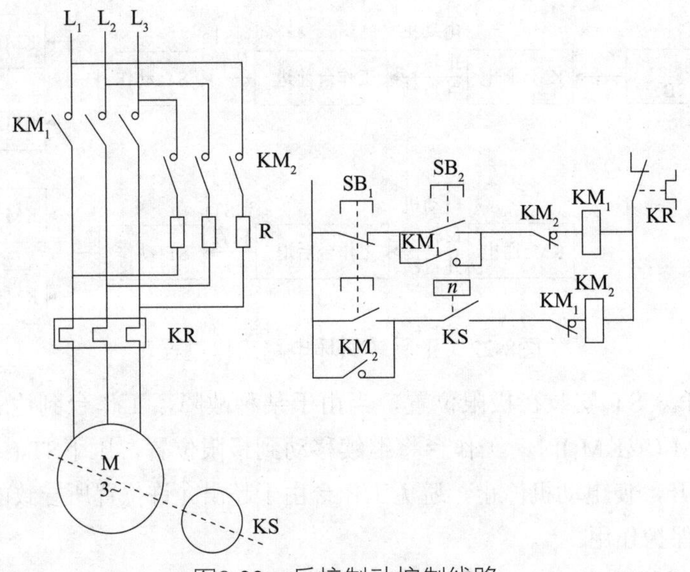

图8-23 反接制动控制线路

当电动机正在正方向运行时，如果把电源反接，电动机转速将由正转急速下降到零。如果反接电源不及时切除，那么电动机将又要从零速开始反向起动运行。所以我们必须在电动机制动到零速或接近零速时，将反接电源切断，电动机才能真正停下来。控制线路中，我们用速度继电器KS来“判断”电动机是否停转。在主回路中，电动机与速度继电器的转子是同轴连接，电动机转动时，速度继电器的动合触头闭合，电动机停止时动合触头打开。控制过程如图8-24所示。

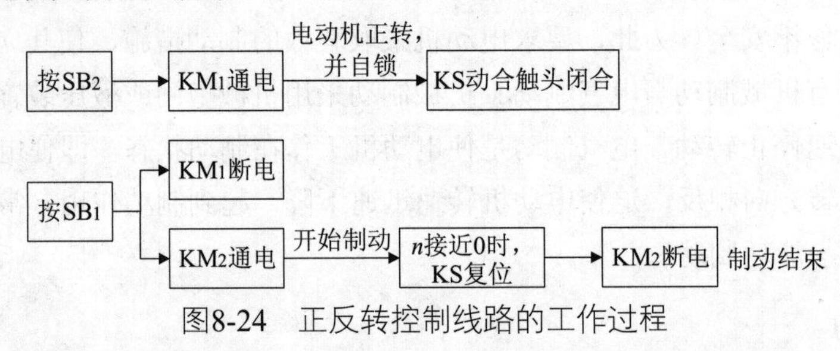

图8-24 正反转控制线路的工作过程

控制线路中停止按钮使用了复合按钮SB_1，并在其动合触头上并联了KM_2的动合触头，使KM_2能自锁。这样在用手转动电动机时，虽然KS的动合触头闭合，但只要不按停止按钮SB_1，KM_2就不会得电，电动机也就不会反接电源，只有操作停止按钮SB_1时，KM_2才能得电，制动线路才能接通。

为了防止绕组过热和减小制动冲击，一般控制线路中应在电动机定子电路中串入反接制动电阻R。

反接制动时，旋转磁场的相对速度很大，定子电流也很大，因此制动效果显著。但制动过程中有冲击，对传动部件有害，能量消耗大，故反接制动适用于不太经常制动的设备，如铣床、镗床、中型车床主轴的制动等。

2. 能耗制动

电动机能耗制动是定子绕组与三相电源脱离以后，立即使其二相定子绕组接上一直流电源，于是在定子绕组中产生一个静止磁场，转子在这个磁场中继续旋转(由于惯性)产生感应电动势，转子电流与固定磁场所产生的转矩阻碍了转子的转动，产生制动作用，使电动机迅速停车。这种制动方法，实质上是把转子原来储存的机械能，转变成电能，又消耗在转子的制动上，所以称做能耗制动。

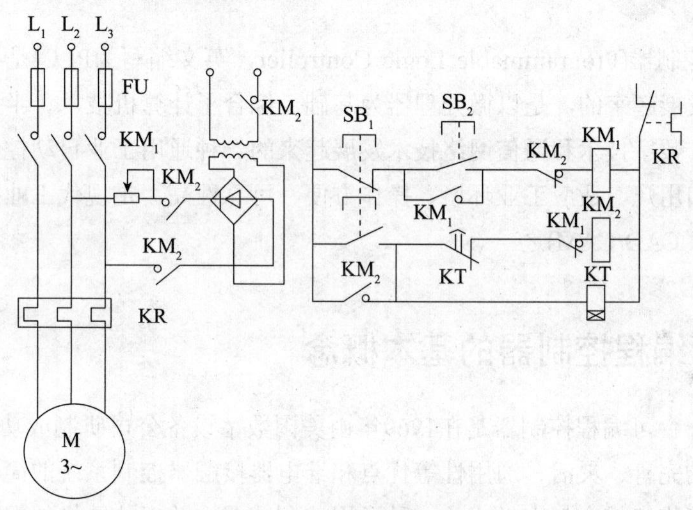

图8-25　能耗制动控制线路

图8-25为能耗制动的控制线路图。控制线路工作过程如图8-26所示。

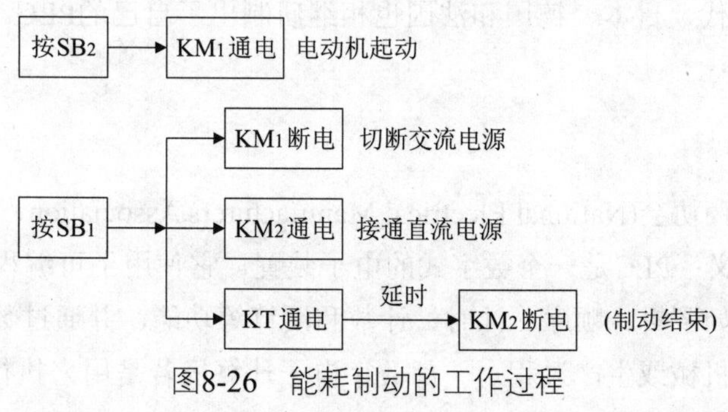

图8-26　能耗制动的工作过程

能耗制动的特点是制动作用的强弱与直流电流的大小和电动机转速有关，在同样的转速下电流越大制动作用越强。一般取直流电流为电动机空载电流的3～4倍，过大会使定子过热。图8-25直流电源中串接的可调电阻RP，可调节制动电流的大小。控制回路中的时间继电器按时间原则控制制动的线路。

能耗制动比反接制动消耗的能量少，其制动电流也比反接制动电流小。但能耗制动的制动效果不如反接制动明显，同时需要一个直流电源，控制线路相对比较复杂。通常能耗制动适用于电动机容量较大和起动、制动频繁的场合。

8.3 可编程控制器

可编程序控制器(Programmable Logic Controller，英文缩写为PLC)是在继电接触器逻辑控制基础上发展起来的，是以微处理器为基础，综合了计算机技术、半导体集成技术、自动控制技术、数字技术和通信网络技术发展起来的一种通用工业自动控制装置。它面向控制过程、面向用户、适应工业环境、操作方便、可靠性高，是现代工业控制的三大支柱(PLC、机器人、CAD/CAM)之一。

8.3.1 可编程控制器的基本概念

世界上第一台可编程控制器是在1969年由美国数字设备公司研制成功的。由于PLC是把计算机功能的完善、灵活、通用性等优点和继电器接触器控制系统的简单易懂、操作方便、价格便宜等优点结合起来做成的一种通用控制装置，并把计算机的编程方法和程序输入方法加以简化，使得不熟悉计算机的工作人员也能掌握使用，因此这项新技术的发展很迅速。随后的70年代，日本、德国和法国也相继研制出了自己的PLC。我国的PLC研制工作始于1974年。

1. PLC的定义

美国电气制造商协会(National Electrical Manufacturers Association，NEMA)于1980年给PLC做了如下的定义：PLC是一个数字式的电子装置，它使用了可编程序的记忆体以存储指令，用来执行诸如逻辑、顺序、计时、计数和演算等功能，并通过数字或模拟的输入和输出，以控制各种机械或生产过程。一部数字电子计算机若是用来执行PLC之功能者，亦被视为PLC，但不包括鼓式或机械式顺序控制器。

国际电工委员会(IEC)曾于1982年11月颁发了可编程控制器标准草案第一稿，1985年1月又发表了第二稿，1987年2月颁发了第三稿。草案中对可编程控制器的定义是：

可编程序控制器是一种数字运算操作的电子系统，专为在工业环境下应用而设计的。它采用了可编程序的存储器，用来在其内部存储执行逻辑运算、顺序控制、定时、计数和算数运算等面向用户的指令，并通过数字式和模拟式的输入/输出，控制各种类型的机械或生产过程。可编程序控制器及其有关外围设备，都按易于与工业控制系统形成一个整体、易于扩充其功能的原则设计。

定义强调了可编程控制器直接应用于工业环境，它须具有很强的抗干扰能力、广泛的适应能力和应用范围。这也是区别于一般微机控制系统的一个重要特征。

2. PLC的分类

PLC的类型多，型号各异，各生产厂家的规格也各不相同，因此PLC的分类没有严格的界限。通常按照以下原则考虑。

1) 按容量分类

PLC的容量主要指PLC的输入/输出(I/O)点数。输入输出总点数在256以下为小型机，256～2048为中型机，2048以上为大型机。

2) 按结构形式分

(1) 整体式PLC。整体式PLC是将电源、CPU、I/O部件都集中在一个机箱内。其结构紧凑、体积小、价格低。一般小型PLC采用这种结构。例如美国GE公司的GE-I/J系列PLC。

(2) 模块式PLC。模块式结构是将PLC各部分分成若干个单独的模块，如电源模块、CPU模块、I/O模块和各种功能模块。模块式PLC由机架和各模块组成。其配置灵活，装配方便，便于扩展和维修。一般大中型PLC宜采用这种结构。例如西门子公司的S7-300PLC、S7-400PLC。

(3) 叠装式PLC。将整体式和模块式结合起来，称为叠装式PLC。它除了基本单元外还有扩展模块和特殊功能模块，配置比较方便。叠装式PLC集整体式PLC与模块式PLC优点于一身，它结构紧凑、体积小、配置灵活、安装方便。例如西门子公司的S7-200PLC。

8.3.2 可编程控制器的基本功能和特点

1. PLC的主要功能

PLC在不断地发展，其性能在不断地完善，功能在不断地增强。其功能主要有以下几个方面。

(1) 开关量的逻辑控制。逻辑控制功能实际上就是位处理功能，是PLC最基本的功能之一。PLC具有强大的逻辑运算能力，可以实现各种简单和复杂的逻辑控制，常用于取代传统的继电器控制系统。PLC根据外部现场(开关、按钮或其他传感器)的状态，按照指定的逻辑进行运算处理后，控制机械部件进行相应的操作；另外，PLC中一个逻辑位的状态可以无限制地使用，逻辑关系的修改和变更也十分方便灵活。

(2) 模拟量控制。在工业生产过程中，有很多连续变化的量，如温度、压力、流量、液位和速度等都是模拟量。而PLC中的CPU只能处理数字量。因此在PLC中配置了A/D和D/A模块，以完成对连续模拟量的控制。

(3) 定时控制。PLC为用户提供了若干个定时器，可以实现定时控制的功能。定时器的时间可以由用户通过程序进行设定，也可以用拨盘开关在外部设定，实现定时或延时控制。

(4) 计数控制。PLC为用户提供了若干个计数器，具有计数控制的功能。计数器的计数值可以由用户通过程序进行设定，也可以用拨盘开关在外部设定，实现技术控制。

(5) 顺序(步进)控制。PLC为用户提供了若干个移位寄存器，可以实现由时间、计数或其他指定逻辑信号为步进条件的顺序控制。可以用移位寄存器和顺控指令编写程序。

(6) 闭环过程控制。运用PLC不仅可以对模拟量进行开环控制，而且还可以进行闭环控制。配置PID控制单元或模块，对控制过程中某一变量(电压、电流、温度、速度、位置等)进行PID控制。

(7) 数据处理。PLC的数据处理功能，可以实现算术运算、逻辑运算、数据比较、数据传递、数据移位、数制转换、编码解码等操作。大中型PLC的数据处理功能更全，可进行开方、PID运算、浮点运算等复杂操作，还可以和CRT、打印机相连，实现程序、数据的显示和打印。

(8) 通信和联网。现代PLC具有网络通信的功能，它既可以对远程I/O进行控制，又能实现PLC与PLC、PLC与计算机之间的通信，从而构成“集中管理、分散控制”的分布式控制系统，实现工厂自动化。PLC还可以与其他智能控制设备(变频器、数控装置等)实现通信。PLC与变频器组成联合控制系统，可提高控制交流电动机的自动化水平。

(9) 监控。PLC设置了较强的监控功能。利用编程器或监视器，操作人员可以对PLC有关部分的运行状态进行监视。如果发现异常，立即报警。

(10) 停电记忆。PLC内部的部分存储器使用的RAM设置了停电记忆保持器件(如备用电池等)，以保证断电后这部分存储器中的信息不丢失。利用停电记忆，可以保持PLC断电后数据内容不消失，待PLC电源恢复后，可以在原工作基础上继续工作。

(11) 故障诊断。PLC可以对系统构成、某些硬件状态、指令的合法性等进行自诊断，发现异常情况，发出报警并显示错误类型，如果为严重错误则强制停机。PLC的故障自诊断功能，大大提高了PLC控制系统的安全性和可维护性。

2. PLC的特点

(1) 可靠性高，抗干扰能力强。工业控制装置通常设置在恶劣的工业环境场合，控制装置的可靠性是非常重要的。PLC控制的对象复杂、使用环境特殊、有的需要长期连续运行，这就要求有很高的可靠性。因此，在设计中硬件和软件方面都强化了PLC的抗干扰能力，能抵抗如电噪声、电源波动、震动、电磁干扰等的干扰，能在高温、高湿以及空气中存有各种强腐蚀物质粒子的恶劣环境下可靠地工作。

(2) 通用性好，灵活性强。PLC通过程序来实现各种控制功能，因此，PLC控制系统中，当控制功能改变时只需要修改程序，外部接线改动极少，甚至可不必改动。一台PLC可以通过程序的改写进行不同功能的控制，其灵活性和通用性是继电器控制电路所无法比拟的。

(3) 编程方便，易于使用。PLC的编程采用与继电器电路极为相似的梯形图语言，直观易懂，广大现场电气技术人员易于接受。用梯形图编程出错率比汇编语言低很多。PLC还可以采用面向控制过程的控制系统流程图编程和语句表方式编程。梯形图、流程图、语句表之间可有条件地互相转换，使用非常方便。

(4) 系统设计、安装、调试方便。PLC中配置大量的相当于中间继电器、时间继电器、计数器等的“软元件”，又用程序(软接线)代替硬接线，安装接线工作量少。设计人员只要有PLC就可进行控制系统设计并可在室内进行调试，室内调试后，即可到现场进行联机调试。

(5) 模块化结构。PLC的各个部件，包括CPU、电源、I/O等均采用模块化设计，由机架和电缆将各模块连接起来。系统的功能和规模可根据用户的实际需求自行配置，从而实现最佳性价比。

(6) 功能强大。PLC能够适应各种形式和性质的开关量和模拟量信号的输入和输出。在PLC内部具有很多控制功能，如时序、计数器、主控继电器以及移位寄存器、中间继电器等。由于采用了微处理机，它能够很方便地实现延时、锁存、比较、跳转和强制I/O等诸多功能。不仅具有逻辑运算、算术运算、数制转换以及顺序控制功能，而且还具备模拟运算、显示、监控、打印及报表生成等功能。

(7) 维修方便。PLC有完善的自诊断、履历情报存储及监视功能。对于其内部工作状态、通信状态和I/O点的状态均有显示。工作人员可通过它迅速找出故障原因，以便及时处理。

(8) 输入输出时接口功率大。PLC的输入输出模块可直接与AC 220V、110V和DC 24V、48V输入输出信号相连接，输出可直接驱动2A以下的负载。而且PLC也有TTL和COMS电平输入输出模块，驱动TTL或CMOS设备。

(9) 结构紧凑、体积小、重量轻、功耗低。由于PLC采用的是半导体集成电路，又有模块化的结构，所以体积小、重量轻，自身功率损耗也很低。

由于具有上述特点，使PLC的应用范围极其广泛，可以说只要有工厂、有控制要求，就会有PLC的应用。

8.3.3 可编程控制器的基本组成及工作原理

1. PLC的基本组成

从广义上讲，PLC是一种专用的工业控制计算机，它以微处理器为核心，综合了计算机技术、半导体存储技术和自动控制技术。因此，其组成结构与微机基本相同，包括中央处理单元(CPU)、存储器、输入输出(I/O)单元、电源和外部设备。其结构组成如图8-27所示。

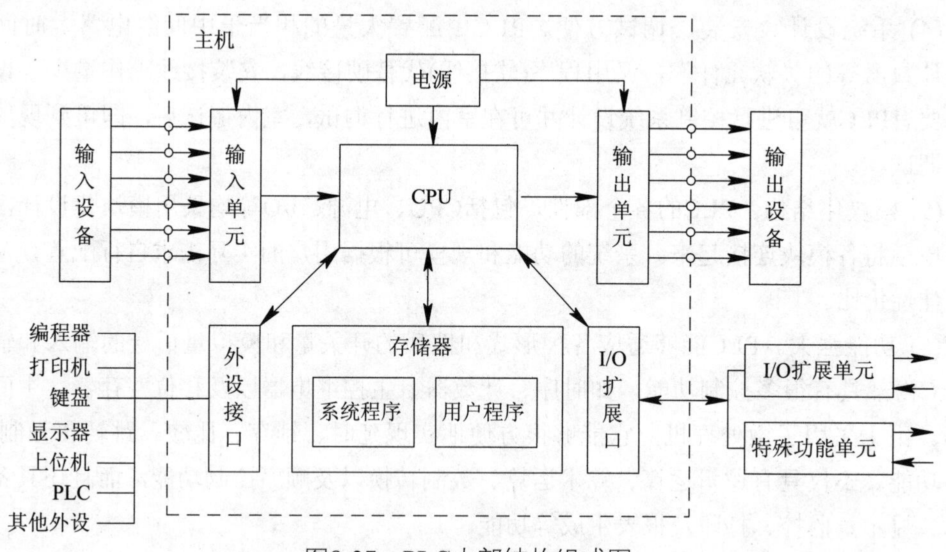

图8-27　PLC内部结构组成图

1) CPU

CPU在PLC控制系统中的作用类似于人体的大脑，是PLC运算和控制的核心，用来实现逻辑运算、算术运算，并对全机进行控制。其主要任务如下。

(1) 接收并存储从编程器输入的用户程序和数据。

(2) 用扫描的方式接收输入设备的状态或数据，并存入相关寄存器中。

(3) 诊断电源和编程器的内部电路的状态及编程过程中的语法错误等。

(4) PLC在运行状态时，CPU能从存储器中逐条读取用户程序，执行程序，完成用户程序中的逻辑运算和算数运算等任务。

(5) 根据运算结果，更新状态和数据寄存器的内容，实现输出控制、制表打印或数据通信等功能。

2) 存储器

PLC中的存储器配有系统程序存储器和永久程序存储器。前者用来存放由PLC厂家编写的系统程序，并固化在ROM中，用户不能直接更改；后者存放用户编制的梯形图等应用程序，通过编程器输入存储器中，一般中小型PLC的用户程序存储器一般采用EPROM、E^2PROM或加后备电池的RAM。

3) 输入输出单元

输入输出单元是PLC的CPU与现场输入、输出装置或其他外设之间的连接桥梁。PLC通过输入模块把工业设备或生产现场的状态或信息读入主机，通过用户程序的运算与操作，把结果通过输出模块输出给执行机构。PLC提供了各种操作电平和驱动能力的I/O单元，有各种各样功能与用途的I/O扩展单元供用户选用。

4) 电源

电源的作用是把外部供应的电源变换成系统内部各单元所需的电源。有的电源单元还向外提供24V直流电源，可供开关量输入单元连接的现场无源开关等使用。电源还包括掉电保护电路和后备电池电源，以保持RAM在外部电源断电后存储的内容不消失。PLC的电源一般采用开关电源，其特点是输入电压范围宽、体积小、重量轻、效率高、抗干扰能力强。

5) 编程器

编程器是PLC最重要的外设，其作用是供用户进行程序的编制、编辑、调试和监视等。编程器有简易型和智能型两种。简易型编程器智能联机编程，且往往需要将梯形图转化为语句表格式，才能送入。智能型编程器又称图形编程器，可进行联机及脱机编程，具有LCD或CRT图形显示功能，可直接输入梯形图和通过屏幕进行人机对话。因此，编程器是PLC开发应用、监测运行、检查维护不可缺少的器件。

6) 其他外部设备

其他外部设备包括打印机、显示器、键盘等。打印机可将用户程序打印出来直接阅读，也可根据需要打印管理报表等；显示器可用于对PLC进行监控和管理；键盘用于外部数据的输入。

2. PLC的工作原理

PLC控制系统的输入、输出部分与继电接触器大致相同，但控制部分却用CPU和存储器取代了继电控制线路，其控制作用是通过用户编制的程序来实现的。因此，可以把PLC看成一个由许多一位触发器组成的软继电器(即内部存储器或内部继电器)和系统软件(即程序)组成的控制器。我们把PLC中的软继电器的通、断状态用“1”和“0”来表示。利用这些软继电器就可以编写出适应不同控制过程的应用程序。

PLC在运行时，CPU对用户程序做周期性的循环扫描。每一循环称为一个扫描周期，每一个扫描周期分为输入采样、执行程序、输出刷新和通信4个阶段。

1) 输入采样阶段

在每次扫描开始之前，CPU都要进行监视定时器复位、硬件检查、用户内存检查等操作。如果有异常情况，除了故障显示灯亮以外，CPU还判断并显示故障的性质；如果属于一般性故障，则只报警不停机，等待处理；如果属于严重故障，则停止PLC的运行。输入采样阶段所用的时间一般是固定的，不同机型的PLC有所差异。

2) 程序执行阶段

在程序执行阶段，CPU将指令逐条调出并执行。CPU从输入映像寄存器和元件映像寄存器中读取各继电器当前的状态，根据用户程序给出的逻辑关系进行逻辑运算，运算结果再写入元件映像寄存器中。

执行用户程序阶段的扫描时间不是固定的，主要取决于用户程序中所用语句的条数及每条指令的执行时间。因此，执行用户程序的扫描时间是影响扫描周期时间长短的主要因素，而且，在不同时段执行用户程序的扫描时间也不尽相同。

3) 输出刷新阶段

在所有指令执行完以后，输出数据寄存器中的数据不再发生变化，输出数据寄存器中所有输出继电器的状态，在输出刷新阶段转存到输出锁存电路，并驱动输出设备，这就是输出刷新，也是PLC真正的输出控制。

4) 通信

输出刷新阶段后，PLC检查是否有对编程器或计算机等的通信请求，若有，则进行相应处理。例如，接收由编程器送来的程序、命令和各种数据，并把要显示的状态、数据、出错信息等发送给编程器进行显示。如果有对计算机的通信请求，则也在这段时间内完成数据的接收和发送任务。

完成上述各阶段的处理后，又返回输入采样阶段，周而复始地进行扫描。在PLC内部设置了监视定时器，对每个扫描周期进行监视，以免由于CPU内部故障使系统进入死循环。

本章习题

8.1 什么是主令电器？

8.2 热继电器的工作原理是什么？

8.3 绘制电气原理图时，要遵循什么原则？

8.4 点动适用于什么场合？

8.5 什么是“自锁”和“互锁”？其各自的作用是什么？

8.6 电气控制系统中常用的保护环节有哪些？

8.7 能耗制动的原理是什么？

8.8 如何对PLC进行分类？

8.9 简述PLC的主要功能与特点。

8.10 PLC由哪几部分组成？其核心是什么？

8.11 PLC每一个扫描周期分为哪几个阶段？

参考文献

[1] 周守昌. 电路原理(上册)[M]. 2版. 北京：高等教育出版社，2004：35.

[2] 周新云. 电工技术[M]. 北京：科学出版社，2004：42.

[3] 姚海滨. 电工技术(电工学I)[M]. 北京：高等教育出版社，2007：25.

[4] 蒋中，刘国林. 电工学[M]. 北京：北京大学出版社，2006：32-42.

[5] 郑宏婕. 电工学[M]. 北京：中国电力出版社，2005：48-56.

[6] 畅玉亮，樊立萍. 电工电子学教程[M]. 北京：化学工业出版社，2000：62-66.

[7] 唐介. 电工学(少学时)学习辅导与习题全解[M]. 北京：高等教育出版社，2004：47-55.

[8] 马久荣. 初级电工技术[M]. 北京：机械工业出版社，1999.

[9] 康晓东. 电工技术基础学习指导[M]. 天津：南开大学出版社，2001.

[10] 候树文. 简明电工学教程[M]. 北京：中国水利水电出版社，2002.

[11] 肖达川，马信山，罗承沐. 现代工业文明之源[M]. 山东：山东人民出版社，2001.

[12] 林庆云. 应用电工学[M]. 北京：电子工业出版社，2001.

[13] 秦曾煌，姜三勇. 电工学(上册)电工技术[M]. 7版. 北京：高等教育出版社，2012：198-199.

[14] 宋慧欣，王翠娟. 变压器为特性的研究[J]. 硅谷，2010(24)：58.

[15] GB50061-1997，66kV及以下架空电力线路设计规范[S].

[16] 刘介才. 工厂供电[M]. 5版. 北京：机械工业出版社，2011：207-212.

[17] 刘思亮. 建筑供配电[M]. 北京：中国建筑工业出版社，2012：65.

[18] 郑侠，刘景萍. 高压隔离开关的作用及故障控制措施探析[J]. 科技技术应用，2013(Z2)：89.

[19] 区伟斌，陈曦，陈润华. 高压隔离开关的常见故障及处理[J]. 价值工程，2012(36)：56-57.

[20] 黄雪. 高压隔离开关的作用及故障分析[J]. 电源技术应用，2013(04)：94.

[21] 陈刚. 高压隔离开关的维护及故障处理[J]. 黑龙江科技信息，2008(22)：9，135.

[22] 徐红升. 简明电工操作技能手册[M]. 北京：化学工业出版社，2010：77-80，32-36.

[23] 周希章. 如何保证安全用电[M]. 北京：机械工业出版社，2001：10-17，30-39.

[24] 国家经贸委安全生产局组织编写. 电工作业[M]. 北京：气象出版社，2001：75-88.

[25] 周照君. 图解机械设备的电气维修技术[M]. 北京：人民邮电出版社，2009：10-17，20-26.

[26] 徐红升，梁艳辉. 简明电工操作技能手册[M]. 北京：化学工业出版社，2010：422-428，414-419.

[27] 闫和平. 常用低压电器应用手册[M]. 北京：机械工业出版社，2005：73-84，324-357.

[28] 林明星. 电气控制及可编程序控制器[M]. 北京：机械工业出版社，2004：16.

[29] 陈立定，吴玉香，苏开才. 电气控制与可编程控制器[M]. 广州：华南理工大学出版社，2001：152.